当代新视野学术文库

绿色创新

我国企业自主环境管理的理论与实践

吴重言 著

中国出版集团

世界图书出版公司

广州·上海·西安·北京

图书在版编目(CIP)数据

绿色创新:我国企业自主环境管理的理论与实践 / 吴重言著.
—广州：世界图书出版广东有限公司,2012.9
　ISBN　978-7-5100-5057-2

　Ⅰ.①绿… Ⅱ.①吴… Ⅲ.①企业环境管理—中国 Ⅳ. ①F279.13
②X322.2

中国版本图书馆 CIP 数据核字(2012)第 194462 号

绿色创新——我国企业自主环境管理的理论与实践

责任编辑　赵　泓　吴小丹
出版发行　世界图书出版广东有限公司
地　　址　广州市新港西路大江冲 25 号
http://www.gdst.com.cn
印　　刷　东莞虎彩印刷有限公司
规　　格　880mm×1230mm　1/32
印　　张　11
字　　数　240 千
版　　次　2013年5月第2版　2013年9月第3次印刷
ISBN　978-7-5100-5057-2/X・0034
定　　价　38.00元

内容摘要

企业自主环境管理就是根据绿色经济的要求,把环境保护观念触于企业的生产经营管理之中,注重对资源、环境的管理,通过节约资源和控制污染,实现企业的可持续发展。企业自主管理代表的是企业与社会的和谐生存、共同持续发展的思想理念,是一种兼顾生态利益、消费者利益和企业利益的管理理念或模式。

企业环境管理包含明确的企业环境方针、建立企业环境管理的相关组织机构、提出企业环境管理的措施、加强监督、评议与修正等。从理论意义上来考察,企业自主环境管理是建立在生态工业经济的基础上,是循环经济理论在工业体系中的应用形态之一。从企业自主环境管理的实践方面来考察,企业自主环境管理具有三个基本特点,即全过程性、全员性、全面性。与传统环境管理相比,企业自主环境管理显得更加全面,尤其强调对资源的管理要实现生态和谐、人与自然和谐、心态和谐的平衡。

本书梳理了我国在企业自主环境管理方面存在的主要问题,具体包括:(1)环保意识淡薄,缺乏适合企业的自主环境管理战略;(2)企业规模小,技术力量薄弱,不具备开发绿色产品的实力;(3)绿色产业的物质基础薄弱,资金和技术投入不够;(4)消费者对绿色消费的需求不足;(5)环保法不完善,难以有效调控企业实施绿色管理。

本书认为，实现自主环境管理，提升自身竞争力，政府、企业和社会都要积极参与，发挥各自的正面作用。就企业而言，应当在制定正确的绿色管理战略的前提下，积极申请绿色认证，开展绿色环保营销，构建绿色环保的企业文化，树立绿色环保的管理理念；就政府而言，要设立绿色环保技术的开发机构，设置环保基金，促进企业环保投资，同时应当积极实施绿色核算与绿色审计，鼓励企业建立绿色自查机制；从社会层面而言，绿色行动、监督企业清洁生产状况等外部环境行为，也对提高企业自主环境管理能力具有极高的推动意义。

目　　录

第一章　环境保护时代的企业环境社会责任

第一节　现代化与环境问题

　　根据宇宙大爆炸的主流观点学说,约 150 亿年之前发生的大爆炸,形成了初始的宇宙;大约在 50 亿年前,太阳系也开始形成;46 亿年前,地球就诞生了。随后的岁月里,地球不断演变。现在我们所处的地球,是一个直径约有 12756 千米的扁球体,约 70% 的地球表面为海水覆盖,其余部分则为陆地;它还有一个厚度约为 50 千米的大气圈,其主要化学成份包括氮、氧和二氧化碳等;地球内部结构大致分为地壳、地幔、外地核和内地核。大约 38 亿年前,原核生物在地球上出现了。大约 1500 万年前,腊玛古猿也开始在地球上生息。大约 250 万年前,人类祖先——能人出现在地球上。随后的年代里,人类不断进化,同时伴随着的是人类文明的不断进步。不难看出,地球经过几十亿年来宇宙活动(如太阳辐射)、地球活动(地质构造)和生物活动的相互作用,形成了特殊的演化进程。并且,地球环境的变化,是宇宙活动、地球活动和生物活动的共同效应。

　　人类活动相对于宇宙活动和地球活动造成的地球环境变迁来说,更倾向于被称为"后天"作用。因此,我们把上述两种类型的环境变迁视为地球环境的本底。生物活动造成的环境变迁,可以具体分为生态系统变迁和人类活动的影响。在人类诞生以前,生态系统的变迁主要是受宇宙活动、地球活动和生物进化规则的影响。

1

在人类诞生后,人类对生态系统和地球地貌的改变程度逐步扩大。从某种意义上讲,宇宙活动、地球活动和生态系统变迁造成的地球环境变迁是自然的环境变迁,可以视为是自然现象;人类活动造成的地球环境变迁,包括生态系统改变、地貌改变和气候变化等,则是人为现象。

人类活动和文明发展是有阶段的。从人类诞生到 21 世纪末,人类社会的发展可以大致分为四个阶段,即原始社会、农业社会、工业社会和知识社会,在不同阶段,人类对地球环境的影响是不同的。距今为止,在人类生活的 250 万年里,前 249 万年,人类对生态系统和地球环境的影响非常之小,人类与生态系统的其他动物对环境的作用没有太大区别。农业革命以来,人类对生态系统和地球环境的影响逐步扩大;尤其是工业革命以后,改造和征服自然成为人类的基本观念,于是生态系统和地球坏境遭受到空前的破坏。在工业时代的后期,环境问题终于引起人类社会的普遍关注。随着现代化的迅速发展,人类对环境的影响更是与日俱增,环境问题已经开始影响到经济和社会的持续发展,并开始影响到人类的生存。

根据生态学相关知识,人类是生态系统的重要组成部分。人类与生态系统其他成员的本质不同是,人类可以制造工具,可以大规模的改造自然和生态系统。在人类文明诞生之前,人类与生态系统其他成员的区别是非常有限的。但是随着人类文明的诞生和发展,人类逐步成为生态系统的"管理者"或"操纵者"。由于认识的局限性,在很长一段时间内,人类陶醉于对自然的征服中。虽然生态系统仍在默默工作,还在不知疲倦地处理着人类活动对环境所造成的各种破坏,但是,生态系统的修复能力毕竟是有限的,而人类活动却在不断扩大。当人类活动造成的环境破坏超过了生态系统的修复能力时,自然和生态系统将逐步受损,慢慢发生退化。自然和生态系统退化,终将对人类生活和生存造成巨大的负面影响,而人类将不得不承担自己所带来的严重后果。从这个意义上说,今天的环境问题是人为的,人类正在有意和无意地损毁自己生存的自然基。

总之,当人类的资源利用超过了生态系统的资源供应能力,当人类产生的废物和生产污染超过了生态系统的循环代谢能力时,那么,环境问题自然就会暴露出来。

一、社会发展——从近代到现代

从社会发展的意义上讲,现代化是一种具有世界意义的历史潮流。大约从16世纪起,首先在西欧发生了一系列制度变革和政治、经济变革,使得现代化浪潮在18世纪左右席卷了整个西欧和北美,形成了世界现代化历史上的第一个高潮。19世纪末至20世纪中叶,社会现代化浪潮向世界其他地区扩散,形成了以日本和前苏联为代表的第二次高潮。第二次世界大战结束之后,在20世纪五六十年代,亚洲、非洲、拉丁美洲的大批国家摆脱了帝国主义的殖民统治,建立起独立的民族国家,掀起了社会现代化的第三次高潮。这些国家在政治上取得独立之后,都面临迅速发展本国经济、改变贫困落后面貌、缩短同发达国家在经济和物质生活方面的差距、巩固已经取得的独立地位的重大任务。因此,这些发展中国家都选择了"社会现代化"的道路,将其视为本国社会发展的必由之路。这一过程直至今天还在继续。

从当今世界各国的发展过程来看,无论是先发展国家还是后发展国家,也无论是发达国家还是不发达国家,"社会现代化"都是它们发展的主题和目标,各个国家都在以不同的模式和通过不同的道路朝着这一目标迈进。这一世界性的社会变迁,不仅已经深刻改变了整个世界的面貌,而且将更深刻、更全面地改变整个世界。

通说认为,社会现代化主要表现为七个方面。第一,社会结构的日益分化和整合,形成了一系列相应的制度,进而更好地规范着各种社会关系。第二,文化价值观方面对理性的推崇,直接或间接地影响到社会发展程度和社会现代化道路。第三,随着科学技术的发展,现代科技不仅给人类带来了财富和丰富的物质生活,同时也向人类社会提出了巨大的挑战,甚至是给予了人类某种程度上的灾难。第四,经济的急剧发展。经济的急速发展体现在工业在整个国民经济中所占的比重,随着现代化的急剧发展,服务业和第三产业的发展逐渐取代工业,占据了主要地位。第五,城市化程度。一个国家城市化的水平和程度,在一定程度上反映了该国的现代化程度。第六,人的现代化。社会是由人组成的,因此,一个社会的现代化不仅仅是制度的现代化,更是人的现代化。第七,全球化。全球化是现代化必然达到的一种状态。

由于研究的视角各不相同,有关现代化的概念界定、类型或阶段划分等也各不相同。就"现代化"的概念或定义来说,发展经济学、政治学、社会学、心理学等不同的学科、不同的流派,看法不一。发展经济学认为,现代化就是人类从传统的农业社会向现代工业社会转变的一个历史过程,其标志是现代工业经济的建立、国民生产总值的增长和物质产品的丰富。政治学认为,现代化是现代民主政治的建立,即大众民主参与的扩大、民主的法制化和权力权威的分化等民主化过程。社会学、心理学、文化人类学等学科则认为,现代化是人类对自然环境控制的扩大,是一种全面的理性发展过程,是一种价值观、心理状态、生活方式的转变过程。①

总之,对于发展中国家或地区来讲,现代化的过程不是一个自然的社会演变过程,而是在比较短的时间内有计划、有目标、有步骤的学习、借鉴和移植先进国家或地区的科学技术、经营管理等方面的先进经验,其核心是发展自己的社会经济,进而实现现代化。本文所指的现代化,更大程度上指的是经济学及与之相关方面的现代化。

根据不同国家现代化的起步时间,现代化的类型又可以分为先行发达国家的现代化(先发内源型)和发展中国家的现代化(后发外生型)。两种类型的现代化模式主要是在发展动力、发展特点、发展顺序、发展逻辑上存在不同。简单概括为,先发内源型主要发生在西方发达国家,现代化过程源于其自身发展需要,称其为"自下而上型"。后发外生型是利用了西方发达国家的相关经验,直接制定到本国发展战略中,属于"自上而下型"的跳跃式发展。因此,二者在现代化的程度和现代化所带来的问题的解决上,必然会有不同的态度和方式。

按照现代化席卷全球的水平区别,一般将现代化的发展分为三个阶段:第一次现代化浪潮、第二次现代化浪潮和第三次现代化

---

① 陈劲松.现代化的进程与环境问题[D].上海:中国科学院上海冶金研究所博士论文,2000.

浪潮。主流观点认为,现代化是近现代以来,即从 18 世纪后期工业革命以来,以科技革命为动力,人类社会所经历的一场由工业化所导致的从传统农业社会向现代工业社会的过渡与转变,并同时引起政治、经济、社会、文化诸领域的深刻变化甚至是社会变迁的过程。目前,新一轮的现代化进程又在发达国家乃至全球悄然兴起:从工业经济向知识经济、从工业社会向知识社会转变。发达国家知识产业的比重超过 50%。随着知识革命、信息革命的发展,知识经济正在改变世界的面貌,人类社会正在逐步进入信息社会,新的现代化浪潮正在兴起。

过去人们曾认为,现代社会愈进步,现代经济愈发展,现代技术愈先进,人类就愈会超脱于自然界之外,现代经济也就会凌驾于生态之上。因而,人、社会和自然界的依存关系就会逐渐削弱。但事实并非如此,无论现代社会怎样进步,现代经济发展所必需的一切物质资源,归根到底都要取于大自然;无论现代技术如何先进,企业生存与发展所进行的经济活动,总是要在一定的生态环境系统中进行,同时还要与一切物质资料有关的周围环境相互协调实现平衡发展。随着现代社会的发展,这种相互平衡和协调发展变得愈来愈重要,并且这种平衡和协调将会日益主宰人类的活动,尤其是作为重头戏的企业的生产经营活动。所以,生态环境系统对社会经济系统的发展起着基础性的决定作用。无论过去、当今还是未来,都是如此。只有在大的生态环境系统存在与可持续发展的前提下,企业这个小的生态系统才能得到可持续的发展。也就是说,只有满足了生态系统的要求,企业的可持续发展才能成为可能。

二、现代化与环境问题的滥觞

工业社会以来,人类创造了辉煌的工业文明,但这种工业文明无疑是以全球环境的急剧恶化为代价的。1750 年以来,促进工业化的世界技术的发展大约可以划分为五个技术群阶段,包括"纺织技术群"、"蒸汽技术群"、"重型机械制造业技术群"、"大规模生产/消费技术群"以及现在的"全面质量技术群"。工业化过程中,能源的生产、转化和最终使用都对环境造成了普遍存在的不良影响。虽然现代化是社会大趋势,但是并不能否定其光鲜亮丽的背后给社会带来的巨大隐患和副作用。

从国际比较来看,2001 年的数据表明,中国城市空气污染(SO_2浓度)等 40 个指标与发达国家水平的差距超过 5 倍,工业能耗密度和农村卫生设施普及率等 26 个指标与发达国家水平的差距超过了两倍,城市废物处理率等 40 个指标与发达国家水平的差距小于两倍。

目前,中国与主要发达国家的最大相对差距,自然资源消耗占国民生产总值(GNI)比例等 3 个指标超过 100 倍,淡水生产率等 5 个指标超过 50 倍,工业废物密度等 4 个指标超过 10 倍,农业化肥密度等 11 个指标超过两倍。例如,2003 年的中国自然资源消耗占 GNI 比例,大约是日本、法国和韩国的 100 多倍,是德国、意大利和瑞典的 30 多倍;2002 年,中国工业废物密度大约是德国的 20 倍,是意大利、韩国、英国和日本的 10 多倍;2002 年,中国城市空气污染程度大约是法国、加拿大和瑞典的 7 倍多,是美国、英国和澳大利亚的 4 倍多。中国农牧业造成的生态退化也比发达国家严重得多。

当前我国基本处于生态现代化的起步期,2004 年的数据显示,中国生态现代化指数为 42 分,在世界 118 个国家中排名第 100 位。这与中国处于工业化和城市化的发展期有关。生态现代化指数是生态进步、生态经济和生态社会的 30 个生态指标的综合评价结果。

从我国现代化进程来看,如果按照工业文明的发展模式,假设单位 GDP 的环境压力不变。在这种相对比较理想的情景下,中国的实际环境压力,2020 年将是 2000 年的 3.4 倍,2030 年将是 2000 年的 4.6 倍,2050 年将是 2000 年的 8.1 倍,2100 年将是 2000 年的 18 倍。如果这种情况发生,大规模的环境灾难将不可避免。

如果按照生态文明的发展模式,假设环境技术进步的年增长率为 2%,单位 GDP 的环境压力的年下降率为 2%,那么,中国的实际环境压力,2020 年将是 2000 年的 2.3 倍,2030 年将是 2000 年的 2.5 倍,2050 年将是 2000 年的 2.9 倍,2100 年将是 2000 年的 2.5 倍。未来中国环境压力将扩大 1 倍以上。

上述估算是没有减去生态系统修复抵消的环境压力后的结果。目前,中国的生态建设和生态恢复已经得到重视,并在积极推进。但是,考虑到我们对人均 GDP 的估算是比较保守的,人均 GDP 的年增长率是按 3% 或 2% 估算的,这样就降低了经济发展的环境压力的估算值。如果生态恢复抵消的环境压力与经济发展低估的环境压力基本相当,那么,上述估算是可供参考的。在 21 世纪,如果不转变经济发展模式,中国将面临巨大的环境风险,详见表 1 所示。

表3　世界中国人口数量、人均 GDP 和环境压力的估计

年	实际值		估计值			增长倍数			
	1950	2000	2030	2050	2100	2000/1950	2030/2000	2050/2000	2100/2000
人口（百万）	555	1274	1446	1392	1181	2.30	1.14	1.09	0.93
人均GDP（PPP）	439	3583	14663	26483	71281	8.16	4.09	7.39	19.89
工业文明模式环境压力/GDP	–	1	1	1	1	–	1	1	1
实际环境压力	4565	21203	36864	84183	–	4.64	8.08	18.44	
生态文明模式环境压力/GDP	–	1	0.5455	0.3642	0.1326	–	0.55	0.36	0.13
实际环境压力	–	4565	11566	13426	11163	–	2.53	2.94	2.45

注:联合国人口署分别估计了 21 世纪中国人口的最大值、中间值和最小值。本表采用中间值。人均 GDP 单位为 1990 年价格的国际美元,2000 年人

均 GDP 为 2001 年的值。2000—2050 年人均 GDP 按 3% 的年增长率估算，2050—2100 年人均 GDP 按 2% 的年增长率估算。工业文明模式，经济发展不考虑资源和环境影响，假设单位 GDP 的环境压力不变。生态文模式，环境技术进步按 2% 年增长率估算，单位 GDP 环境压力按 2% 年下降率估算。环境压力单位为 10 亿单位。

现代化带来的环境问题，具体又表现在社会生活中的各个方面。

首先，大量工业加剧了对环境的破坏。随着工业活动规模的不断扩大，工业化对环境产生了空前的影响。大气污染使地球上空的臭氧层遭到破坏、遭受酸雨危害的地区也不断增多、温室效应的影响日益明显。有些发展中国家的工业刚刚开始，但已正在步发达国家的后尘，环境问题更加严峻。

臭氧层遭到严重破坏。众所周知，臭氧层是地球最好的保护伞，它吸收了来自太阳的大部分紫外线。多年的研究表明，平流层臭氧浓度若减少 10%，地球表面的紫外线辐射强度将增加 20%，这将对人类健康和其他生物乃至整个地球生态系统造成严重后果：不仅人类的眼病和皮肤癌患者将会增多，植物也会受到危害，农林牧业等也会因之减产；同时包括食用油、鱼类在内的整个水生生态系统都会受到影响。科学研究和大气观测发现，近 20 年来，南极大气层中的臭氧层一直在变薄，在大气层中甚至出现了多处臭氧空洞的现象，并且这些现象以北极居多，这与北半球的工业化国家众多有不可推卸的关系。

酸雨，被人称为"空中死神"，是目前人类遇到的全球性区域灾难之一。早在 19 世纪中叶，英国就发生过酸雨。其后，相继在美国、瑞典、挪威、比利时、荷兰、卢森堡、德国和法国等国家也出现了酸雨的现象。在最近几十年中,诸多发展中国家也出现了酸雨现象。目前世界各地的降水,根据检测,均有不同程度的酸化,其中最严重的地区有三个,分别是欧洲(西欧和北欧)酸雨区、北美酸雨区(美国和加拿大东部)和中国的酸雨区。酸雨对水生生态系统、陆地生态系统、土壤、建筑物、人类健康都会产生不同程度的不利影响。

温室效应。温室效应是指由于进入大气中的二氧化碳的浓度增加而引起的全球气候变化和气温普遍升高的现象。由于人们活动对环境污染程度的加剧,例如森林的大量砍伐、草原的过度放牧、工业交通运输业消耗化石燃料的剧增带来的大量废气,使大气中二氧化碳的浓度大大增加,大大改变了地球的热平衡。温室效应主要是由于过度燃烧煤炭、石油和天然气,释放出大量的二氧化碳气体进入大气层造成的。温室效应继续发展将会产生严重的后果:地球上的病虫害急剧增加,海平面不断上升,气候异常,海洋风暴增多,土地干旱沙漠化面积增大,世界环境处于不稳定状态。

城市垃圾。现代化要求工业化,工业化造成了城市化,而城市化过快,给城市的环境带来了沉重的压力。总计地球上固体、液体的城市垃圾每年大约 100 万吨;密集的公路交通车辆所排放的废气能够导致光化学烟雾和铅中毒;大量固体的、液体的和空气传播的垃圾,使得环境的同化能力过度紧张。

其次,工业化造成了严重的全球资源危机。资源危机是指由于资源的过度开发和消耗,造成了自然资源的枯竭,从而对人类的生存和发展所带来的损害和威胁。由于对资源的过度开发和利用,人与资源之间的相互关系的矛盾、冲突进一步发展和激化,资源面临着短缺和枯竭的危险,其主要表现在以下几个方面。

石油危机。石油在人们的日常生活中起着举足轻重的作用。石油价格的不断攀升,向我们预示着石油能源的供应日益紧张。每一次石油危机给人们带来的惶恐和不安,使我们从中窥视到能源危机对人类的经济和社会生活所造成的严重冲击。从长远和深层次来看,石油资源的过度消耗可能引发石油资源的严重枯竭。

水危机。由于现代化的不断推进,水资源不仅在量上减少,在质上也在进一步退化。1900 年以来,由于人口急剧增长(3.3 倍)和人均用水量急剧增长(1.5 倍),导致全球水应用规模大约增长了 5 倍(从 600km^3 增长到 3000km^3),一些国家和地区已经出现了水资源危机。随着工业化和城市化的发展,排放到环境中的污水也日益增多。由于各种环境问题引发的水污染不断加剧,据估计,为稀释 450km^3 的污水污染度需要高达 6000km^3 的水量。由于用水量的增多和地表水被严重污染,导致水资源的开发不得不由地表转入地下。

森林危机。森林是绿地生物圈最重要的组成部分,是整个自然生态系统最重要的支柱。森林在维护生态平衡方面发挥着极为重要的作用。但是,据有关资料披露,仅仅从 1950 年到 1980 年的这 30 年间,全世界就有一半以上的森林被毁,其中非洲有 1/2 的林地变成了不毛之地。在 1980—2000 年间,世界森林资源光是改作其他用途每年就要减少 750 万公顷,加上任意砍伐森林、森林火灾等因素,每年丧失的热带雨林的面积就达 2000 万公顷以上。大面积森林资源的被破坏和退化,引发了一系列环境问题,对人类的生存和发展构成了严重的威胁。

三、风险社会与环境风险

现代化的激进源自西方的现代化浪潮,并在全球范围内上演。其所带来的风险和后果却超出了现代社会中政治、科学技术的管理范围,同时表现为一种对于植物、动物和人类生命的不可抗拒的威胁。现代化的激进使得全球社会构成了一个"风险共同体",或者说是"风险社区"。德国社会学家贝克指出,今天政治上对现代化的推崇逐渐分解着当前的工业社会,并产生另一种现代性即"风险",而且风险已经超出现代社会的管理能力,成为一种普遍的社会特征。吉登斯将现代社会的风险分为两种类型,一类是外部风险(external risk),是指来自外部的、由传统的或者自然的不变性和固定性所带来的风险;另一类是被制造出来的风险(manufactured disk),是指由我们不断发展的知识对这个世界的影响所产生的风险,是在我们没有多少历史经验的情况下所产生的风险。①

环境风险是风险社会的一个重要组成部分,其主要形式有战争(包括核武器、生化武器)的风险、化学合成品的风险、生物制造的风险等。

首先是核(生化武器)战争的风险。在今天,人类遭遇毁灭性灾难的发生概率已从 100 年前科学家们估计的 20% 上升到了 50%。100 年前,我们不知道会有核危险,但现在我们知道了;100年前,我们不知道病毒可以在实验室中制造,现在我们也知道了。也许人类自己的疏忽和愚蠢最终会毁了我们自己。1986 年乌克兰

---

① 陈劲松. 现代化的进程与环境问题[J]. 环境社会科学,2007(1).

切尔诺贝利的核事故,导致了放射性物质流经欧洲广阔的地区,证明了人类生存环境的脆弱性。

据估计,"核东"的产生,仅需要 500～2000 个核弹头,而这还不到所有核武器国家拥有的核弹头总数的 10%。核战争显然是潜在的最直接和最可怕的危险。自 20 世纪 80 年代初以来,人们已经承认,即使是非常有限的核战争,也会给气候和环境造成不可逆的破坏,这种破坏还会威胁到所有高级动物物质的生存。在这样的大环境中,再也没有什么"旁观者",如 2011 年 3 月日本发生的核泄漏,更是毫无疑问地对日本生态环境产生了极其严重的影响,同时也对当前的国际环境造成了不可预知的潜在威胁。

其次是化学合成品的风险。现代社会是一个充满着科学合成品的社会,而科学合成品将构成未来社会中一种未知的环境问题。目前,人类合成的许多化学品都有致癌、致畸、致突变的毒性,80%的人类肿瘤与化学品致癌有关。英国科学家经过长期研究发现,生长在受污染的水域中的大部分雄性鱼,会变成两性鱼或雌性鱼;鸟类吃了含有杀虫剂的食物后产卵减少,蛋壳变薄,很难孵出小鸟,一些鸟类甚至濒临灭绝。专家指出,罪魁祸首是环境激素。环境激素是指那些有干扰人体正常激素功能的外因性化学物质,具有与人等生物内分泌激素类似的作用,容易引起生物内分泌紊乱,又称环境荷尔蒙。

目前在已经认识的环境激素中,毒性最大的便是二恶英,它还被称为"世纪之毒"。它常以微小的颗粒存在于大气、土壤和水中,主要来自于化工冶金工业、垃圾焚烧、造纸以及生产杀虫剂等活动。日常生活所用的胶袋,PVC(聚氯乙烯)软胶等物都含有氯,燃烧这些物品时便会释放出二恶英,悬浮于空气中。总之,这种激素在现代生活中随处可见,随时有可能侵害到人类和其他生物的生存安全。

再次是生物制造的风险。生物制造将给人类社会带来新的环境风险,其中最为迫切的便是克隆问题。在生命科学领域里,所谓克隆技术,实际上是指对"生命体"的复制。目前克隆生命大致有三种类型,即"动物克隆"、"人体器官克隆"和"人体克隆"。目前争论最大、最令人类恐怖的克隆是"人体克隆"。2002年4月3日,意大利著名医生安蒂诺里在阿联酋召开的"基因工程的未来"国际会议上宣布,人类历史上第一个克隆人将于8个月以内诞生。尽管这一消息尚未得到证实,但克隆人将出世的消息还是震撼了美国白宫、联合国大厦、英国唐宁街、梵蒂冈教廷……有人认为这个消息以及其所代表的现实,远远超过了第一颗原子弹所揭示的对人类的毁灭能量,人类终于开始走上自我毁灭的不归路。

第一,克隆人患有各种疾病的机会增大。第二,克隆人的身份难以认定,他们与被克隆者之间的关系无法纳入现有的伦理体系,人类已有的生殖秩序和伦理原则将受到极大挑战。第三,人类繁衍后代的过程不再需要两性共同参与,这将对现有的社会关系、家庭结构造成难以承受的巨大冲击。第四,从生物多样性上来说,大量基因结构完全相同的克隆人,可能会诱发新型疾病的传播,不利于人的生存。第五,克隆人可能因自己的特殊身份而产生心理缺陷,形成新的社会问题。不难看出,克隆人的诞生虽然是科技现代化的典型代表,但是却在很大程度上将对人类现在的生存状况构成威胁,扰乱甚至是破坏现有的生存秩序,对整个社会环境存在极大的威胁。

最后是转基因产品的风险。转基因产品是指运用科学手段从某种生物中提取所需要的基因,将其转入另一种生物中,使之与另一种生物的基因进行重组,从而产生特定的具有优良遗传性状的物质。利用转基因技术可以改变动植物性状,培育新品种;也可以利用其他生物体培育出人类所需要的生物制品,用于医药、食品等方面。

通过转基因技术生产的食品药品等称为转基因产品,转基因产品无疑是科技进步的结果,但是转基因产品是否安全,是否会对环境产生影响,能否大量研发并给人类造福,至今还没有一个明确的科学论断。相反,却有很多的实验证明了其极大的不安全性。1998年秋,苏格兰 Rowett 研究所的普兹泰教授(Pusztai)就在电视上公开宣称,他的一项未经发表的实验证明,幼鼠在食用转基因土豆后,其器官生长异常,体重和器官重量减轻且免疫系统遭受破坏。这位教授当时没有说出的更惊人的内容是,这些幼鼠的肝脏和心脏都要比正常小白鼠小很多,免疫系统更脆弱,甚至脑部也比食用正常土豆的老鼠要小很多。他害怕说出来后会在公众中引起恐慌。1999年,美国康耐尔大学的研究者约翰·洛希(John Losey)也在英国《自然》杂志上发表报告,用涂有转 Bt 基因玉米花粉的叶片喂养斑蝶,导致44%的幼虫死亡。2007年10月和11月,美国《纽约时报》等媒体报道,经过长期周密跟踪观察,发现有两种转基因玉米种植导致伤害蝴蝶生存,给食品生产链带来了副作用,影响到了河流生命的正常生存,对生态环境安全的威胁程度已经超出可接受水平。为此,欧盟已经做出了初步决定,禁止该转基因玉米种子的销售使用。

各国一流的专家经过十几年的倾心研究,得出的结论不是转基因的安全,反而一次次的证明了其不安全和对周边环境的改变,这无疑告诉了我们要对转基因保持慎重的态度。但是当前一些国家为了解决粮食问题,一些企业为了谋取利润,大力鼓吹转基因产品的优势,使其慢慢进入人们的一日三餐,后果可想而知。

总而言之,环境问题相伴于现代化的整个过程,并直通全球化的各个角落。当环境问题演变为环境风险时,一种"风险命运"便在发达文明中存在着:无论出生在哪里,都不可能以任何成就来脱离它,不可能以"小的差异"来摆脱它——世界社会组成了一个危险社区。正如风险社会家贝克所指出的,在现代化进程中,文明所发展的自陷危机的潜在可能性,也使世界社会的乌托邦有了更多的现实性,或者说至少有了更大的紧迫性。而我们唯一能做的,就是在我们力所能及的范围内最大限度地控制现代化所带来的环境危机,尽己所能禁止或者限制每一次环境破坏和环境污染。

第二节　应对环境危机的社会变革

进入工业社会以来,人类创造了辉煌的工业文明,但该文明是以全球的环境恶化为代价的。日益恶化的环境污染,已经对人类享受工业文明成果的质量构成威胁,加上环境污染区域性、全球性的特性,尽管有少数几个国家采取了相应的环保政策、措施,但也很难避免遭受全球环境恶化的恶果。因此,当前的全球生态已经发生了严重的环境危机。毫无疑问,当前环境恶化的原因来自很多方面,工业、农业、第三产业和大量的生活垃圾等都是重要的污染源。那么,面对日益严重的环境危机,要如何化解危机,还我们一个干净的地球？政府制定科学政策、企业完善绿色管理、公民加强环保意识等都是应对环境危机变革中至关重要的一部分。

一、应对环境危机的根本措施——生态现代化

环境危机的到来很大程度上与人类的现代化脱离不了关系，当人类把物质生产水平的提高放在至高点时，环境问题随之而来。由于采用粗放型经济增长模式，环境恶化带来资源短缺，资源短缺导致经济发展受阻，经济发展受阻导致资源的更加紧张，整体构成一个恶性循环。

（一）生态现代化的提出

要想实现经济、社会的可持续发展，人类必须顺应自然生态系统的动态平衡，其中包括把经济活动有机地与自然生态系统相融合，把经济循环和自然循环有机地统一起来，这就是生态现代化的根本要求。"借助各种科技手段直接或间接地向自然生态系统输入各种要素，通过物质循环和能量流动输出人类需要的产品，进而推动企业、行业和产业的发展。其中也包括把一切社会生活融于自然生态系统中。通过信息的传递和流动，尽量减少能耗和社会、家庭活动排放的排放物并提高其回收利用率，倡导科学文明的生活风尚和消费方式，从而降低社会的能源和自然资源消耗，大幅减少排放物的排放量，被自然生态系统'降解'、还原，融入物质、能量的循环过程。"①

---

① 刘本炬.论实践生态主义［M］.北京：中国社会科学出版社，2007：246—247.

生态现代化对经济发展模式提出的要求就是,依据可持续发展的原则,采用循环经济发展模式,最大程度地提高资源的利用率、减少资源开发率,这是人类反思工业发展模式的不利后果后为了改变传统的线性经济增长模式,运用生态学规律指导人类社会经济活动,在物质循环利用基础上形成的新的发展模式。循环经济作为一种新型的生态经济发展模式,是在科学的利用和估算自然资源、环境容量基础上发展经济,并以自然生态系统引导经济系统,从经济发展层面体现生态文明的自然观。生态文明是在全球环境深层危机思考的基础上,对人与自然关系深层剖析之后提出的更高层次的文明形式,可循环的经济发展模式是其主要特征之一。因此,循环经济的实施可以为生态文明的实现提供经济和物质基础,是生态文明构建的最有效途径。

只有采用生态现代化的发展模式,才能达到物质能量之间的合理流动和相对平衡,才能使经济的社会发展不再受到生态威胁,才能达到人与自然的和谐。实践证明,这才是应对环境危机的根本举措。

(二)生态现代化理论的历史发展

20世纪60~70年代,国际环境运动对环保发展产生了巨大影响。美国学者卡逊的《寂静的春天》和罗马俱乐部的《增长的极限》等著作,引发了大范围的关于资源和环境的讨论。20世纪70年代,西欧国家环境运动出现了一个强势思潮,即所谓的"反现代化、反工业化、反生产力理论"。他们认为,污染和资源破坏是工业化的产物;环境和生态退化是现代化过程走向终结的证据。荷兰学者摩尔指出,在20世纪80年代早期,生态现代化理论最初由德国社会科学家胡伯提出,随后在少数西欧国家如德国、荷兰和英国得到发展。这种理论主要以欧洲经验为基础,描述一种新模式:追求经济有效、社会公正和环境的友好发展。欧洲的生态现代化研究大致经历了三个阶段:第一是强调技术创新作用阶段;第二是强调制度和文化作用阶段;第三是全球研究阶段。此后,西欧一批学者认为,传统生态化的观点应向生态现代化发展。他们提出,现代化没有过时,但经典现代化模式是存在缺陷的,这些缺陷导致了环境破坏,因此,经典现代化模式需要生态转型;同时,工业化是进步的,但工业化模式需要转变,可以采用环境友好的"超工业化"原则;另外,技术进步是积极的,可以采用环境友好的技术创新来克服传统工业技术的环境污染。这是生态现代化理论的早期观点。

生态现代化理论正式产生于 20 世纪 80 年代工业化国家急于摆脱以工业污染为中心的环境困境背景下,并且为可持续发展理念提供了具有可操作性的替代方案。生态现代化理论认为,环境与经济增长是可以协调的,科技创新是生态改进的首要前提,预防性战略则是保证。早期的生态现代化理论带有浓厚的技术组合主义特征,当代的生态现代化理论却更全面地关注经济、政治及社会因素。如今,包括生态现代化理论创始人胡伯(Joseph Huber)、耶尼克(Martin Janicke)等人在内,越来越多的学者认为,生态现代化必须在技术变革之外将更加宏观的环境变革战略和制度安排结合起来。斯巴格伦(Gert Spaargaren)认为,生态现代化必须引向社会和政治领域,其"核心特征是它关注新的政治干预形式"。摩尔(Arthur P. J. Mol)则表示,生态现代化是指按照环境利益、环境愿景和环境理性来重构现代社会的制度。①

（三）生态现代化的特征

生态现代化是现代化的一个重要领域，也是一种世界现代化的生态转型，它既包括生态质量的改善，生态效率的提高，生态结构、制度和观念的变化，也包括相关国际地位的变化过程。生态现代化是现代化的一个重要方面，它包括从物质经济向生态经济、物质社会向生态社会、物质文明向生态文明转变的历史过程，以及追赶、达到和保持世界先进水平的国际标准。

从 20 世纪 70 年代到 21 世纪末，广义上的生态现代化包括全面生态现代化、综合生态现代化和经典现代化的生态修正等三个类型。它有 15 个主要特点，遵循 10 个基本原理和 10 个基本原则，这也就意味着，现代化将与环境退化完全脱钩，人类将与自然互利共生和协同进化。实现非物化、绿色化、生态化和全球化的共同发展，其基本标准是经济增长与环境退化脱钩、经济发展与环境保护双赢。

生态现代化的动力包括生活质量（后物质价值）、生态安全、知识创新、生态意识、生态运动（公民社会）、生态政治、企业环境责任、技术创新、制度创新、结构非物化、国际环境政治、国际环境贸易等，它们共同促进着生态现代化的持续稳定平衡发展。

生态现代化的路径和模式也是多样的，具有起点依赖性和路径依赖性的典型特征。一方面表现为它要受到历史、地理和社会发展水平的影响；另一方面，在当前情况下它有三条基本路径，即

---

① 朱芳芳.中国生态现代化能力建设与生态治理转型[J].经济社会体制比较,2011(7).

全面生态现代化、综合生态现代化和经典现代化的生态修正,三条路径适用的情形不同,需要考虑当时当地的具体情形。此外,它的基本模式有环境议程、工业生态学、绿色生产和消费、生态园区、绿色工业化和城市化等,它们适用的情形要针对不同的产业、不同的部门、不同的环节,以达到"对症下药,药到病除"。

在跨国比较研究的基础上,生态现代化学者结合生态现代化的实践特征,从治理角度提出了生态现代化能力建设的问题。

杨(Stephen C. Young)认为,到 20 世纪 90 年代,生态现代化的主要特征已经浮现出来,例如公司采取长期规划而不再视野短浅,从而能在更广范围内履行生态责任;政府内部环境与经济政策相一致,配合出台符合生态要求的新政策工具,建立新的伙伴关系以及积极参与政策实施,同时引导科学家发挥更大影响,鼓励私人部门对决策施加影响,最终确立可持续的新经济增长方式,等等。

古尔德桑(Andrew Gouldson)和墨菲(Joseph Murphy)进一步将生态现代化的特征浓缩为四个方面:(1)在政府干预的协助下,环境和经济能够为经济进一步发展而成功地结合在一起;(2)环境政策目标应该整合进其他政策领域;(3)寻求替代和创新的政策措施;(4)发明、创新与传播新的清洁技术是至关重要的。[1]

为了更好地了解特征之外的内部动因,生态现代化学者引入能力建设方法(capacity building approach)来分析和衡量生态现代化。耶尼克提出生态现代化能力可分为三大领域:问题压力(指的是引发一种处理环境/经济相关问题的愿望的驱动器)、创新能力

---

[1] Andrew Gouldson and Joseph Murphy. Ecological Modernization and the European Union[J]. Geoforum,1996(Vol. 27, No. 1):11—21.

(是指国家和市场制度的创新能力)和战略能力(一种长期令环境政策强有力制度化的能力)。

20世纪末,魏德纳(Helmut Weidner)和耶尼克对30个国家的生态现代化能力进行了跨国比较研究后得出结论,生态现代化能力强或者环境政策与管理能力高的国家,一般都具有以下几个方面的特征:(1)建立了良好的内部合作关系和完善的环境参与团体;(2)具有全面且易行的监督和报告制度;(3)政治精英对环境问题的高度关注;(4)大众传媒有能力利用政治策略来解释资讯;(5)完备且有效的管制手段与工具,运转良好的制度和高度的政策合作;(6)大量的创新型环境商业部门和现代工业结构;(7)坚定且战略熟练的参与者团体;(8)高污染产业一定会因环境丑闻而被动摇;(9)因国际组织的影响而有所改进;(10)有解决明显环境损害的可操作性办法供使用,并且有着为"绿色形象"而奋斗的目标群体。魏德纳认为,一旦上述这些理想条件结合到一起,同时社会福利处于合适水平,经济也有着良好前景,高度尊敬后物质主义价值的文化预先创立,那么,"环境成功将是不可避免的"。因此,这也是我国在以后的现代化过程中需要改进和完善的方面和发展目标。

二、中国应对环境危机的社会变革

(一)中国生态现代化的历程

中国的生态现代化进程相对来说起步较早,并且还有明显的政治和制度支撑,即使是在计划经济时代,中国就已经做出了生态现代化的努力(虽然可能还没有真正认识到生态现代化的概念),这一点令西方学者感到十分吃惊。

　　早在 20 世纪 50 年代，新中国就开展了综合利用工业废物、爱国卫生运动、植树造林等工作，此后在纠偏"大跃进"的过程中，进一步形成政府主导、社会参与的防治污染等格局，地方也纷纷建立了"三废"治理利用办公室等机构，已经初步具备了现代环保机构的部分特征。1972 年，中国政府参加了标志着全球生态环境治理全面启动的斯德哥尔摩大会，会后中央政府很快就决定建立国家环保机构。1979 年 9 月，中国颁布了第一部综合性的环境保护基本法《中华人民共和国环境保护法（试行）》，并开始系统化建立国家环境规制体系。1984 年，国家将环境保护确立为"基本国策"。1994 年，中国甚至先于西方生态现代化"先锋国家"，在全球第一个制定实施了《21 世纪议程》。摩尔等学者承认，尽管与生态现代化的西方模式有差别，但用生态现代化这个术语来描述中国沿着生态路径重构经济的努力也是合适的。

　　然而与中国生态现代化努力相矛盾的是，中国的环境污染问题并没能得到有效控制，潜在的环境问题不断显现，新污染问题日益凸显，重特大环境事件出现的频率越来越高，生态环境恶化的局面没有得到根本扭转。"十一五"期间，我国的经济增速和能源消费总量均超过规划预期，虽然取得二氧化硫减排目标提前一年实现、化学需氧量减排目标提前半年实现的好成绩，但是国家环境部周春贤部长仍坦言，我国治污减排的压力、环境质量改善的压力、防范环境风险的压力和应对全球环境问题的压力继续加大，"我国面临的环境形势异常严峻"。

（二）中国生态现代化的现状

　　当代中国生态现代化到底能力如何？中国生态现代化实现稳

24

定进步的主要障碍是什么？借鉴耶尼克提出的能力建设分析框架，我们对中国生态现代化能力进行初步的评价。在问题压力上着重考察执政理念、社会认同、公众诉求等因素，在创新能力上着重考察基于市场的政策工具创新、技术创新与扩散、企业价值创新等因素，在战略能力上着重考察环境战略实施的稳定性、环境政策的协同性、参与机制的持续性以及环境治理全球化的适应性等因素。

第一，中国生态现代化已经形成了较强的问题压力。

首先，执政党和政府确立了保护生态环境、实现经济与环境协调发展的执政理念。继环境保护作为"基本国策"之后，1994年国家将可持续发展确立为国家战略。2007年更提出建设"生态文明"的全新理念，并要求将之放在物质文明、政治文明、精神文明的同等高度来统筹推进，生态发展已进入国家最高政治议程。刚刚确立的"十二五"规划更是提出要树立绿色、低碳发展理念，以节能减排为重点，健全激励与约束机制，加快构建资源节约、环境友好的生产方式和消费模式，增强可持续发展能力，提高生态文明水平；健全节能减排激励约束机制，优化能源结构，合理控制能源消费总量，完善资源性产品价格形成机制和资源环境税费制度；健全节能减排法律法规和标准，强化节能减排目标责任考核，把资源节约和环境保护贯穿于生产、流通、消费、建设等各领域和各环节，提升可持续发展的能力。

其次，近年来，中国环保非政府组织发展迅速，并在全国乃至全球范围形成网络，社会环保力量已逐步在政府保护生物多样性、保护食品安全等多方面的重大决策上发挥着积极作用。

最后,公众的环境意识和生态诉求高涨,生态文化通过绿色学校、绿色社区、绿色企业等创建活动不断得到普及,频发的重大环境事件促使公众更加重视维护自身的环境权益,政策制定者也将环境保护视作改善民生的重要内容。

第二,中国生态现代化初步形成了一定的创新能力。

首先,基于市场的政策工具得到创新并运用。绿色产品的政府采购比例不断加大,排污费征收、排污权交易、生态补偿试点走向深入,环境税政策也正在积极酝酿,环评审批验收信息同时进入银行征信管理系统,10余家保险企业推出了环境污染责任保险产品。

其次,技术创新与扩散提高了环保能力。我国成立了国家环境咨询委和科技委,设立了国家科技进步奖和环境保护科学技术奖,化工、制药、冶金和化纤等行业的多项污染防治关键技术取得了突破,新能源产业被确立为国家重点支持的战略性新兴产业。

最后,企业价值内涵得以拓展。保护生态环境、努力寻求企业环境收益的新价值观开始为众多企业所接受,特别是一些大中型企业,都不同程度地对绿色生产做出了承诺。

第三,中国生态现代化的战略能力亟需提升。

首先,虽然环境保护与可持续发展被立为基本国策与长期发展战略,但实际工作中政府对GDP单纯崇拜,生产方式与产业结构调整"危机时"让位于总量增长,预防性战略"必要时"变身为"先污染,后治理"的阶段性策略,战略发展的稳定性无法得到有效保障。

其次,虽然环境政策逐步渗透到其他政策领域,但实际工作中环境监督失控与处罚软弱,上下级政府、不同地区及管理部门间相互倾轧、各自为阵的情况时有发生,环境政策的协同性无法落实。

再次,虽然政府、非政府组织、企业以及个人的生态认同和环境治理的参与技能都有了不同程度的提高,但多主体的参与决策平台还很少,公众参与环境决策的广泛性与公平性不能持续。

最后,虽然生态环境的国际协作不断加深,也与周边国家开展了资源利用、危机处置等深度合作,并主动参与了多项国际环境公约谈判和环境标准制定,但对全球环境治理的学习能力以及应对国际环境政治压力的技能尚需增强,对全球环境治理的适应性仍待提高。

综上所述,尽管中国生态现代化已做出了积极努力,但在能力建设上仍存在"长短板",特别是战略能力的建设不足,已成为中国生态现代化的最大弱项。提高战略能力不仅要有战略目标,更要有实现战略的长期、稳定的制度安排,和将生态经济、政治、社会因素制度内化的相应机制。为此,创新生态治理具体机制是当前极为重要的任务。

(三)中国面对环境危机的具体措施

中国生态现代化起步于工业化未完成的历史阶段。生态现代化的过程相对复杂,一方面,工业化的列车还将保持高速前进,另一方面,需要小心翼翼地维护环境与发展的协调关系,防止高速列车脱轨,这个过程中必定会遭遇现代性与后现代性的价值冲突。面对这种价值冲突,中国生态现代化必须选择强化后现代因素,实现未工业化向后工业化的直接跨越,才能避免重蹈工业化国家的发展覆辙。当代中国提出走科学发展的道路,转变经济结构和发展方式,已着手从经济转型上向后现代过渡。为了与之相适应,还需要建立起全新的配套治理机制,实现生态治理的顺利转型。

伴随着工业化形成的现代性治理,主要价值特征表现在收益最大化的唯增长论、效率优先的泰勒主义和以人为中心的自由与主体性张扬。生态现代化学者对之进行了大量的批评。在他们看来,一味追求增长的生产方式和过度的消费方式,是资源枯竭的动因;泰勒主义下的公共管理采取垂直控制的官僚体系,无法及时充分地回应水平层次日益多样化的生态需求;而人的主体性张扬演变为个人中心主义的迅速膨胀,人作为世界的中心而与自然对立。如前文所述,这种治理模式必然导致形成官僚体系与工业集团的共谋,以维护他们追求收益最大化的共同利益和立场。皮埃尔·卡兰默(Pierre Cal-ame)认为,现代性治理存在明显的二元对立,表现为政治与行政的对立、国家与市场的对立、规则和契约的对立、有责任和无责任的对立等多个方面,特别是有无责任的对立,使"共同的责任"难以理解。[①]而没有各参与主体共同责任的各自担当,良好的生态治理是难以想象的。结合中国生态现代化能力的评价结果,中国的生态治理转型至少应从四个方面去努力和体现。

1. 治理区域化

生态环境的公共品特性,以及生态责任的共同承担性,给予区域生态治理充分的理由。目前中国各级政府间没有明确的环境分权,地方环境管理仍旧以行政区域为单位,以单个行政区政府为环保责任人,下级政府按照一定的控制性指标对上级政府负责。这

---

① 朱芳芳.中国生态现代化能力建设与生态治理转型[J].经济社会体制比较,2011(7).

种管理模式强调行政事权的区分而忽略了对相邻区域的生态责任,对跨行政区域的生态环境问题缺乏强有力的控制协助手段,即"管不了"。同时,在强烈的 GDP 增长压力和税收竞争压力下,地方政府会倾向于运用手中的裁量权来放松对环境的管制,以吸引和创造更多的商业投资机会,即"不愿管"。因此,单一行政权力和职能划分越细,生态治理的效率可能越低。

中国国土面积大、人口多、资源分布不均、各地常年积累的生态环境问题情况不一,因此,将生态治理的重心放在区域治理是内在的迫切需求。在生态区域治理上要实现三个层面的改变。第一,中央与地方需要形成新的分权体制。分权的标准要充分考虑到生态环境管理的特性,既有行政事权与财权的划分,又要有土地转让、矿产等资源开采、污染处理等环境权的划分。划分环境权要有利于明确地方具体的生态责任。第二,地方与地方之间需要形成实质性的环境协作机制,要同时考虑现行行政区域划分的历史文化因素以及区域流域、生态群落、多样性保护等生态环境因素。根据生态环境的自然区域习惯划分,在省以下不同级地方政府间建立区域治理机构、网络或城市同盟,逐步实现以省为基础的"行政区经济"向跨省区的"生态区经济"的转变。第三,社区在生态治理中要发挥重要作用。利用社区在社会资本创造上的天然优势,既可降低生态治理成本,又可弥补生态治理体系上政府与市场的责任缺失。

2. 政策协同化

要建立起系统化的生态环境政策体系,全面实现政策"绿化"。生态环境政策不能被看做是环保部门的政策,而应是针对生态环境"问题群"的一个"政策集"。第一,国家战略要明晰。国家生态现代化不仅要有明确的战略指导思想,更要制定出具体清晰的战略规划,明确重点环境领域的政策优先权。同时,要增强政策与治理信息透明度,防止政策误读。第二,政策介入要广泛。要将国家生态环境战略目标和政策目标整合到其他领域的政策之中,与广泛的其他政策目标进行整合,防止政策冲突。第三,政策资源配置要合理。特别要强调部门之间的协同,由重视分工转向重视合作。第四,政策工具要创新。要大力创新基于市场的政策工具,降低治污交易成本,形成生态经济激励,促进技术创新与转让。

3.关系伙伴化

生态治理多主体间要建立起合作伙伴关系,提高治理参与水平,促进生态环境决策民主化;要通过多主体参与和监督,以多主体伙伴关系来限制政府与企业的政绩—利润排他性利益结盟。形成伙伴关系治理需要做到以下几点。第一,变控制为合作。要支持并鼓励政府之外的环境非政府组织、企业、社区、公民、大众传媒等主体参与到生态决策与管理中来,发挥社会的自我组织功能。第二,变冲突为协商。将协商、对话、调解、仲裁等作为化解环境冲突的主要手段,畅通决策参与渠道,通过成功的伙伴关系促使各相关主体认同共同利益并接受差异,进而增强互信、化解矛盾。第三,以生态公平为原则制定伙伴关系行动规则,包括代际内主体的环境权公平、代际间主体的发展权公平、对自然资源和环境的道德义务与责任分配公平,只有在此基础上,才能在不同政治、经济、文化以及法律的不同诉求上寻求共同生态环境利益并达成共识或妥协,进而形成集体行动。

4. 城市生态化

中国城市化已进入快速提升阶段,"摊大饼"式的扩张方式正加速"城市病"的爆发,城市化正成为土地资源退化的主要原因,城市环境污染正成为影响最大的污染源。

中国城市化与工业化是并行的,城市演变为一个更大的工业体,属于城市本质使命的贮存文化、流传文化和创造文化的功能被大量弱化、淡化。要实现当代中国的生态治理转型,必须解决城市工业化、污染化问题,出路在于城市的生态化。第一,城市发展以生活质量而非经济总量优先。城市作为现代人生活生存的主要场所,应该给人以更多的安全感和幸福感,应以提高生活质量、增强景观美丽、提高生活空间与机会公平程度为目标。城市规划应以城市发展和自然发展相融共生为标准,否则,城市只会成为现代人精神焦虑的制造所和社会矛盾的多发地。第二,资源利用集约化。要制止城市盲目开发、过度开发、无序开发、分散开发的趋势,确定城市的承载力极限。第三,城市定位与主导产业差异化。应将城市发展纳入区域治理和城市生态群建设框架中进行规划设计,城市间在功能定位、产业发展上要形成互补,面面俱到的城市功能与产业布局只会引起更大的浪费。第四,居民消费绿色化。城市居民是社会消费的主要力量,应通过树立城市居民绿色生活与消费方式,形成对城市的低碳管理以及企业绿色生产的倒逼压力,进一步推动实现生态治理转型。

三、中国生态现代化的目标

中国生态现代化的战略措施应当以生态经济、生态社会和生态意识为突破口,以轻量化、绿色化、生态化、经济增长与环境退化脱钩的"三化一脱钩"为主攻方向,努力完成现代化模式的生态转型,实现环境管理从"应急反应型"向"预防创新型"的战略转变。

(一)实现经济现代化模式的生态转型是重中之重

战略目标定位为,到 2020 年,经济"三化"达到世界初等水平,全部环境压力指标与经济增长相对脱钩;到 2050 年,经济"三化"达到世界中等水平,经济与资源、能源、物质和污染等完全脱钩,部分环境指标与经济增长实现良性耦合,部分实现环境与经济的双赢。战略措施如下:(1)继续实施新型工业化战略,走绿色工业化道路,降低新增环境压力;(2)促进传统工业流程再造,加速环保产业的发展,降低工业污染;(3)继续实施污染治理工程,逐步清除重点地区和重点产业的污染遗留;(4)继续推进循环经济,降低资源消耗,建设资源节约型经济;(5)实施绿色服务工程,加快服务经济发展,促进经济的"三化"转型。

(二)实现社会现代化模式的生态转型是当务之急

战略目标定位为,到 2050 年,人居环境基本达到世界先进水平,城市空气质量达到国家一级标准,绿色生活和环境安全等达到世界中等水平,社会进步与环境退化完全脱钩。战略措施如下:(1)实施新型城市化战略,走绿色城市化道路,建设绿色家园;(2)实施绿色家园工程,改善人居环境,发展绿色能源和绿色交通;(3)建立生态补偿机制,发挥生态服务功能,共享现代化成果;(4)完善自然灾害减灾机制,发挥城市服务功能,保障环境安全,定期开展全国生态系统评价;(5)实施绿色消费工程,扩展绿色产品的市场空间。

（三）提升全体国民的现代生态意识是关键所在

没有现代生态意识，就没有生态现代化，所以，提升全体国民的现代生态意识，是中国生态现代化成败的关键。最近几年，中国的污染和环境恶化问题已经引起社会的广泛关注。如果我们不能找到科学理论和有效办法来加以解决，那么，中国环境退化的趋势还将继续。显然，这是我们不愿意看到的。提高国民生态意识已经刻不容缓，改变行为模式则是关键所在。

现代生态意识是前提，它是指以现代生态科学、环境科学、经济科学和生态现代化理论为基础，提倡高效低耗、高品低密、无毒无害、清洁安全、循环节约、公平双赢、绿色生产、绿色消费、预防创新和健康环保的新观念，主张谁污染谁付费、谁受益谁监督、谁签字谁负责和谁渎职谁受罚的治理机制，反对资源浪费、环境污染、生态破坏和超量消费，要求努力实现经济发展与环境退化的完全脱钩、社会进步与环境进步的良性耦合、人类与自然的互利共生的新思想。

如何建立现代生态意识，可以从五个方面入手。（1）建立关键岗位环境责任制，奠定生态意识的法律基础。建议适时修订《中华人民共和国环境保护法》，建立关键岗位环境责任制，其基本内容可以包括关键岗位环境责任书、关键岗位环境审计书、环境责任20年有效期等。（2）建立关键项目环境风险评价制度，奠定生态意识的管理基础。在新建项目环境影响评价的基础上，建立关键项目环境风险等级评价制度，评价周期可以考虑为5年到10年（特别关键项目每5年评估一次）。（3）继续控制人口规模，奠定生态意识的科学基础。如果人口规模超过生态系统的承载能力，那么生态意识不可能建立。(4)加大生态和环保教育投入。从小学开始普及生态知识。(5)建立环境信息公开制度,促进环保活动和非政府环保组织的健康发展。

行为模式是关键,现代化行为模式的生态转型是一个系统工程,除了有上述措施以外,还需要大力促进环境友好的技术创新、制度创新、生态和环境领域的国际合作,确保中国的资源安全、能源安全和生态安全等各方面。

21世纪的前50年是我国生态现代化建设的关键时期。如果我们能够实现中国生态现代化路径图所提出的各项目标,在2050年达到生态现代化的世界中等水平,那么,我们就有可能在21世纪末达到生态现代化的世界先进水平,全面实现生态现代化。相信上述一系列从思想到意识、从意识到行动的制度措施,可以给我们明确应对环境问题的努力方向,确定清晰的改革路径,而环境的改善也将会在我们每个人的视线之内。

第三节　环保时代的企业社会责任

早在英国完成第一次工业革命后,现代意义上的企业就有了充分的发展,但企业社会责任的观念还未出现,实践中的企业社会责任局限于业主个人的道德行为之内。企业社会责任思想的起点是亚当·斯密(Adam Smith)的"看不见的手",在当时,企业社会责任的内容还比较单调。当时占主流观点的古典经济学理论认为,一个社会通过市场能够最好地确定其需要,如果企业能尽可能高效率地使用资源以提供社会需要的产品和服务,并以消费者愿意支付的价格销售它们,企业就尽到了自己的社会责任。到了18世纪末期,西方企业的社会责任观开始发生了微妙的变化,表现为小企业的业主们经常捐助学校、教堂和穷人。

进入 19 世纪以后,两次工业革命的成果带来了社会生产力的飞跃,企业在数量和规模上都有较大程度的发展。这个时期,受"社会达尔文主义"思潮的影响,人们对企业的社会责任观是持消极态度的,许多企业不是主动承担社会责任,而是对与企业有密切关系的供应商和员工等极尽盘剥,以求尽快变成社会竞争的强者,这种理念伴随着工业的大力发展产生了许多负面的影响。与此同时,19 世纪中后期企业制度逐渐完善,劳动阶层维护自身权益的要求不断高涨,加之美国政府接连出台《反托拉斯法》和《消费者保护法》以抑制企业的不良行为,客观上对企业履行社会责任提出了新的要求,企业社会责任观念的出现成为历史必然。

但是关于企业环保责任的提出却还是要经历一段时间,直到 20 世纪末社会生产达到了一个前所未有的制高点,同时伴随而来的环境恶化也引起了人们的极大重视。关注环境,控制污染,企业作为环境污染的重要主体更应该承担起保护环境的重要责任,由此,生态经济学应运而生。

生态经济学是研究生态系统与经济系统的符合系统——生态经济系统的矛盾运动发展规律及其应用的经济学分支,从而探索社会经济系统和自然生态系统向协调及持续稳定发展的方式。从生态学系统角度来看待社会经济问题,生态经济学认为,任何企业生产活动中,自然再生产和经济再生产是相互制约、相互影响的,其中,自然再生产是经济再生产的基础和前提条件。在经济系统中的大多数企业都极力追求经济再生产,以实现最大经济效益,但企业必须认识到,经济再生产能够持续运行的必要条件是不能超过自然再生产的负荷能力,因此一定要注意对自然再生产的保护。凡是超过了自然再生产的负荷能力,经济再生产就不能稳定、持续地进行。自然要求人们必须建立生态经济的生产观、需求观、价值观,将保护环境的责任放在企业社会责任的最重要位置,这是企业持续发展的根本。

一、企业社会责任的发展历程

1970年9月13日,诺贝尔奖得奖人、经济学家米尔顿·弗里德曼在《纽约时报》刊登题为《商业的社会责任是增加利润》的文章,指出"极少趋势,比公司主管人员除了为股东尽量赚钱之外应承担社会责任,更能彻底破坏自由社会本身的基础","企业的一项、也是唯一的社会责任是在比赛规则范围内增加利润"。社会经济观则认为,利润最大化是企业的第二目标,企业的第一目标是保证自己的生存。"为了实现这一点,他们必须承担社会义务以及由此产生的社会成本。他们必须以不污染、不歧视、不从事欺骗性的广告宣传等方式来保护社会福利,他们必须融入自己所在的社区及资助慈善组织,从而在改善社会中扮演积极的角色。"这是企业的环保责任首次被认识到,但是也只是仅限于在为了维持生存的情形下。

1976年,经济合作与发展组织(OECD)制定了《跨国公司行为准则》,这是迄今为止唯一由政府签署并承诺执行的多边、综合性跨国公司行为准则。这些准则虽然对任何国家或公司没有约束力,但要求更加保护利害相关人士和股东的权利,提高透明度,并加强问责。2000 年该准则重新修订,更加强调了签署国政府在促进和执行准则方面的责任,但是却没有任何关于企业环境保护的相关内容。这一时期的企业仍旧是"唯利是图"。

20 世纪 80 年代开始,企业社会责任运动开始在欧美发达国家逐渐兴起,它包括环保、劳工和人权等方面的内容,由此导致消费者的关注点也由单一关心产品质量,转向关心产品质量、环境、职业健康和劳动保障等多个方面。一些涉及绿色和平、环保、社会责任和人权等的非政府组织以及舆论也不断呼吁,要求社会责任与贸易直接挂钩。迫于日益增大的压力和自身的发展需要,很多欧美跨国公司纷纷制定对社会做出必要承诺的责任守则(包括社会责任),或通过环境、职业健康、社会责任认证应对不同利益团体的需要。但这时企业对环境的重视也仅仅是为了实现企业利益的增长,真正的责任意识也还没有建立。

20 世纪 90 年代初期,美国劳工及人权组织针对成衣业和制鞋业发动"反血汗工厂运动"。因利用"血汗工厂"制度生产产品的美国服装制造商李维·斯特劳斯(Levi-Strauss)被新闻媒体曝光后,为挽救其公众形象而制定了第一份公司生产守则。在劳工和人权组织等 NGO 和消费者的压力下,许多知名品牌公司也都相继制定了自己的生产守则,后演变为"企业生产守则运动",又称"企业行动规范运动"或"工厂守则运动",该运动的直接目的是促使企业履行自己的社会责任。但是这些跨国公司自己制定的生产守则有着明显的商业目的,而且其实施状况也无法得到社会的监督。在劳工组织、人权组织等 NGO 组织的推动下,生产守则运动由跨国公司"自我约束"(self-regulation)的"内部生产守则"逐步转变为"社会约束"（social regulation）的"外部生产守则"。

到 2000 年,全球共有 246 个生产守则,其中除 118 个是由跨国公司自己制定的外,其余皆是由商贸协会或多边组织或国际机构制定的所谓"社会约束"的生产守则。这些生产守则主要分布于美国、英国、澳大利亚、加拿大、德国等国。2000 年 7 月,《全球契约》论坛第一次高级别会议召开,参加会议的 50 多家著名跨国公司的代表承诺,在建立全球化市场的同时,要以《全球契约》为框架,改善工人工作环境、提高环保水平。《全球契约》行动计划已经有包括中国在内的 30 多个国家的代表、200 多家著名大公司参与。这在当时是最高级别的会议所确定的企业责任,并且是专门针对企业环境管理的社会责任,虽然与当前环保时代的社会责任理论来源不同,却体现了企业环保责任的雏形。2002 年 2 月在纽约召开的世界经济峰会上,36 位首席执行官呼吁公司履行其社会责任,其理论根据是,公司社会责任"并非多此一举",而是核心业务运作至关重要的一部分。至此,企业社会责任的意识正式得到企业高层的认可。

2002 年,联合国正式推出《联合国全球协约》（UN Global Compact）。协约共有九条原则,联合国恳请公司在对待其员工和供货商时,都要尊重其规定的九条原则。其中第七条规定,支持对环境挑战采取预防办法;第八条规定,积极推动对环境负起更大的责任;第九条规定,鼓励发展和推广对环境无害的技术。在这九条原则中,关于企业的环境责任就占到了 1/3,可见,在当时各国积极开展工业化、积极发展现代化的过程中,已经开始注意到企业对环境的影响,企业责任中的环境责任也正式得到了国际社会的承认和重视。

2010 年,在由 17PR 主办的第六届中国公关经理人年会上,"2010 企业社会责任优秀案例"评选揭晓。这是国内首次举办企业社会责任案例评选,获奖案例均来自在社会公益、公益传播和环境保护方面做出突出贡献的企业。不难看出,企业在环境保护方面履行社会责任已经成为企业社会责任中极其重要的一个方面。随着工业化和现代化的继续推进,环境状况也在不断恶化,作为社会的每一个分子都应该对这种现状负责,作为为人类提供衣食住行方便的企业更应当对此负责。这是全球环境的要求,也是环保时代的呼唤。所以维护环境、减少污染和破坏,对每一个企业来说都是其必须且应当承担的社会责任,这也是环保时代对企业责任的必然要求。

二、增强企业社会责任的意义

美国哈佛商学院教授佩尼(Paine)认为,"一套建立在合理的伦理准则基础上的组织价值体系也是一种资产,它可以带来多种收益。这些收益表现在以下三个方面:组织功效、市场关系和社会地位"。企业承担一定的社会责任,虽会在短期内给增加经营成本带来一定的影响,但无疑有利于企业自身良好形象的树立,形成企业的无形资产,进而形成企业的竞争优势,最终给企业带来长期、潜在的利益。

(一)企业履行社会责任会增强企业经济效益

关于企业环境管理与经济效益的关系,以传统观点和修正学派观点为典型,如图 1 所示。

当代理论中环境管理与企业国际竞争力关系

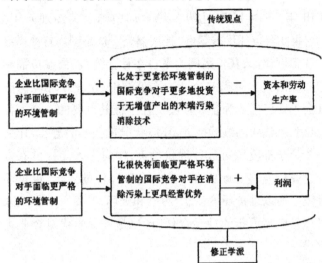

图1　环境管制与竞争力的关系

Fig 1　The relationship between the Environmental control and the competence

　　传统观点认为,环境管理削弱了国家和企业在国际市场上的竞争力。环境管理与竞争力之间是对立的关系,环境绩效与经济绩效负相关。企业为了消除环境污染和环境破坏进行环境管理,就不得不在产品和生产过程中增加投入,这样必然导致生产成本的增加,加大企业的负担,使企业在激烈的市场竞争中失去优势。[①]同时,这样的投资会使企业从其他有赢利潜力的项目或活动中转

---

　　① 　Palmer,Oates,Portney. 1995;Walley and Whitehead,1994;Simpson and Bradford,1996;Xepapadeas De Zeeuw,1999.

移资金,分派人力和时间,挤出其他更具潜在效率的投资或是创新途径而损害竞争力,不利于企业的发展。① 当环境成本内部化程度高时,企业所承担的成本越大,竞争力就下降的越多。

以波特为代表的修正学派则认为,环境管理与竞争力是"双赢"的,环境绩效对经济绩效有积极影响。环境管理能够或使企业通过产品创新,或改进生产工艺流程,或提高生产效率,或提高资源利用效率,或降低成本,或改善产品质量,或提高雇员、顾客的满意度,或提高企业声誉,最终为企业带来经济收益。其中包括改进原有的产品或开发出全新的产品,从产品的创新中得到补偿收益。另外,通过对生产工艺、流程的改进,还可以提高资源的生产率、利用率,进而从生产过程中获得收益。率先实行环境管理,进行产品、技术或过程创新的企业有条件、有机会要求政府提高环境标准,建立行业标准和行业规范,进而提高进入壁垒,把无法达到严格环境标准的企业排挤出市场,提高并巩固自己在市场中的地位,达到类似"垄断"的效果。

比较来看,以波特为代表的观点更符合当今的现实。众多的企业实践以及研究成果也都充分说明,企业承担社会责任与企业的经济绩效成正相关的关系,而不是完全像传统学理论所认为的会加重企业负担、影响其利益。企业完全可以将社会责任转化为实实在在的竞争力。

在全球化进程中,经济、社会、环境问题之间存在着一种强烈的互动性,企业不仅是区域经济的基本组织,也是区域社会的基

---

① Palmer,Oates,Portney.1995;Walley and Whitehead,1994;Simpson and Bradford,1996;Xepapadeas De Zeeuw,1999.

本组织，更是一个可以直接贡献或破坏自己生存发展环境的重要角色。所以，企业在这个过程中不仅要追求自身的"利润最大化"，而且要为创造实现"利润最大化"的经济、社会和资源环境做出努力和贡献。企业履行社会责任是通向企业可持续发展的重要途径，它符合社会整体对企业的合理期望，不但不会分散企业的精力，而且还能提高企业的竞争力和声誉。科学研究成果显示，企业越注重社会责任，其产品和服务就越有可能获得更大的市场份额，同时还可以提高业绩。企业履行社会责任会给企业带来高销售量和忠诚的顾客群，对企业来说也是其自身发展的一种机会。因此，履行社会责任是企业可持续发展的关键性一步。

（二）企业履行社会责任会增强企业自主创新能力

在竞争的市场上，以牺牲产品质量安全、劳工利益或是社区利益为代价，仅仅依靠价廉获取的产品竞争力是不能保证企业的长期稳定成长和持续发展的。而对社会责任的关注将促使企业转向对产品、设计、流程、管理和制度等环节进行创新，促进其盈利方式和增长方式的转变，而不是靠一味地压榨员工或用假冒伪劣产品欺骗消费者来获取利润和取得发展。实践证明，企业的持续发展最终仍然要依靠技术创新、管理创新和制度创新得以实现。企业通过自己的企业社会责任，不断努力提高生产效率、节约能源消耗、改变生产方式，从粗放型积极向集约型转变，进一步拓宽创新领域，改善经营环境，减少资源的占用和浪费，节省生产成本，发展循环经济，提高环境保护的能力，以获得更大的利润。

毋庸置疑，企业要生存便要可持续的赢利能力。企业可持续的赢利能力主要来自于企业的开拓能力。企业的市场开拓能力主要来自于三个方面:一是来自于对先进科学技术的掌握和运用程度;二是来自于企业的经营管理水平上的不断创新;三是来自于职工劳动积极性的发挥水平。这三方面都说明,企业可持续开拓能力的最终动力在于人。在企业面对新的义利并举的价值观念氛围下,形成企业管理者和劳动者之间的共识,是企业激励机制得以建立和运行的基础。企业社会责任作为一种激励机制,对企业管理来说,是一场新的革命,更是提高企业开拓能力的动力源泉。

责任与竞争力相辅相成,相互影响,没有社会责任感的企业不可能有竞争力。企业在强化自身社会责任的过程中,可以不断提高自己的竞争力。同时,在这一过程中,企业通过拥有良好的文化机制和较高的创新水平,也能够提高应变能力,有助于建立科学的风险防范机制,提高风险管理水平,企业的经营形象和声誉也不断得到提高。企业承担多元社会责任,是提高劳动生产率和经济效益的有效途径,是企业在市场竞争中生存和发展的可靠保证。企业环保责任建设为企业原本的功利性价值观注入了非功利性价值的内容,也使企业从重利轻义的单一价值观转变为义利并举的价值观,并由此实现企业价值观的升华。

(三)企业履行社会责任可以扩大企业发展空间

企业主动承担社会责任可以为自身创造更为广阔的生存空间。为了保护环境、保障生活质量、维持社会稳定和各项事业的发展,政府部门、社会团体、普通公众等都向企业提出了种种行为限制,有的甚至还附有严厉的惩罚性措施。企业若不能达到要求,便会受到指责或惩罚,企业正常的生产经营活动也会受到不同程度的干扰。相反,企业若能主动适应要求,在一定程度上解除企业发展过程中的一些限制条件,便能使决策和经营具有更大的灵活性和自主性。

社会责任是企业利益和社会利益的统一,企业承担社会责任的行为,是维护企业长远利益、符合社会发展要求的一种"互利"行为。这一行为对企业来说,不仅仅是付出,同时也是一种获取。具体表现在以下三个方面:第一,有利于调整企业与社会、企业与企业之间的关系,为企业的生产经营活动创造一个良好的社会环境;第二,有利于调整企业与消费者的关系,使公众了解企业,提高企业的知名度,树立可信赖的企业形象;第三,有利于调整企业内部的人际关系,激发员工的生产积极性和创造性,提高劳动生产率和经济效益。

三、环保时代的企业社会责任

企业社会责任的内容很丰富。根据联合国的观点,从原则上讲,企业社会责任的范围包括:"一个公司应该对其经营后果负完全责任,这包括直接影响,也包括间接的负面影响……对企业社会责任更高的要求源于一些公司的外部负面影响。这些影响在很多领域都可能发生并且会涉及各种各样的利益关系群体。""简单地说,企业社会责任实际上是企业与社会之间的'社会契约'",它通常包括人权、环境保护和劳工权利等内容,在社会上显示着"公司的公民形象"。

实施企业社会责任的机制框架是由政府、企业、各种利益相关的非政府组织和个人构成的,在一些善意的宗教组织中也有利用公司各级人员的影响宣传这一内容的。联合国的《全球协议》就是号召工商界的领袖们带头实行企业社会责任,目的是"给世界市场以人道主义的面貌"。否则,资本全球化必然带得环境污染、血汗工厂制度、不公平竞争和行贿腐败等满世界转,世界将会呈现一片混乱。

(一)当前企业社会责任的基本内容

1. 缴纳税收

这是企业的一项重要社会责任,企业应该勇于承担这个社会责任,要坚决按照法律规定为政府缴税。企业可以合理合法地避税,但绝不能偷逃税收,因为前者是企业的合法权益,但后者却是企业不承担社会责任的不法行为。所有企业都应该充分认识到,纳税是自己应该履行的法定的社会责任。

2. 提供就业

这也是企业极为重要的一项社会责任。不过,这种就业机会是指合乎法规的就业机会,例如在生产条件和劳动条件等方面是合乎法律规定的,不能是有害于就业者健康甚至摧残就业者生命的就业机会。又比如就业机会必须体现责权利对称的原则,就业者应该在就业机会中获得自己应有的劳动收入和社会保障,而企业也不应以克扣劳动者的应有收入和无视就业者的社会保障向就业者提供就业机会。总之,就业机会应该是符合法规的就业机会。

3. 为市场提供产品或服务

企业的社会责任关乎到人们的生命和健康,关乎到整个社会的生活质量和经济生活的正常运转,因而企业的社会责任要求它必须保质保量地为市场提供优良产品和优质服务,绝对不能搞伪劣产品和虚假服务,否则,就是根本没有履行自己的社会责任。自然,那些为市场提供劣质产品的企业,实际上是在践踏自己应有的法定的社会责任,是违法行为,是会受到法律制裁的。

(二)企业环境社会责任的主要内容

现代社会环境问题日益严峻,企业不仅要承担上述基本社会责任,同时还要依法承担环境责任。这就要求现代企业在谋求投资者利益最大化的基础上,必须考虑增进投资者利益以外的环境公益的相关责任。企业应依法承担保护环境的社会责任。

为了加强企业的环境保护工作,改变忽视环境保护的倾向,具体在实施上,企业应当关注以下几个问题。

1. 提高环保意识

我国环境保护最早起源于企业的劳动保护,因此一些企业把环境保护局限于内部利益,而对环境保护的社会责任认识不足。我们提倡坚持企业承担法律责任,实际上就是贯彻科学发展观,就是"坚持以人为本",就是要"促进经济社会和人的全面发展"。从另一角度来看,由于环境问题一旦发生,破坏巨大,极容易激发企业与社会、普通公民、政府之间的矛盾,如果解决不当,往往容易引发严重的社会问题,激发更深层次的社会矛盾。因此,我们主张企业承担环境法律责任,把企业的社会效益、环境效益作为评价、考核企业生产经营的条件,这实际上有利于促进人与自然的和谐,实现经济发展和人口、资源、环境相协调,有利于构建社会主义和谐社会。

2. 摆正保护环境与提高经济效益的关系

企业承担环境法律责任,就是要打破片面的经济绩效决定论的观点,打破过去掠夺式的生产经营模式,而使企业走可持续发展之路。企业不可因追求自身的眼前经济利益而忽视环境保护的社会责任,违反法律、污染环境必将受到法律的制裁,而在文明和法律日益进步的当代社会,违法的企业、污染环境损人利己的企业必然受到社会的谴责与排斥,他们的经济效益也不会持久。

3. 自觉地保护环境

保护环境是一种法律责任,更应该成为企业的自觉行动。完全依赖于法律监督、管理、制裁的环境保护是低效率的,而自觉地守法、自觉地保护环境才是可持续发展的坦途。企业应坚决杜绝一切破坏环境的行为,以保证企业在依法办企的轨道上健康地发展。

(三)现代企业家的环保责任

社会责任不仅是社会规范的责任,还应与社会时代的发展相联系,环境问题便是凸现在当前的一个重要问题。在当前的环保时代,企业承担社会责任不仅是企业本身的责任,也是对企业家的要求,因为企业家可以对企业的发展方向起到重要的甚至是决定性的作用。另外,社会责任本质上也是个人与社会相联系的基本纽带,承担起企业环保的社会责任,既有益于社会,也有利于我们的企业家和企业的发展。

社会责任之所以能够对社会和个人产生这样双向的积极作用,是因为同社会责任相联系的,不仅是义务,而且是权利。我们每一个人在创业和发展中都希望有一个和谐的社会环境,因此不仅仅是企业家,我们每个社会人都应有这种环保责任的意识。企业家的社会责任一方面要依靠企业家的环保意识,另一方面需要社会民众给予压力,同时也跟整个社会发展的阶段规律有关系。

在"三鹿奶粉"事件之后,温家宝总理指出,企业家应该流淌着道德的血液。时代要求我们的企业家不仅要明确自己的社会责任,更要增强承担这种社会责任的自觉性。

首先,企业的社会责任是社会对企业家也包括我们每一个人提出的基本要求。一个文明进步的社会,应该是经济社会顺利发展、人际关系诚信友爱、国家制度法纪严明、公益慈善事业完善、注重环境保护、社会环境安定有序的社会。这也是我们构建社会主义和谐社会的最基本要求。但是,这样的社会环境,这样的和谐社会,是不会从天上掉下来的,也不会有人白送给你。社会要求我们每一个人特别是企业家能够肩负起自己的责任,共同来为实现这样的社会理想而奋斗。企业家的社会责任,首先是办好企业,发展经济,多提供就业机会,多交税收,但同时在和谐社会的今天还要注重对环境的保护,为增强社会主义国家综合国力和巩固社会主义政权、提高人民群众的生活水平做出自己的贡献。只有这样,我们的和谐社会才会变成活生生的现实。

其次,企业家的社会责任也是一名企业家做人做事的基本规范。我们在这里提倡每位企业家都应该通过自己的辛勤劳动和认真工作,致力于发展经济、诚信友爱、遵纪守法、慈善济困、维护安定、保护环境。构建社会主义和谐社会,不仅是对每一位企业家的要求,实际上更是每一个人在社会中生存和发展最基本的条件和行为准则。也就是说,这不仅是社会对企业家的要求,更是企业家自己的事情、自己的言行规范。企业家不能简单地把这些社会责任看做是别人从外部强加于自己的,而应该认识到,这是自己在社会中应该做到也必须做到的。

　　最后,履行企业的社会责任,能够造福于整个社会包括企业家自己。企业家应该认识到,这些社会责任本质上是个人与社会相联系的基本纽带。承担起这样的社会责任,既有益于社会,也有利于我们的企业家和企业的发展。比如,促进经济社会的发展,不仅是构建社会主义和谐社会的物质基础,而且关系到我们每一个人能否生活在一个切身利益不断得到满足的社会环境里,关系到我们企业能否持续发展;倡导人际诚信友爱,不仅是构建社会主义和谐社会的思想道德基础,而且关系到我们每一个人能否生活在一个幸福快乐的社会环境里,关系到我们企业内部能否形成和谐的劳动关系并调动所有员工的积极性;坚持人人遵纪守法,不仅是构建社会主义和谐社会的法治基础,而且关系到我们的企业能否赢得社会地位和社会尊严;支持公益慈善事业,不仅是构建社会主义和谐社会的社会基础,而且关系到我们每一个人能否生活在相互关爱的社会环境里,关系到我们的企业家能否在回报社会、扶贫济困中获得社会的回报并树立良好的社会形象;保持社会安定有序,不仅是构建社会主义和谐社会的必然要求,而且关系到我们每一个人能否生活在一个具有安全感的社会环境里,关系到我们的企业能否放心发展、平安发展。注重环境保护不仅是构建和谐社会的基本要求,更是促进经济更好、更快发展的必要条件。我们每一个人包括企业家,一旦尽了自己的社会责任,也就获得了社会赋予他的权利和荣誉,获得了堪同企业"硬实力"相匹配的"软实力"。

　　因此,在坚持科学发展观、构建社会主义和谐社会的时候,我们的企业家应该比一般人更加清醒地明确自己的社会责任,更加自觉地承担起自己的社会责任,在全面建设小康社会,开创中国特色社会主义事业全面发展的新境界中更有作为,做出更多更大的贡献。

在这个新时代的条件下,企业家面临的最主要的社会责任便是走新型工业化道路,发展循环经济。这是为促进我国经济更好、更快发展的重中之重,也是企业增强生命力的主要途径。与此同时,企业界是解决环境问题的主力军,而企业是经济社会发展的主体,也是环保最重要的力量。在解决环境问题上,企业家是领军人物。一个企业家在追求经济效益的同时绝不能忽视社会效益和环境效益,那个不理会环境,让社会为环境问题埋单的时代已经过去了,更清洁的生产方式从长远看,能给企业带来更大的经济效益。企业家的环保认识有多高,我们国家的环保工作水平就能有多高。特别是在我们国家环境容量紧缺、环境质量下降的地区,环境因素成为制约企业生存的决定性因素,也成为企业发展的关键性因素。

企业家不是天生的,而是在实践中培养出来的。当代中国企业家履行环保责任也不能仅仅停留在理念层面,而要付诸于实际行动。

第一,做绿色企业,追求可持续发展。企业作为生产的组织者和财富的创造者,做好企业是根本。但是在当前环保时代,企业家的责任已经不仅仅是做好企业了,而应当是做好绿色企业,通过制定良好的科学发展战略,建立健全法人治理结构,持续推动产品、技术、管理、理念等方面的绿色创新,实行企业自主环境管理方式和生产方式,健全和完善激励约束机制,培育健康向上的企业绿色文化,使企业成为推动经济发展与环境保护的主力军。

第二,履行环保责任,实现多方共赢。一个负责任的企业,在企业发展过程中必须要履行好经济效益、环境保护、社会道德三个层面的社会责任,实现企业与股东、消费者、员工、社会大众等利益相关者的多方共赢。其中,经济效益责任主要包括两个方面:一是为社会创造财富、提供税收和就业机会,为人们安居乐业提供产品和服务;二是推动管理、产品、技术、理念创新,引领社会发展潮流。在社会道德责任方面,要积极倡导并坚持诚信经营,积极参与社会慈善公益事业。在环境保护责任方面,要注重环境保护,开发环保节能型产品,为构建资源节约型和环境友好型社会贡献力量。这些思想和理念,企业家不仅自身要具备,而且还有责任使其在企业内外形成广泛的共识,使企业与股东、消费者、员工和社会形成紧密的利益共同体。

企业要走绿色发展之路,必须从我做起、从企业做起,保护好赖以生存的环境。面对日益沉重的资源压力,面对日益严峻的环境形势,企业要担当环保责任,创造财富与承担责任结合,为企业带来真正的力量和尊重,塑造独具中国特色的现代企业精神。把环境保护作为企业发展的生命线,努力实现经济、社会、环境效益共赢。实行清洁生产,在发展经济的同时,最大限度地减少废水、废气及各种固体废弃物的排放。节能降耗,加强资源综合利用,做节约资源、保护环境的模范。全面促进企业环境文化发展、倡导清洁生产方式、推动循环经济建设。在企业经营中倡导生产节能型产品,在生产管理中严格按照国家和地方标准排放各类污染物,减少环境污染,建立完善的企业环境管理体系。

第三,培育创新人才,传承环保精神。人才是企业的第一资源,一个成功的企业家,一定要善于识人、用人和育人。我们现在所处的是一个十倍速甚至百倍速发展的时代,也是一个不进则退、慢进也是退的时代。市场风云瞬息万变,社会发展日新月异,这也对我们企业家提出了越来越高的要求,因此,企业家必须要组织员工进行不断的培训、学习、提高,与时俱进,及时更新观念,树立新思想,避免企业的发展方向偏离社会需求,进而难以承担引领企业和社会发展的重任。对于企业的人才,企业家要善于为他们提供愿景、梦想、机会和舞台,作为伯乐、导师和教练,企业家还要为人才成长搭建舞台。此外,企业家还要以身作则、率先垂范,传承企业绿色价值观和绿色文化理念,推动企业持续成长和健康发展。

当代中国企业家不仅要胸怀天下,以民族复兴、社会发展和进步为己任,更要脚踏实地、与时俱进,时刻注意培养和提升自身的素养、品格和能力。在当前环保时代下,企业责任的内容非常丰富,尤其是对企业绿色管理、绿色经营的要求越来越高,因此,企业家要充分发挥自身的能力和影响力,积极转变思想,树立环保理念,更新环保思维,促进企业社会责任的顺利履行。同时,伴随着中国企业家精神的不断发扬光大,中国将会涌现出越来越多的优秀企业和优秀企业家,并将为恶化的环境现状带来不断地可持续地改善。

第二章 企业自主环境管理基本理论

第一节 企业管理与企业环境管理

企业管理是指根据外部环境变化和企业的特性、生产经营规律,为了实现经营目标而对企业的生产经营活动进行组织、计划、指挥、监督和调节等一系列职能的总称。企业管理的要点是需建立企业管理的整体系统体系。企业环境保护是我国环境保护工作的基础,也是企业生产经营的一项重要任务。企业环境管理作为企业生产经营管理的有机组成部分,同企业的生产管理、劳动管理、财务管理、销售管理等许多专业管理一样,也是一项专业管理。

一、现代企业管理的性质及其职能

(一)企业管理的概念及其性质

企业管理是社会大生产发展的客观要求和必然产物,是由人们在从事交换过程中的共同劳动所引起的。在社会生产发展的一定阶段,一切规模较大的共同劳动,都或多或少地需要进行指挥。一方面,要协调个人劳动过程的监督和调节,使单个劳动服从生产总体的要求,另一方面,要保证整个劳动过程按人们预定的目的正常进行。尤其是在科学技术高度发达、产品日新月异、市场瞬息万变的现代社会中,企业管理就显得愈益重要。

企业管理包含了以下几个要素。(1)企业管理的对象是生产经营的全过程,包括组成该过程的人、财、物、时间、信息等。(2)企业管理职能是对生产经营过程的管理要通过计划、组织、协调、控制、监督等职能来进行,既要合理组织生产力,又要维护、调整、完善生产关系。(3)企业管理是有目的的活动,是为了达到企业的目标。企业的目标是为社会提供物美价廉、适用的产品或劳动,在满足人们物质文化生活需要的过程中为社会提供发展资金,并使企业得到生存和发展。(4)企业管理的主体是包含企业的高层领导、中层领导和基层领导在内的所有参与管理的人。(5)企业管理的任务就是达到企业目标,增强企业功能,强化企业经营机制,创造一种环境,使得企业既与社会相融合,又使其内部的人、财、物、时间、信息等获得最合理的利用,使企业充满生机活力,提高劳动生产率,赢得最满意的经济效益和社会效益。企业管理的基本结构见图 2 所示。

图 2 企业管理的基本结构

企业管理的发展大体经历了三个阶段。(1)18 世纪末到 19 世纪末的传统管理阶段。这一阶段出现了管理职能同体力劳动的分离,管理工作由资本家执行,其特点是一切凭个人经验办事。(2)20 世纪 20—40 年代的科学管理阶段。这一阶段出现了资本家同管理人员的分离,管理人员总结经验,使之系统化并加以发展,逐步形成了一套科学管理理论。(3)20世纪50年代以后的现代管理阶段。这一阶段的特点是,从经济的定性概念发展为定量分析,采用数理决策方法,并在各项管理中广泛采用电子计算机进行控制。

企业发展过程中,管理方法和手段的变化通常由三个阶段构成,即经验管理阶段、科学管理阶段、文化管理阶段。

1.经验管理阶段

如果企业规模比较小,员工在企业管理者的视野监视之内,那么企业管理靠人治就能够实现。在经验管理阶段,对员工的管理前提是经济人假设,认为人性本恶,天生懒惰,不喜欢承担责任,被动。所以有这种看法的管理者采用的激励方式是以外激为主,激励方式是"胡萝卜加大棒",对员工的控制也是外部控制,主要是控制人的行为。

2.科学管理阶段

如果企业规模比较大,靠人治则鞭长莫及,因此要把人治变为法治,但是对人性的认识还是要以经济人假设为前提,靠规章制度来管理企业。其对员工的激励和控制是外部的,通过惩罚与奖励来使员工工作,员工因为期望得到奖励或害怕惩罚而工作。员工按企业的规章制度去行事,在管理者的指挥下行动,管理的内容是管理员工的行为。

3.文化管理阶段

如果企业的边界模糊,那么管理的前提是社会人假设,认为人性本善,人是有感情的,喜欢接受挑战,愿意发挥主观能动性,积极向上。这时,企业要建立相应的以人为本的文化,通过人本管理来实现企业的目标。文化管理阶段同样有经验管理和科学管理。科学管理是实现文化管理的基础,而经验是必要的,文化如同软件,制度如同硬件,二者是互补的。只是由于到了知识经济时期,人更加重视实现个人价值,所以,对人性的尊重显得尤为重要,因此企业管理要以人为本。

(二)企业管理的分类及其基本职能

管理可以分为很多种,比如行政管理、社会管理、工商企业管理、人力资源管理等。在现代市场经济中,工商企业的管理最为常见。每一种组织都需要对其事务、资产、人员、设备等所有资源进行管理。每一个人也同样需要管理,比如管理自己的起居饮食、时间、健康、情绪、学习、职业、财富、人际关系、社会活动、精神面貌(即穿着打扮)等。企业管理可以划为几个分支:人力资源管理、财务管理、生产管理、物控管理、营销管理、成本管理、研发管理等。在企业系统的管理上,又可分为企业战略、业务模式、业务流程、企业结构、企业制度、企业文化等系统的管理。

企业作为独立的商品生产者和经营者,一方面要按市场需求和企业自身条件合理组织生产和经营,使之能按品种、质量、产量、交货期的要求,低消耗地生产产品,也就是生产力的合理组织。另一方面,企业生产经营活动中不可避免地要涉及人与人、人与企业、企业与企业、企业与国家之间的种种关系,要维护和完善生产关系。企业管理的性质涉及到上述这两类问题,即合理组织生产力及维护和完善生产关系,分别称之为管理的自然属性和社会属性。企业管理的自然属性是由现代机器大生产的规律所决定的。企业管理必须符合生产力发展的要求,要与技术发展水平、劳动分工协作的形式相适应,采用科学的办法管理企业。企业管理的社会属性是由生产关系决定的,它表现在两个方面:一方面,企业管理必须服从于企业生产资料所有者的资产收益最大的意志和利益;另一方面,必须不断调整生产关系以适应生产力发展的要求。

关于企业的管理职能,法国管理学者法约尔最初提出把管理的基本职能分为计划、组织、指挥、协调和控制。后来,又有学者认为人员配备、领导、激励、创新等也是管理的职能。现在最为广泛接受的是将管理分为四项基本职能:计划、组织、领导、控制。各项职能并不是独立存在的,他们之间相互促进、相互补充。在管理中要协调好各个管理职能,充分发挥各个管理职能的作用,以实现管理的目标。企业管理的基本职能可见图3。

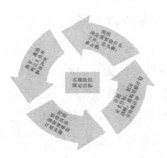

图3　企业管理基本职能图

二、企业环境管理

企业环境管理通常是指运用行政、经济、技术、法律和教育的手段,协调生产经营发展和环境保护的关系,通过对企业环境问题的综合整治,达到既要发展生产经营、增加经济效益,又要保护环境的目的。

企业环境管理的目的在于制定企业环境保护规划,协调发展生产与保护环境的关系;建立和执行企业环境管理制度,贯彻执行国家和地方的环境保护方针、政策及各项规定,建立和督促执行本企业的环保管理制度;进行环境监测,掌握企业污染状况,对环境质量进行监督,分析和整理监测数据,及时向有关领导及部门通报有关监测数据,对污染事故进行调查,提出处理意见;遵守国家和地区环境规范,包括遵守国家和区域环境保护的总体要求、环境污染排放标准等,实行清洁生产,充分利用资源与能源,做好"三废"综合利用;组织开展环境保护技术研究,包括资源利用技术、污染物无害化、废弃物综合利用技术、清洁生产工艺等。

(一)企业环境管理的内涵

企业环境管理的核心问题是遵循生态规律,正确处理生产经营、技术改造和环境保护的关系,做到同步协调发展,实现经济效益、社会效益和环境效益的有效统一。

企业生产经营发展和环境资源之间存在着相互依存、相互制约的辩证关系。环境资源是企业生产经营发展的物质基础,又是生产经营发展的制约条件,生产经营的发展为环境保护提供了资金、技术、设备和管理条件。协调好两者之间的关系,使其相互促进,这就需要梳理在促进企业经济技术发展和提高企业管理水平的过程中,不断改善环境的战略思想,把企业的生产经营发展建立在既有利于资源综合利用、合理发展生产力,又有利于污染综合整治、加速环境改善的基础上,从而为企业经济的长期稳定发展创造良好的环境资源条件。

在生产经营发展和环境保护的关系中,人的生产经营活动是影响和制约两者之间关系的主导方面。所以,企业环境管理的实质,一方面是影响和限制人在生产经营活动中损害环境的行为,另一方面是努力提高员工保护环境的意识,调动员工保护环境的积极性,发挥整体优势,担负起环境保护的责任,使企业污染物的排放和环境质量符合国家环境标准的要求。

企业生产经营过程同环境问题存在着密切的联系。生产经营的不断变化,影响着企业环境的保护,这就决定了企业的环境管理是一种全面的动态管理。在解决合理利用资源和防止环境污染这两个方面的任务中,把环境管理放到首位,对影响环境的各种因素运用系统工程的方法进行综合分析,采用优化的环境对策,充分运用行政、经济、技术、法治和教育的手段进行综合治理。

（二）企业环境管理的对象

工业企业在生产过程中排放的大量"三废"(废水、废气、废渣)是当前我国环境的主要污染源。在谈到企业环境管理的对象时,人们会很自然地想到对"三废"资源的综合利用和对生产经营过程中排放污染物的控制,但是却很少想到企业在生产经营中,人的管理思想和管理活动对环境产生的影响。为了解决"三废"的污染问题,我国工业企业曾走过一段弯路。早期着重寻求"三废"的处理途径,想通过建设一些"三废"的处理设施解决污染问题,一些大的企业还专门成立了"三废"治理机构。由于走的是一条先污染、后治理的老路,因此并没有从总体上改变企业环境污染严重和环保工作被动的局面。造成这种状况的原因有很多,其中一个重要的原因是,在企业生产经营活动中,没有把影响人同环境保护有关的生产经营行为,以及协调企业生产经营管理活动同环境保护的关系作为环境管理的对象。

现代管理学认为,企业环境管理的对象是由企业在生产经营活动中影响环境问题的各种因素所组成的有机整体,如资金、技术、设备、政策、环保体制、职工的环境意识、利益分配及其相互之间不协调的关系等。这些因素不是孤立的,而是相对独立、有机结合、互为影响和制约的。环境管理的对象是整体和影响因素的辩证统一。环境管理的任务就是要解决各种因素之间、因素与整体之间关系的不协调,实现环境管理对象整体内部的良性运行机制和整体环境的效益目标。

根据环境管理对象的不同性质,影响企业环境问题整体不协调性的各种因素也有不同的分类方法。影响企业环境问题的因素,可以按人、财、物、信息来划分,可以按有形因素、无形因素、无相关系因素来划分,也可以按烟尘、污水、噪声、废渣来划分。由于企业中各种影响环境的因素总是伴随着企业生产经营的活动过程发生作用,因此,按企业生产经营活动方式来划分不同类型的环境管理对象,有助于我们把环境保护纳入企业的生产经营活动过程,并在实际活动过程中同时解决环境问题。

企业的生产经营活动(包括环境保护活动)主要包括两个方面:一是生产建设活动;二是生产经营管理活动。从完成企业环境保护工作任务的实际情况出发,我们把作为企业环境管理对象的各种因素划分为以下两个方面的内容。第一,企业在生产建设活动中,要组织生产,要进行技术改造,以求得生产力的合理组织和发展。在这个过程中要做好"三废"资源的开发和利用,提高资源、能源的利用水平;选择无污染、少污染的先进工艺和设备,建设必要的污染治理设施;组织好环境管理对生产建设活动方面所确定的管理对象,主要是合理组织和发展环境保护方面的要求。第二,企业在生产经营管理活动中,要贯彻国家环境保护的方针、政策、法律和标准,运用各种各样有效的手段,提高职工的环境保护意识,激发各个管理职能部门和职工的环境保护积极性,健全企业环境保护机制,使生产经营的管理活动和环境保护的要求相适应,从而促进企业生产建设活动和环境保护关系的协调。企业对生产经营管理活动方面所确定的管理对象,主要是解决生产关系和上层建筑领域里,同生产建设活动中防治污染、保护环境要求不相协调的问题。

在企业环境管理中,我们不能就污染防治来谈污染防治,而必须重视影响污染防治的各种生产经营管理活动中的不协调因素和关系。只有这样,才能使企业保护环境的各种人、财、物的潜力和优势充分发挥出来。目前,一些企业中存在着重生产、轻环保,重经济效益、轻视环境效益的思想;技术改造中不能坚持环保"三同时"的规定;在做出生产经营决策,布置、考核、检查、屏蔽生产经营工作时,缺乏环境保护的要求。这些现象无不表现为企业生产经营管理活动的不协调。这种无形的不协调,不仅是企业环境管理的对象,而且比起有形的环境问题甚至更严重,更难以解决。

企业环境管理对象的两个方面紧密相联、互相影响、互相制约,构成了企业环境管理对象的整体。从这个意义上说,企业环境管理对象是企业生产建设过程中和生产经营管理中两个方面同环境保护要求不相协调的各种因素,及其相互影响的关系所组成的整体,也称企业环境保护管理系统。

(三)企业环境管理的特点

企业环境管理是政府管理的基础。政府环境管理的任务是环境污染控制(或污染防治)和自然生态环境保护,而企业环境管理的任务是工业污染源的防治和对所开发资源的合理利用。

企业环境管理同其他专业管理一样,是企业生产经营管理的重要组成部分。企业环境管理的特点是在与企业其他专业管理的比较中认识的,在环境管理实践中具有五个特点。

其一,企业环境管理是以实现环境资源开发利用和保护相结合为特点的资源管理。各种矿物资源如煤炭、石油、水资源、空气和土地等,都是环境的重要组成部分,也是企业进行生产经营活动的物质资源。由于多种原因,各类资源未能得到充分利用,作为"三废"物质排入环境,造成了环境的污染与破坏,影响了企业的发展,严重损害了社会综合效益,背离了社会主义企业发展生产经营的根本目的。企业环境管理正是要通过协调生产经营活动同环境保护的关系,促进技术进步,改善生产经营管理,加快"三废"资源的治理回收和综合利用,达到经济效益、社会效益和环境效益相统一的企业经营目的。因此,企业环境管理的对象、目标、任务和手段,不仅都有与其他专业管理有机联系、相对独立的内涵,而且都是紧紧围绕着提高资源利用水平、减少"三废"污染、保护环境资源这样一个特定的中心内容进行的。正是从这个意义上说,企业环境管理是以环境资源开发利用和保护相结合为特点的资源管理。

其二,造成企业环境问题因素的广泛性决定了企业管理的综合性。企业环境问题是由企业工艺设备条件、技术水平、经济力量、企业管理、职工环境意识以及企业自然环境、社会发展、科学技术进步、国家法律和环境经济政策等诸多因素错综复杂地交织在一起而形成和发展的。因此,在企业环境管理系统中,既有生产力方面的因素,也有生产关系方面的因素;既有经济基础方面的因素,也有上层建筑方面的因素;既有企业方面的因素,也有社会方面的因素。这些因素相互依存、相互制约,其中任何一个因素发生变化或不协调,都将影响其他因素,甚至失去平衡而发生问题。这个特点要求,企业环境管理工作必须从整体出发,运用系统分析的方法,施行综合的环境对策。在对污染问题采取污染治理、技术改造和"三废"综合利用相结合的同时,把管理和治理结合起来,对影响环境问题的各种因素进行综合整治。

其三,法律引导在企业环境管理中具有特殊重要性。企业是自主经营、自负盈亏的社会主义商品生产者和经营者。企业的利益应当从企业为社会所创造的效益中获得。这个效益就是经济效益、社会效益和环境效益的统一。如果企业背离了社会主义生产经营的根本目的,那么这种利益关系就会出现相对的不一致性。例如,企业以次充好的产品,可以在短期内为企业赢得利益,但是却损害了消费者和社会的利益。社会正是通过市场机制,使质量低劣的产品失去竞争力,进而反馈和影响企业的经济利益和企业的生存,迫使企业不得不通过提高产品质量,来增加企业经济利益和社会经济效益。企业经济利益和社会(国家)利益之间的关系,正是这种以增加社会综合效益为目的,不断减少企业和社会利益关系的相对不一致性,进而达到一致性的辩证统一。

企业环境管理的任务与其说是调整生产经营和环境保护的关系,还不如说是要调整好企业生产经营和社会环境经济利益的关系,使企业污染物的排放符合环境标准。在企业的环境管理中,调整生产经营发展和环境保护的关系,进而达到调整企业生产经营发展和社会环境经济利益关系的主要依据,目前还不是商品市场的反馈,而是环境保护的法律标准和方针政策,并辅以其他手段。最近几年,国家颁布了一系列关于环境保护的法律标准和方针政策,这是保证企业坚持三个效益相统一的社会主义生产经营方向,做好企业环境管理的重要手段。实行环境保护法制,在企业环境管理中占有特殊重要的位置和强制性作用,企业环境保护必须依法管理、依法监督。

其四,公众参与是企业环境建设的力量源泉,决定了企业环境管理的社会性。企业的环境状况如何同员工的身体健康、员工利益和员工的社会环境责任息息相关。防治污染、保护环境是企业每个成员的共同任务。改善企业环境素质、创造清洁文明的生产和工作环境是广大员工的共同愿望。员工是企业生产建设的主人,也是企业环境建设的主人。没有广大员工在生产建设过程中关心环境问题,积极防治污染,要搞好企业的环境保护是不可能的,这是搞好企业环境保护工作的群众基础和力量源泉。

企业环境管理要"依靠群众,大家动手",实行专业管理与群众管理相结合。企业环境管理离不开群众和员工民主管理的形式。通过宣传教育提高职工的环境意识,使职工认识到必须要保护环境资源,与污染作斗争,并从各个方面结合自己的生产过程和工作过程,参加环境管理,搞好环境保护。只有在企业全体职工的共同努力下,才能创造一个生产上有利于发展、身体上有益于健康、美学上令人愉快的清洁文明的现代企业。

其五,环境特征和功能的明显区域性,决定了企业环境管理的区域性。环境问题由于自然背景、生态功能、社会功能、经济发展水平、污染物特点、分布规律以及环境指令标准的差异,存在着明显的区域性。而一个或几个企业排放的污水可以污染一条河流、一座水库甚至地下水源,企业排放的烟尘、二氧化硫可以在大气中扩散几十公里,直接影响一个区域的环境质量。因此,企业环境保护离不开环境问题的区域性,企业环境管理具有明显的区域性特点。

企业环境的区域性主要是指企业环境的综合整治需要同区域环境的综合整治结合起来,从区域环境整体目标出发,以区域环境容量或环境标准为主要依据,统筹规划。企业环境污染物排放量要符合区域环境质量要求;要经济合理地组织"三废"资源的综合利用和水污染的综合治理;要正确处理企业同周围群众的环境纠纷,接受群众的监督;企业要对自己所污染的周围环境承担经济损害赔偿责任和污染治理责任;在保证区域环境质量的前提下,充分利用环境的自净能力,以达到经济合理地保护和改善环境的目的。

（四）企业环境管理的指导思想与基本原则

工业企业排放的污染物是造成我国环境污染的主要原因。企业担负着经济建设的繁重任务,也承担着保护环境的社会责任。企业在生产经营发展中,要把环境保护作为一项重要内容。解决企业环境问题的指导思想是,在制定经济发展战略的同时做到环境保护与生产经营、技术改造同步规划、同步实施、同步协调发展,实现经济效益、社会效益和环境效益的统一。这个基本指导思想也是环境保护基本方针在企业环保工作中的具体化,企业要从这一基本指导思想出发,积极地防治污染,改善环境,发展经济,造福人民。

解决企业环境问题的关键是处理好生产经营发展和环境保护的关系。二者关系的不协调是造成企业环境问题的根本原因,也是企业环境问题的实质。理顺这种不协调关系是解决企业环境问题的根本出路,而理顺这种关系,也只能在生产经营、技术改造的发展过程中,通过调整与环境保护不相协调的各种具体因素来实现。

发展社会主义生产的根本目的是保证最大限度地满足整个社会日益增长的物质文化需要,其中就包含了环境保护的内容。企业不能用牺牲环境、向社会转嫁污染的方法,去谋求企业自身的经济利益。发展社会主义生产的目的要求企业在生产经营活动中,要遵循经济规律和生态规律,自觉地把企业利益同国家和社会的利益统一起来,把经济利益和环境效益统一起来,把眼前利益和长远利益统一起来,按照基本国策的要求正确处理环境保护和生产经营、技术改造的关系,坚持同步协调发展,实现经济效益、社会效益和环境效益的统一,使企业经济效益有利于社会总效益的增长,并以此来评价企业生产经营的实际效果。

在企业环境保护工作中,对贯彻这一基本指导思想要做全面理解,要从环境保护与生产经营、技术改造互相制约的辩证关系中,对解决环境问题的思想方法有一个科学的认识。企业要依据同步规划中关于环境保护的内容和措施组织同步实施。当然,这里所指的规划,决不是单纯污染防治工程规划,而是泛指一切环境保护计划、指标和生产经营活动中关于环境保护的目标、内容和要求。但是,企业环境保护工作的内容,特别是解决生产经营活动与环境保护关系中的环境问题的任务相当广泛。例如,企业做出的生产经营决策是否有利于环境问题的解决;在企业经济体制改造中,如何健全环境保护机制,搞好环保体制改革;在组织生产经营承包时,如何解决环境保护任务的经济承包;在生产设备管理中,如何同时解决环保设备的维护、检修和运行;以及要实行宏观管理,还是微观管理。无论是目标计划管理,还是大量日常环境管理,都要坚持环境问题与生产经营活动同步解决的指导思想,把环境保护纳入企业生产经营管理的轨道,从而使企业生产经营、技术改造的发展水平和环境保护要求相协调。这也正是指导企业环境保护工作中最核心的思想。这一核心思想对指导企业的环境保护工作、提高环境的科学管理水平具有特殊的重要意义。

贯彻企业环境管理的指导思想必须遵循以下几项原则。

其一,环境与经济协调发展的原则。企业必须要把企业的经济活动和环境意识、环境责任联系起来,作为企业管理的重要目标,做到全员教育、全程控制、全面管理。

其二,符合国家和区域环境政策。企业必须遵守国家和企业的环境政策,包括环境战略要求、环境管理的总体目标和环境标准等规范。企业环境管理的目的是改善区域环境质量,因而企业环境管理必须符合区域环境规划的要求。

其三,"预防为主,管治结合"的原则。企业必须最大限度地控制和减少污染物的发生量,并且对排放的污染物进行达标排放的净化处理,推行清洁生产技术。

其四,综合运用各种手段的原则。企业要有效地运用技术、宣传、管理、经济等手段。其中,提高全员的环境意识和素质是企业环境管理的首要条件,依靠科技是企业环境管理的基础条件,健全组织和各种经济责任制是企业环境管理的保证条件。

三、环境行政管理制度的经济学分析与创新要求

当前环境行政管理体制改革的核心就在于使得环境与发展两大社会目标能够实现共赢,最终为可持续发展战略的实现建立制度平台。因此,对酝酿中的环境行政管理制度改革进行全面的经济学分析,是保障制度中性的必要理论准备。在经济学视野下,权力稀缺与权利寻租现象的遏制、环境利用行为的外部不经济性现象的制度控制、环境管理制度变迁的模式选择与制度成本的控制是环境行政管理制度创新的主要要求。无论是发达国家还是发展中国家,其环境资源制度都在尝试采用新的环境资源经济手段,把发展与环境资源政策建立在审慎的宏观经济分析之上。环境行政管理体制改革的核心就在于使得环境与发展两大社会目标能够实现共赢,最终为可持续发展战略的实现建立制度平台。因此,对酝酿中的环境行政管理制度改革进行全面的经济学分析,是保障制度中性的必要理论准备。

(一)环境行政管理制度经济学分析的方法论意义

法律制度分析的方法论大体可以分为个体主义和集体主义两类。按照沃伦·萨缪尔斯的说法,所谓方法论上的个人主义,是指

"最恰当或最有效的社会科学认识来自个体现象或过程的研究"①。他认为除了个人利益之外,根本就不存在任何其他的什么集体利益。而方法论的集体主义则是指"最恰当或最有效的社会科学认识来自对群体现象或过程的研究",强调的确存在某种超越个人利益的集体利益,如阶级利益、国家利益等。从表面上看,方法论的集体主义和方法论的个人主义针锋相对,实际上二者之间是相辅相成,有着内在联系的。方法论的个人主义把个人(行为和利益)看做是分析和规范化的基础,而社会则被视为个人追求其自身利益的总量效果,相应地,政治和国家便成为个人得以通过它而寻求自身利益的一种构。它认为,所有的社会现象和社会变化都只能通过考察个人的行为、愿望、信仰来得到解释。正如哈耶克所说的那样,"我们在理解社会现象时没有任何其他方法,只有通过对那些作用于其他人并且由其预期行为所引起的个人活动的理解来理解社会现象"②。

公共选择学派经济学家奥尔森认为,由于集体行动的结果是一种公共产品,集体中的每一个经济人都具有"搭便车"的动机,而不会为集体的共同利益采取行动,从而使集体行动陷入困境。这时利益主体之间是种零和博弈,甚至可能是负和博弈。为此,要组织成功的集体行动,必须具备如下四个条件:(1)在拥有潜在共同利益的人与人之间,必须有一套行之有效的奖惩规则,或是"有选

---

① [美]沃伦·萨缪尔斯.经济学中的意识形态[A].[美]西德尼·瘟特劳布.当代经济思想:若干专论[C].北京:商务印书馆,1989.

② [英]弗里德利希·冯·哈耶克.法律、立法与自由(第一卷)[M].北京:中国大百科全书出版社,2000:227—228.

择性的激励",它要求对集团的每一个成员区别对待,赏罚分明,以此来超越集体行动的障碍;(2)拥有一致潜在利益的人数必须足够少,从而一方面可相对地增大个人参与集体行动的预期收益,另一方面可降低奖惩制度的实施成本;(3)拥有潜在共同利益的个人之间进行的交互行为是重复博弈,只要他们有足够的再次交易机会,他们就不得不考虑未来的合作,从而放弃机会主义行为;(4)必须拥有权威机构或者领袖,其权威或者魅力是唤起人们的共同潜在利益的意识、激发起个体参与集体行动之热情的重要条件。① 在利益一致的前提下,利益或预期收益在量上的差异或曰不对称,可以在权威下得以消解。诺斯则强调意识形态在此具有决定性的作用。

考虑到任何利益集团均是由一群个人组成,故其联合行动无疑属于集体行动。但即使是利益集团,其基础还在于个人利益。当个人从自身的利益出发,认识到了采取集体行动的潜在或预期收益时,分散的个人行动才有可能汇聚成为集体行动。这时利益主体之间是种正和博弈。因此,集体行动是多位个人为了各自的利益而共同制定,并承诺要一道遵守特定制度安排的一种合作式选择。

本质上讲,环境行政管理中的个体利益与集体利益的并立与经济学中个人主义和集体主义的对立极其相似。相对于环境利益而言,任何个人、部门、行业和区域利益都可以定位为个体主义。实行环境与发展综合决策机制的手段性目的,就是要排除在目前

---

① 卢现祥.西方新制度经济学[M].北京:中国发展出版社,1996:166.

环境行政管理中普遍存在的个体利益与社会整体环境利益的零和博弈，消除各种寻租行为的可能性，从而保障环境利益的有效实现。因此，奥尔森的理论在环境行政管理方面可以为综合决策机制的制度架构提供许多有益的启发，比如明确决策责任考核制度，建立有效的追责制度；明确产权，缩小潜在的共同利益群体；建立超越性的统一管理机构，化解部门利益和权利寻租的可能性等。

（二）环境行政管理制度经济分析的制度背景

当代环境管理制度的经济化趋势是 20 世纪 20 年代制度经济学派和 30 年代制度现实主义运动的产物。在 20 世纪六七十年代，环境管理制度经济学在西方国家已日趋成熟。美国经济学家鲍尔丁发表了《一门科学——生态经济学》之后不久，美国生物学家莱切尔·卡逊的《寂静的春天》发表，它揭示了人类与自然环境的关系，论述了人类所面临的环境资源和生态危机。从此，环境资源经济理论的研究开始活跃起来，很多经济学家、环境经济学家和社会学家投入了研究活动，写出了一批影响较大且给人以启迪的著作和文章。如罗马俱乐部的第一个研究报告《增长的极限》，被后人称之为"零增长"理论；美国经济学家肯尼思·鲍尔丁提出了"宇宙飞船经济"理论，认为人类的生存环境是一个有限的整体，其活动不能超过地球的承载能力；朱利安·西蒙写了《最后的资源》；甘哈曼出版了《第四次浪潮》等。

与此同时，制度经济学也从单一的理论向多社会学科方面转变。如 1973 年，美国芝加哥大学教授理查德·波斯纳用经济学的准则和价值观判断研究制度问题，淡化正义标准而推重制度的经济效益，重视对制度机制进行经济分析，并将经济学尤其是微观经济学的研究直接运用于制度的研究,将效益作为评价制度措施的一个基本标准。其核心概念是"效益",即以最少的资源消耗取得同样多的效果或用同样多的资源消耗取得较大的效果,而这里所说的"资源"则包括通常意义上的自然资源、社会资源和权利等人为资源。1992 年诺贝尔经济学奖获得者、美国经济学家贝克尔认为,人所进行的一切活动,其目的只有一个,那就是追求效用最大化;经济学研究的领域已经扩大到研究人类的全部行为以及与之有关的全部决定,因此,他把法学、社会学、政治学、教育学和环境资源经济学等其他人文科学研究的课题统统纳入经济学研究领域,主张对这些学科进行经济分析。美国著名的芝加哥经济学派认为,对包括环境资源问题在内的社会问题应采取自由市场的方法,并且呼吁在制度和经济分析中协同行动。产权经济学可以直接追溯到道格拉斯·诺斯的两篇论文,即《厂商的性质》、《社会成本问题》。他提出了一个"交易成本"的概念,他的交易成本的思想为新古典经济学提供了新的前提条件,并使新古典经济学和制度经济学结合起来,使人们可以用前者的成熟方法去实现后者的目的。① 在上述理论和一些国家政府的鼓励、推动下,环境资源制度越来越多的用经济手段来调整对资源的开发、利用和改善环境资源的状况,就是顺理成章的事情了。

值得指出的是,早在亚当·斯密时就已将效益观引入了制度领域。在工业化时代,由于对"效用比较"原则和"汉德公式"的不适当运用及效用比较原则和汉德公式本身的缺点,在环境资源保

---

① [美]道格拉斯·诺斯. 制度变迁理论纲要[A]. 北京大学中国经济研究中心.《经济学与中国经济改革》[C]. 上海:上海人民出版社,1995:9.

护时代,环境资源制度学受到广泛、激烈的抨击和批评,被指责为"只注重生产经济效益、轻视环境生态效益"的功利主义哲学和现实主义运动的代表。但是,如果抛弃工业化时代效用比较原则的糟粕,引入新的环境资源效益观,效用比较原则仍有合理的价值。正如波斯纳教授所指出的:"制度经济学和功利主义有密切的关系,然而正当地运用经济学澄清价值冲突和说明如何以最有效率的方式达到既定的社会目标应不涉及功利主义在哲学上的功过之争。"①

从传统的观点出发,制度所要解决的根本问题是"正义"(公平)问题,即如何在社会成员(包括社会集体、阶层等)中合理的分配权利、义务、资源、收入等;而经济学所要解决的则是"效益"问题,即如何有效地利用资源(包括自然资源、人力资源、社会资源等在内)增加社会财富总量。② 然而事实证明,制度不仅要考虑在分配方面的正义性或公平性,还必须考虑法在管理和分配方面的"效益";而经济学也必须把它看做从事经济活动的制度环境资源因素之一,看做制约经济行为的重要因素,并考虑法在管理和分配方面的作用如何影响到以至决定着经济效益。因此,可持续发展观为环境行政管理制度和经济学的结合与渗透创造了前提,从而也就为环境行政管理制度的经济分析提供了可能性。

目前,制度的经济分析学在环境资源领域的运用主要表现在"效用比较"方法、降低机会成本等方面。"效用比较"是一种衡量

---

① ［美］理查德·A·波斯纳.法律的经济分析［M］.蒋兆康译.北京:中国大百科全书出版社,1997:215—217.

② 张文显.二十世纪西方哲学思潮研究［M］.北京:法律出版社,1996:202.

价值的方法,它将生产者生产活动的社会经济效用或价值,与其污染的受害者的受损害的社会经济效用或价值相比较,如果前者大,则该生产活动不应禁止或取缔。在引入环境效益的概念后,"效用比较"方法可以达到环境资源利用的最大效益。

(三)环境行政管理制度经济分析的理论工具

制度和经济之间存在着"一致性",特别是针对环境资源问题而新制定的各项制度,更是与社会经济的发展息息相关。但是,我们如何才能知道一项制度安排是否对社会有效率,是否能促进环境与发展的良性循环,不需要改进或修正呢?很明显,我们有必要应用相应的分析工具对环境行政管理制度进行分析。

1. 环境行政管理制度供给的稀缺性

作为制度层面的环境管理制度也是一种资源,"它通过对权利、权力、义务、责任、制度信息、法律程序的安排,可以给人们带来实际的利益"。由于环境行政管理制度的发展历程短暂,无论是质还是量相对于社会来说都是匮乏的,而日益增多的环境资源问题不断地对这种匮乏性提出挑战,在特定的历史时期必然转变为稀缺性。因此,为了在现阶段最大化地实现其制度效益,就必须进行选择、优化和合理配置,因为合理的制度安排可以降低交易费用、提高经济效益。这就是环境行政管理制度的稀缺性而引发的经济性。

2. 环境行政管理的外部不经济性

"外部不经济论"起源于英国经济学家马歇尔的"内部经济"和"外部经济"的理论,以及庇古《卫生经济学》中的"外部性"概念。所谓"外部性",是指实际经济活动中,生产者或消费者的活动对其他消费者和生产者的超越活动主体范围的利害影响。外部性的经济实质,是社会因消除外部性可能获得的潜在收益,外部于社会所有成员。产生外部性的一个主要经济根据,是人们不合作。

福利经济学认为,在自由的市场上,相互竞争的各种力量导致因一种市场上的边际成本和边际利润都相等时,就能产生"一般均衡"。① 在"完全竞争"条件下所确立的一般均衡是社会达到最适度状态的标志。在这种状态下,整个经济在面向消费者的商品生产和分配方面都是高效率的,也就实现了经济学上所谓的"帕累托效率"。然而,就环境资源问题的产生和发展来看,正是由于"一般均衡"的破坏,从而导致市场的失灵,而市场失灵的核心就是环境资源的外部不经济性,从而最终阻碍帕累托效率的实现,这就是我们进行环境资源制度的经济分析的目的所在。相应的,环境行政管理制度安排也必须着眼于消除环境资源外部不经济性所带来的负面效应。

3. 环境行政管理制度的制度成本

最早提出"社会成本"问题的罗纳德·H·科斯认为,在一个零交易成本世界里,不论如何选择法规、配置资源,只要产权界定清楚,通过协商交易,总会产生高效率的结果。而在现实交易成本存在的情况下,能使交易成本影响最小化的制度就是最适当的制度。交易成本的影响包括了交易成本的实际发生和希望避免交易成本而产生的低效率选择。② 这就是著名的"科斯定理"。

---

① ［美］罗伯特·考特.法和经济学［M］.上海:上海三联书店,1994:57.

② ［美］理查德·A·波斯纳.法律的经济分析［M］.北京:中国大百科全书出版社,1997:20.

从科斯理论出发,环境管理规则意味着政府、法律对社会产品和服务的分工,或对其生产和交易特性具有决定性影响。目前,环境行政管理成本主要体现在三个方面。

第一,由环境权益冲突所带来的成本。关于这一点,"共有地的悲剧"现象已经给我们进行了很好的说明。环境经济学上把环境资源称为"准公有物品",因为公有物品不单独属于任何一方,那么任何一个人使用公有物品将不需付出任何代价,当然对其所造成的损失也无须进行补偿。因此,环境权益冲突带来的成本是我们在制定环境与发展综合决策机制时重点应考虑的问题,即政府制定制度时首先要考虑的就是产权的界定。

第二,产权界定后由于缺乏相应的监督机制所产生的成本。环境监督的完善程度,决定了制度的效率状况,如何实施监督就成为环境权益上的合作均衡能否维持的关键因素。

第三,产权界定后的权益交易所需的成本。当环境权益发生冲突后,权利的初始界定这一任务当然地交给了地方政府。当环境资源制度在执行和实施过程中出现缺乏监督的情况时,人们自然想到的是政府,于是环境资源问题似乎找到了最终的解决办法,只要出现环境资源问题,就可以由政府出面解决,以至于产权界定后的交易行为也依赖于政府。然而,政府在处理环境资源问题时也有一些力所不能及的地方,这就是所谓的"政府失灵"。政府的优势在于"宏观环境管理",如果大量发生且分散度大、每一项又涉及到较大成本的环境权益冲突问题的处理,即"微观环境管理"事务,都依靠政府行为的话,实践证明,不但成本高,效果也不理想。因此,在微观环境管理领域,我们需要一种自发发挥作用而帮助实现环境利益均衡的机制,也就是市场机制的介入。

（四）经济学视野下环境行政管理制度创新的基本方向

根据环境行政管理的制度目标,从经济分析的角度出发,制度创新应当充分考虑上述分析工具的理论和实践意义。

1.环境行政管理制度变迁的混合进路

制度行为包含制度选择和制度变革两种行为。当个人或集团作为行为主体采取制度行为进行制度选择和制度变革的时候,就成为了"制度行为主体",或简称为"制度主体"。① 根据制度变迁中制度主体的差异,可将制度变迁分为"诱致性制度变迁"和"强制性制度变迁",其中以"初级行为团体"自发行动为特征的制度变迁称为"诱致性制度变迁",而以国家的自觉行动和强制性推进为特征的制度变迁称为"强制性制度变迁"。从现代环境行政管理制度的发展来看,具有明显的强制性制度变迁的色彩,即由政府命令和法律引入和实行。诱致性制度变迁和强制性制度变迁在实践中并不是截然分开的,某些国家的制度变迁兼有"强制性"和"诱致性"两种特征。②

中国环境行政管理模式转轨在总体上是由国家为制度主体而进行制度选择和制度变革的,国家在制度变迁的路径选择、制度变迁推进的次序与时机的权衡中起到决定性作用,扮演着"制度决定者"的角色,是制度供给的主要来源。中国的国家(政府)权力的稳

---

① 王曙光.转轨经济的路径选择:渐进式变迁与激进主义[J].马克思主义与现实,2003(6).

② [美]道格拉斯·诺斯.制度变迁理论纲要[A].北京大学中国经济研究中心.经济学与中国经济改革[C].上海:上海人民出版社,1995:2.

定性和强大的控制力与渗透力,保证了国家在环境行政管理制度变迁中的主导作用,因而对制度变迁的总体而言,从制度主体这一角度来看,我国环境行政管理制度变迁基本属于以国家为制度选择主体和制度变革主体的"强制性制度变迁",而不是以初级行为团体为制度主体的"诱致性制度变迁"。但是我国的一些地方在采用适应市场经济的经济政策和经济措施方面相当积极,已经规定"排污权转让和抵消"、"征收生态环境补偿费"、"环境保护经济优惠"、"环境保护基金"、"固体废物交换市场"、"污染者承担区域环境综合整治费用"等在国家环境资源制度中没有规定的经济政策和市场机制,最后再由政府将这些制度选择和制度变革形式在更大的范围内推广,并以国家法律的形式对制度选择和制度变革加以确认和合法化。从这个角度来看,在中国环境行政管理以国家为制度主体的强制性制度变迁中,又包含着若干的诱致性制度变迁的因素和特征,这构成了中国环境行政管理模式转轨的一个重要特色。

2. 外部性理论与环境管理权力行使规则的确定

环境利益的多元化不仅带来决策权的交叠和分散,也必定带来利益表达机制的多元化。只有具备通畅的表达渠道,才能有效地遏制外部不经济性现象的产生和加剧。因此,在环境管理权力规则中,除了集中权力之外,不可忽视的是社会利益主体的权利配置问题。

首先应当关注的是社团性利益集团的利益表达。他们通过本集团内能够参与决策机构的成员直接和持续地表达自己的利益,通过与立法机构、政府行政机构的频繁接触传递自己的利益,或通过大众传播媒介向社会公开自己的利益等多种方式引起决策当局的注意。这类利益集团的组织基础和资源基础能使这类利益集团在公共政策制定和执行的日常过程中监护本集团的利益。同时，由于它们代表的利益较为广泛，因而也能在某种程度上限制以至控制组织性集团和非正式利益集团的行动。因此，环境行政管理机制创新中，社团性利益集团的利益表达渠道必须做出安排。

其次是组织性利益集团的表达。组织性利益集团是我国最传统的利益表达结构，它们的组织基础为其提供了许多资源和接近权力的机会，因而其利益表达非常容易得到决策机构的关注。

再次是非正规性利益集团的表达。非正规的利益集团通常是以不满或抗议的形式表达自己的利益。

最后是国际社会的利益表达。迄今为止，我国已签订或参加了绝大多数环境公约或协会，与联合国环境规划署、国际自然资源保护联盟等国际组织和非政府组织签署了一系列合作协定，尤其是我国加入世界贸易组织（WTO）以后，对国际社会承担的环境义务也越来越多。如何设置有效的沟通渠道也是必须关注的问题。

3. 环境行政管理制度成本控制与方案选择

目前，我国环境行政管理中转化成本趋于稳定，应当维持中等水平。交叠和分散的决策权决定了决策不再仅仅取决于中央和地方政府及领导人的个人偏好和注意力，而是更多取决于各利益部门之间的冲突和协调。这就极大地克服了因领导人个人理性的差异而导致的转换成本的不确定性。由于知识的不完备性、预见未来的困难以及备选行为范围的有限性，决定了"充分理性"在实际行为中是不存在的，因而在实践中环境行政部门只可能具有"有限理性"。"有限理性"决定了环境行政决策只能是一种"满意决策"而不可能是"最优决策"。

目前,我国环境行政管理中策略成本依然维持在较高水平,因此环境行政管理中成本控制应当集中在策略成本的控制。

首先,地方政府的逆向选择行为的控制。城市经济越发达,当地政府对环境资源的关注就越大,政府采取逆向选择行为的可能性就越小。但对于经济较落后的地区或跨区域的污染问题,当地政府仍具有"逆向选择"的强烈冲动。

其次,环境行政管理中寻租行为成本的控制。当前权力的交叠便利了地方政府的权力对市场交易活动的介入,特殊利益集团为谋求政府保护,逃避政府管制,实现高额利润,往往进行各种"寻租活动"。而为了获得这种经济租金,政府的某些官员会想方设法地利用种种特权寻求租金。尽管机构决策模式赋予了社团或公民对政府权力的监督权和上级权威部门对下级部门的监督权,但这些监督权将会由于监督不完备而难以充分发挥效力。

最后,地方政府部门扩张冲动要加强遏制。由于政府官员也是个人利益最大化者,他们总是希望不断扩大机构规模,扩充其权力范围,达到提高其机构的级别和个人待遇的目的。权力的交叠则为这种权力扩张冲动铺垫了基底,比如西部大开发中的环境管理法规中存在着大量自相矛盾、权力混乱的行政规章,就是各政府部门权力无序扩张的结果。尽管私人公权利和预算管理职能部门可以对政府的扩张行为产生一定的制约,但这种制约作用是极其微弱的。因为政府部门所承担的任务较为复杂,它可以利用所处的垄断地位封锁一部分公共产品生产职能及资源成本等信息,从而使具有制约职能的上述部门无法了解真实成本,不能准确评价运行效率,也就无法充分行使监督权。

4.权力稀缺与环境管理寻租现象的遏制

寻租的原因关键在于形成租金的制度,只要制度上存在寻租的空间,就会产生寻租现象。在制度转轨时期,政府权力的稀缺性会加剧寻租现象的爆发,唯一的解决办法是制度创新。

目前,我国现行环境行政管理制度的低效率运行已经产生严重的后果,甚至危及政治安危,中央和谐社会目标的提出在很大程度上就来自于严峻的环境压力。一方面,广泛的环保运动业已使得政府对于环境保护的政府责任有了明确认识;另一方面,在可持续发展观念逐步深入人心的背景下,民众的环境意识也在逐步提高,①社会各利益集团在民众的压力之下,也对环境与发展的关系有了明确的定位。由此不难看出,通过制度创新遏制环境行政管理中的寻租现象已经水到渠成。

环境行政管理中寻租现象的遏制要求我们必须考虑以下几点。

首先,建立事前监督机制,其作用在于提高寻租活动的曝光概率,从而降低执法者参与寻租活动的概率,防患于未然。而要建立有效的事前监督机制,就要改变原有环境管理制度中对执法者过分倚重的自律性制度安排。其做法主要在于提高环境管理公共权力运作过程的透明度,防止公共权力的非公共运用。如果透明度不高,官员主动创租、寻租行为无以得到监督与制约。提高透明度的具体做法有:(1)明确权力行使范围和主管机构职责;(2)建立决

---

① 鄢斌.社会变迁中的环境法[M].北京:法律出版社,2003.

策公开听证的程序,让社会公众公开陈述意见;(3)在环境立法中建立有效的监督体系。

其次,建立责任追究、惩罚机制。事后惩罚机制的作用在于提高寻租活动的私人成本,影响决策者和执法者的成本—收益计算,使其成本期望值大于收益期望值,从而因寻租得不偿失而放弃寻租行为。比如可以在相关立法中规定,从重从严惩处损害环境效益的非法创租、寻租活动,对索贿受贿者(代理人)依法从严惩处,而对行贿者(第三方)可依法从宽处理,以打破寻租博弈双方结成的生死与共命运共同体,造成博弈局的不均衡等。

第二节　企业环境管理的制度基础

我国正处于经济快速发展的时期,快速发展的经济在给人们带来丰富物质文化的同时,也导致了自然资源和自然环境的被破坏,污染排放量的急剧增长,环境压力不断增加,资源、环境与经济发展的关系变得严峻起来。① 实行环境保护和可持续发展已成为我国经济发展的基本目标。探索并完善经济手段,使其与法律手段、行政手段在环境管理中共同发挥作用,已是迫在眉睫。

一、企业环境管理的基本手段

(一)经济手段在企业环境管理中的应用

所谓运用经济手段,就是企业环境保护工作要遵循经济规律,讲究社会环境经济效益的管理方法。具体地说,就是以工资、福

---

① 吴忠培.论经济市场化中得环境管理[J].山地农业生物学报,2000(1).

利、奖金、罚款以及经济责任制、经济承包等经济手段为杠杆,组织、调节和影响环境管理对象的活动,提高工作效率,促进环保目标任务的完成和社会环境经济效益的统一。经济手段实质是贯彻物质利益的原则,从物质利益上处理好社会、企业和个人在环境保护问题上的经济利益关系,从而有效地调动多方面的积极性,促进企业环境保护工作的开展。

1. 经济手段的特点

经济手段的主要特点是,经济组织对下属单位或个人不进行直接的行政强制,而是按照客观经济规律的要求,运用经济手段,引导他们从自身的物质利益出发,按客观经济规律办事,以保证管理目标的实现。其特点主要表现在两个方面。(1)利益性。利益性是经济方法最重要的特征。管理组织可以运用各种经济杠杆和各种经济手段来制约下级组织和个人的活动,引导他们的经济活动方向、经济行为,以符合组织的要求和目标。管理组织应运用各种经济手段,引导职工完成任务、实现目标。(2)技术性。运用经济手段需要确定各种有关的经济指标,而各类经济指标的制定必然涉及到较广泛的业务知识、生产技术知识,有的甚至要经过测定、实验、分析、计算等,因而它具有一定的技术性。又由于不同部门、不同地区、不同工种等,人们所从事的生产经营活动具有内容不同、人员的素质不同,甚至习惯不同等,这都会使具体的经济方法千差万别,各有不同,因而具有多样性和复杂性。

2. 经济手段的主要类型

用经济手段来管理经济,需要通过各种经济手段的运用来实现。不同的经济手段有不同的用处。在经济管理中,除采用经济合同、承包制、奖金、罚款等经济手段以外,更重要的是经济杠杆。经济杠杆是指同物质利益密切相关的、对社会经济活动起调节作用的,并且为国家和企业所控制的一类价值形式,主要有以下手段。

一是收费。收费通常被看做是对污染支付的价格,会带来刺激作用和增加收入。收费通常分为以下三种类型:排污收费,即根据污染者排放到环境中的污染物的质或量(或者两者都)来征收费用;产品收费,即向那些在生产和消费过程中产生污染的产品进行征收,或者为其处置系统的服务征收费用;管理收费,是指对环境控制、授权或会环境管理服务所支付的费用。

二是税收与补贴。补贴包括各种形式的财政资助,其目的是鼓励削减污染,或者是为削减所必需的措施提供资助。

税收是国家按法律规定对经济单位和个人无偿征收实物或货币,是国家凭借政治强力,参与国民收入分配和再分配,以取得财富的一种形式,具有无偿性、强制性、固定性三个特征。环境税属于国家税收的一种形式,通常是指对一切开发、保护环境资源(包括环境容量资源)的单位和个人,按其对环境资源的开发利用、污染、破坏和保护的程度进行征收或减免的一种税收。环境税收的目的,主要是使企业产生财务上的持续的压力,诱发最低费用的污染削减,不断地刺激排污企业探索减少污染、保护环境的途径。从概念上说,环境税属于资源税的范畴,但又不完全等同于资源税,可以说,它是资源税的一种发展和延伸。它大体上可分为环境资源税和环境补偿税两种。目前,环境补偿税在一些国家和地区得到了普遍的运用,通过对高污染的企业加重税收,而对实行企业环境管理并减少污染的企业,在税收上实行减免等优惠。环境税是各种经济手段中最纯粹的一种市场经济手段,与其他经济手段相比,它的应用范围更广,几乎可以覆盖所有与环境有关的问题;在选择基准和征收额度方面,也具有更大的灵活性。

三是押金和退款制度。押金是对在那些具有潜在污染产品的价格之上征收环境额外费用,也就是对可能污染环境的各种产品收取一定的押金。如果通过回收这些产品或把它们的残余物送到收集系统而能避免污染的话,就把押金退还给购买者。它的目的在于刺激一些产品或物质的循环使用或回收,以减少废弃物的排放。从一些国家的实施情况来看,押金制度具有很好的环境效益和管理效益,它不仅减少了乱丢乱扔的现象,还起到了资源的保护和回收、节约能源。

四是银行信贷。银行信贷的热点是具有有偿使用、还本付息的作用。随着企业经营规模的扩大,银行信贷资金在企业资金中所占的比例将不断增加,与企业的经济利益关系日益密切。信贷可以对污染环境的企业实行紧缩政策,而对在治疗环境污染方面做出积极努力与贡献的企业打开大门。

五是建立市场。建立市场意味着提供交易的机会或者创造交易的条件,交易对象一般为排污权或可循环利用的物质。建立市场通常包括以下三种形式:一是排污交易,即建立污染者进行有限的"污染权"交易的市场;二是市场干预,指通过价格干预来稳定或者维持某些产品如可循环回收的废弃物的价格;三是责任保险,指创造一个市场,由保险公司承担污染者破坏环境的责任风险。①

---

①　[美]埃德温·曼斯菲尔德. 管理经济(第三版)[M]. 王志伟译. 北京:经济科学出版社,2001:201—208.

六是污染权交易。排污权交易是通过公开地签发允许买卖的排污许可证来分配污染权。当某排放者的污染物排放量低于允排量时,该排放者就可以把它实际排放与允许排放间的差量出售给其他的排污者或未来的排污者,也可以卖给那些本不是排污者而仅是为了投机或者为环境主义的目的参与这种交易的人。排污权交易是近几年引起人们注意的一种经济刺激手段,其目的有两个:一是鼓励企业最高限度的降低污染排放量,使污染成本最小化;二是促使经济发展与环境保护有机地结合在一起。

3. 经济手段的主要作用

用经济手段来管理经济,符合经济发展的客观要求。经济手段在环境管理中主要有以下作用。(1)采用经济手段进行管理,需要给管理对象较多的自主权和灵活性,如人权、物权、财权、经营管理权等。被管理对象可在完成经营目的相关指标的过程中充分利用其自主权,发挥主观能动性,因此便于分权。(2)污染者可以选择最佳的方法达到规定的环境标准,或者使环境治理的边际成本等于排污收费水平,从而达到成本最低的目的。并且可以为当事人提供持续的刺激作用,使污染水平控制在规定的环境标准以内。同时,通过资助研究和开发活动,促进经济污染控制技术、低污染新生产工艺以及低污染或无污染的新产品开发。(3)可以为政府及污染者提供技术和管理上的灵活性。对政府来说,调整一种收费标准要比修改法律容易得多,还可以为政府增加一定的财政收入,这些财源既可以直接用于环境和资源保护,也可以纳入财政预算。对污染者而言,可以根据收费情况做出预算,并选择是治理污染还是缴费更合算。(4)能充分调动被管理对象的积极性和主动性。由于分权后各级管理人员有职、有权、有责,考核管理的优劣有了客观标准,可以直接从有关指标的完成情况来考核管理的成效。用经济手段进行管理,由于各管理层在服从总目标的前提下,有了自己的具体目标,同时也有了达到目标的相对独立的手段,这就有利于充分发挥其积极性、主动性和创造性,以保证目标的顺利实现。(5)有助于提高管理效率。采用经济手段,可以使管理有较大的灵活性。各管理层都可以根据变化了的情况,及时采取有效措施自行加以处理,也使各级管理人员的日常事务工作大量减少,使管理效率得以提高。

4.经济手段在我国环境管理中的应用

我国制定了一系列环境保护的法律、法规来规范企业的排污行为,将外部不经济性内在化。另外,还可借鉴国外先进的经验,实行具有特色的"抵消政策"和"泡泡政策"。①

具体做法如下。一是根据国家法律规定的对污染排放实行排放总量控制和核定制度,确定某一地区的污染排放量。新企业的建立以不增加该地区的排污总量的限制为前提,新企业可向原有企业支付费用,要求这些企业降低污染排放量,腾出排放量给新企业,实行有偿的"抵消"。二是实行有区别的税收制度,把企业污染标准纳入法律范畴,这对企业在环境污染治理方面的威慑作用是其他手段所不具备的。对于污染排放量在标准范围内或者达到清洁生产的企业,可以以减免税收的手段来进行鼓励;而对于达不到污染排放标准的企业则实行加重税收的手段来进行惩罚,让企业

---

① 赵国青.外国环境法选编[M].北京:中国政法大学出版社,2000:2.

的成本加重，从而被动地来进行环境保护。三是实行环境收费，这种收费手段包括排污收费和产品收费。对污染工业来说，实行排污收费较为合理。通过对生产中产生的二氧化碳、粉尘、工业废水超过标准的部分收费，以达到减少环境污染的目的。对环境污染的收费，是减少环境污染的方法，但只是一种补救手段，最好的办法是把污染控制在源头。企业可采取先进工艺和混合控制排污的办法，允许企业减少某种污染物的排放量来抵消另一种污染物的排放量，鼓励企业选择适合自己的经济有效的方法，使控制污染的费用下降，这比较符合目前我国的实际情况。"泡泡政策"的实施可以达到以最少的费用最大限度地降低污染物的排放量。

环境问题在现实中是千变万化的。经济合作与发展组织（OECD）认为，选择经济手段的结构以及类型应该以经济原理为指导，确保资源的最优配置。[①] 环境经济手段的选择应遵循如下原则。

第一，按照客观经济规律办事的原则。运用经济方法进行管理，需要制定出各种具体的办法、指标、确定采用的手段。这些方法、指标、手段的确定，都要充分尊重和利用客观经济规律，使其符合客观经济规律的要求。这样才能把被管理对象的经济行为、经济活动引导到实现企业和整个社会的目标上来。

第二，讲求经济效益的原则，即根据经济手段对资源的节约程度来进行选择。增加一项经济手段，就相应增加了用于操作这项政策的人力、物力、时间的总和，即为操作成本或管理成本。西方

---

① 刘燕华，周宏春.中国资源环境形势与可持续发展[M].北京:经济科学出版社,2001:68.

国家把这种操作成本与期望取得的效果之比称为"管理效率"。因此,在选择经济手段时应当注意管理效率的问题。

第三,兼顾投资者、经营者和劳动者三者利益的原则。从企业内部的角度来讲,股东是企业的所有者和拥有者,股东出钱组建企业就是为了企业能给自己带来经济利益,因此企业活动就必须保证股东权益,实现资本保全和保护股权收益。企业的经营者是从事管理劳动的主体,是企业顺利、有序运行的掌舵者,其给企业做出的贡献、给企业创造的价值也必须得到充分认可。企业的劳动者是保证企业正常运行的执行者,也是物质财富的创造者,必须按按劳分配原则以保证劳动者的合法权益。从企业经营的外部环境看,国家的利益代表了广大基层劳动人民的根本利益,一切经济活动都不能以损害国家利益为代价,企业需要依法经营。各类经营组织是企业的合作伙伴,应按照等价交换、平等互利的原则处理彼此之间的关系。

第四,奖惩结合原则。任何经济手段都必须做到有奖有罚,并要做到奖罚适度,否则这个方法就不完善,起不到应有的作用,甚至会事与愿违。只有制定好合法、合理、合情的奖罚制度,并很好地贯彻实施,奖惩原则才能发挥其应有的作用。

第五,可接受性原则,即考察手段在下列情况下,例如与现行的规章制度、原则、政策不一致,或者受到手段作用对象、受间接影响的团体的反对时,该手段能够被有效实施的程度。对于经济手段被选择应用后的效果如何,OECD 给出了定量标准,即在使用经济手段的过程中可以从以下八个方面定量评价执行效果:环境质量,部门和国家的生产水平、生产率、就业水平,收入、消费、购买力,投资和区域配置,管理成本和收入流动,对收入分配、部门收入份额等的影响,成本水平、盈利水平以及竞争力,国际贸易和国际贸易平衡。[①]

在环境保护中,单独采用经济手段容易促使管理对象只考虑自身利益而损害整体利益;注重个人的局部利益容易滋长个人主义、本位主义;使用经济手段管理时还可以产生以次充好、参杂使假、偷税漏税等经济违法行为;经济手段间接地作用于管理对象,具有一定的滞后性,在某些情况下可能会失效。

(二)行政手段在企业环境管理中的应用

1.行政手段的特点和作用

环境管理的行政手段是指国家行政机关利用行政权力,对开发利用和保护环境的活动进行行政干预的措施,主要包括:规划和计划、划定管理区、环境影响评价、发布禁令、发放许可证、“三同时”制度、排污申报登记、限期治理、环境保护目标责任制等。我国传统环境管理侧重行政手段,仅从数量上看,新老八项环境管理基本法律制度中,除排污收费制度外,其余七项皆为行政手段。在世界范围内,行政手段不仅在早期的环境保护中举足轻重,在现代的环境管理中也是不可取代的。如美国《国家环境政策法》最早设立环境影响评价制度,使其成为美国环境管理的支柱制度之一,其影响波及全世界。行政手段在我国环境管理制度的创立与发展中也是功不可没,开创了环境管理制度从无到有的先河。

---

① 于兆飞,张仁泽.经济手段在环境管理中的应用探讨[J].山东环境,2001(6).

企业现代化大生产要求有几种高度统一的领导和指挥,而作为同现代化大生产过程必不可分的污染防治,也必须实行集中统一的管理。由此可见,行政方法是实现企业环境管理职能的一个重要手段。

行政手段的特点是依靠权威,用非经济手段直接指挥下属的活动,具体特点表现在以下几个方面。(1)权威性。运用行政手段进行管理,起主导作用的是权威性。发出行政命令、指示的管理者权利越高,被管理对象对信息的接受率就越高,执行效果就越好,反之亦然。(2)强制性。行政手段是通过管理者或管理机构发出的命令、指标、规定、指令、计划、规章制度等来实行的,对管理对象来说,具有强制性。这种强制力与法律的强制力是有所不同的。法律的强制性是通过国家机器和司法机构执行的,只允许人们可以做什么或不可以做什么。行政手段的强制性是行政管理组织要求人们在思想上、行动上、纪律上服从统一的意志和指挥,这是原则上的统一,允许人们在实际操作中的具体方式方法存在差异性。(3)层次性。行政手段是按行政管理层次进行管理的,它是纵向的分层次的垂直管理。上级管理下级、下级只服从上一级的直接管理,横向之间一般只存在事的协作关系,而不发生管理关系。

行政手段有其自身的特性,因此它具有其他手段所不能代替的作用。(1)行政手段促使管理系统保持集中统一。管理系统的运行要求各子系统、各类人员保持目标统一、意志和行动统一,要求所有成员围绕实现管理目标和系统运动控制自己的行动,以保证统一计划的实现。要做到这一点,就必须实行集中统一。行政方法的最基本优点是有助于达到高度集中,使被管理系统的各项活动协调一致。(2)行政手段可以强化管理作用,便于管理职能的发挥。只有通过强有力的行政领导,依靠领导者和领导机构的权威,才能充分发挥高层领导的决策、计划作用,对各领域进行组织、指挥以及通过行政组织、行政层次、行政手段进行控制。因此,正确地运用行政手段,有利于各项管理职能作用的更好发挥。(3)行政手段是其他管理方法实施的必要手段。其他管理方法的实施,必须通过一定的行政机构才能更有效的发挥作用。(4)行政手段有一定的灵活性,便于处理特殊问题。由于行政手段具有针对性强的特性,因此,它能较好地处理特殊问题和管理活动中出现的新情况。它通过有针对性地发出特定行政命令,对特殊、个别的问题采取强有力的措施予以处理。此外,行政方法的针对性决定了它具有一定的弹性和灵活性,它可以在总的目标之下,因时、因地、因事、因人而采取比较灵活的手段。

2. 行政手段的原则和主要内容

企业环境管理中运用行政手段须遵循以下几项原则。(1)要按照精简、统一、高效的原则,建立一套严密有效的行政管理系统。管理机构的设置要根据管理目标的要求,以事为中心,因事设机构,因机构定职务,因职务择人员,而绝不能反过来因人设机构、设事。管理机构的设置还要注意管理的合理跨度和层次。管理跨度和管理层次成反比例,跨度大则层次少,跨度小则层次多,正确地处理好它们之间的关系,对于提高管理效能有重要作用。(2)实行集权与分权相结合原则。行政管理手段要求集中统一管理,但集中统一不等于包揽一切,而是要大权集中在最高领导层,小权分散到下级管理层。运用行政方法要根据管理目标的要求,对下属人员适当授权。另外,行政管理手段还要求统一指挥,要求局部利益服从整体利益,下级服从上级的命令指挥。下级机构和人员原则上只能接受一个上级的命令和指挥,不能多头领导。(3)权利和责任的统一原则。采用行政手段进行管理,要求不同的管理层次、岗位和个人,都能明确自己的工作目标和责任。同时应授予他们相应的权利,有权必有责,权责应一致,以便有效地发挥行政管理方法的作用。

企业环境行政管理的主要内容见表2。

表2

手段	内容
环境标准	污染物排放标准;污染治理标准;技术标准
行政审批或许可证	管理手段;有关污染者的具体规定
环境监测	监测系统质量保证;记录保存;环境报告
处罚	逐步加重的处罚措施;警告、限期治理、罚款、暂时停业和关闭等
环境影响评价	环境影响评价报告表;报告书;现场评价
其他手段	环境、资源损害赔偿责任;保障赔偿;执行保证金

3.我国企业环境行政管理面临的问题与不足

行政手段管理环境应当建立在符合经济规律和生态规律的基础上,建立在有利于贯彻执行国家环保法律、方针、政策的基础上。行政手段和行政方法如果运用不当,只考虑行政上的方便,不注意从实际出发,不照顾下级当前的困难和利益,不考虑环境保护工作对象的特殊条件,不认真研究管理对象,就会违背客观规律,变成唯心主义的主观行为。在企业环境管理中,运用行政手段管理占有十分重要的地位,但是考虑到实际情况,行政手段也有一些不足之处。

第一,环境职能部门的不独立性。环境保护部门防止环境污染和破坏,而经济部门和地方政府往往以经济增长为主要追求目标,双方差异导致冲突发生。环境保护部门在人事、财政、社会保障体制上无法独立于地方政府,而各级政府却有足够的冲动去提高 GDP 速度,确保经济发展,缓解财政压力,往往难以对环境问题采取强硬措施。这使得在环境问题刻不容缓的境地下,环境行政部门履行环保职责的权力能力明显不足。更有甚者,罚款多少,环保部门还要和违法企业去商量。

第二,环保部门的权限设置不尽合理,处罚力度太小。例如,限期治理作为我国防治污染的一项重要措施,其限期治理的决定权赋予县级地方人民政府行使,环保部门只可以提出限期治理意见,而地方政府则可能为了某种利益而行政不作为,其结果是放纵违法行为并对环境造成更大的污染或破坏。在法律明确限期治理范围和条件下,既然违法排污企业的行为已经构成了限期治理条件,就应当直接通过法律赋予环保部门决定限期治理的权限;而现行的《环境影响评价法》虽然明确规定了公众参与,却没有明确参与范围。

第三,环境职能部门的垂直管理与区域化合作体制。由于环境具有生态系统的完整性、跨行政区域性特征,所以对环境要求实行更加系统型的管理及决策,设立高级别的协调和决策机构。我国环境资源被行政区划分割,由不同的主体行使管理决策权,加上地方利益、部门利益的不同,缺乏对地方利益、部门利益的平衡和限制,最终导致环境破坏严重。环境行政管理体制设置只重视行政区划机构而忽视生态区域机构的弊端暴露无遗。作为监督者，要想实现有效的环境执法，环保部门就应该实行垂直管理，从区域环境资源保护的高度，统一管理环境保护工作。

另外，从行政法规的制定者到具体措施的实施者，都有主观臆断的条件，受领导人的个人素质和管理水平的影响较大，使得行政手段的有效性往往取决于制定或实施者的个人素质而非客观规律。行政命令的执行效果、经营管理的好坏，在很大程度上取决于领导人的个人思想素质、知识水平、领导能力、业务水平及道德修养。因此在环境管理中，行政手段不宜单独使用，应跟其他管理手段结合使用，以达到比较好的效果。

（三）环境宣教手段在企业环境管理中的应用

1.宣传教育手段的特点和意义

教育手段是按照一定的目的，通过传授、宣传、启发、诱导等方式，提高人们的思想认识水平和文化技术水平、发挥人的主观能动作用、执行管理职能的方法。其特点主要有以下几个方面。（1）启发性。教育手段可以启发人们自觉地指向共同目标，并采取相应的行动。通过启发去培养和推动人们热爱劳动、热爱某项事业的动机，从而促使人们产生积极劳动、努力工作的行为。恰当的运用教育手段给予正确地启发，对搞好管理是十分必要的。（2）灵活性。由于每个人都有各种复杂的行为动机，反映到管理活动中便表现为不同的思想、认识、观点。管理中存在着的许多矛盾，就是人们的思想、认识、观点不一致的反映。因此教育方法应因人、因时、因事而异，采取灵活多样的方式去影响和改变人们的行为动机。（3）更新性。由于社会经济的不断发展进步，人们的需求层次也在不断地由低层次向高层次发展，人们的思想也在不断地变化，加之科学技术的进步，也要求人们的科学文化知识不断地提高，因此教育方法、教育手段也必须与时俱进，不断地更新提高。

教育手段的意义：首先，每一个社会成员都是物质产品的消费者，他们的消费方式的选择将会对环境产生不同的影响，同时他们又分别以不同的身份和形式参与到政府、企事业单位的社会行为中；其次，通过政府的环境宣传教育，提高公众的环境保护意识，还有助于增强企业和公众（另一个环境的主体）参与环境管理的能力。在西方国家，公众参与环境管理已经十分普遍。

2. 环境宣教的具体方式

宣传教育是环境保护的一项战略性措施，也是企业环境管理不可忽视的管理手段。运用宣传教育手段的目的是使企业职工的环境意识、环境知识和环境社会责任感同环境保护事业发展相适应，同完成企业环境保护目标任务的要求相适应。由于信息不准确或不足，许多人不理解人类活动和环境的紧密关系，因此，有必要增加人们对环境和发展问题的敏感性，并参与其中，找到解决办法。教育可以向人们提供可持续发展所需要的环境和伦理意识、价值观和态度、技能和行为。为此，教育不仅要解释物理和生物环境，还要解释社会—经济环境和人类发展。

思想教育工作主要包括政治教育、思想教育、道德品质教育和科学文化教育几个方面的内容。（1）人生观教育，是指世界观、人生观的教育。通过思想教育可以使受教育者树立正确的世界观和人生观，自觉抵制各种腐朽思想的侵蚀，明确努力奋斗的方向，增加自己的主人翁责任感，从而提高工作的自觉性和主动性。（2）道德品质教育。道德与法律不同,法律是由国家制定并强制执行,而道德标准的实现则是依靠社会力量,依靠人们的信念、习惯、传统和教育力量来进行。道德教育的目的在于培养集体主义和爱国主义精神,使受教育者具有爱劳动、爱科学、爱护公共财物、遵纪守法、尊老爱幼、文明礼貌的高尚品质和良好的职业道德。(3)科学文化教育,包括文化素质和职业技术素质教育。管理组织要花大力量进行智力投资,有计划地开展职工的系统培训和职业训练,逐步提高职工的业务素质。(4)组织文化建设。组织文化是组织员工在生产经营实践中逐步形成的共有价值观、信念、行为准则及具有相应特色的行为方式、物质表现的总称。管理组织要坚持把人作为第一因素,全方位地提高职工的素质,搞好组织文化建设。

就环境教育的顺序而言,发达国家跟发展中国家是不同的:(1)发达国家:公众→基础→成人→专业;(2)发展中国家:专业→公众→成人→基础。

环境问题主要源于人类对自然资源和生态环境的不合理利用,而这些损害环境的行为又是同人们对环境缺乏正确认识相连的。因此,加强环境教育,提高人们的环境意识,使人们的行为与环境和谐,是解决环境问题的一条根本途径。

3. 我国企业环境宣教的不足与改进

教育体制主要是传授先进的知识、技术和价值观,这种体制已经不能满足今天社会的需要。当今的教育体制应从如何让人们为生活做好准备的角度重新定向和设计。符合可持续发展要求的环境教育的特点表现在几个方面。(1)教育应该是人人参与、从学校到社会的全方位过程。各级教育者不仅限于学校的教师,还应该包括父母、社会团体和政府组织,大学、中小学校和社会要团结协作。(2)教育的综合性和跨学科性。教育的内容应是科学、技术、经济、法学、伦理、环境和文学等多种学科的综合。(3)强调学科的联系。教育并不是遵循一个单一的原则,而是强调多个领域的关联。(4)更注重实践。教育要帮助学生去解决日常生活中遇到的实际问题,使他们具备相应的基础知识和技能,培养他们合理的行为方式、消费方式和认识问题的方法。(5)教育应贯穿人的一生。人们应该在各种场所和社区中心,通过各种途径不断努力接受教育。

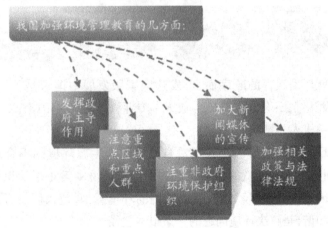

二、企业自主环境管理的影响因素

我国参与世界经济的程度要加深,企业要在全球竞争中生存和发展壮大,关键还在于企业本身,只有具有良好的企业形象,得到社会高度认识的企业及其产品才能具有长久的竞争力。因此,有人就提出了企业社会责任的观念,强调企业责任就是企业在赚取利润的同时,要对员工、对消费者、对社会资源环境负责,促使企业制定符合企业本身发展的环境战略。

(一)外部影响因素

环境战略的制定与企业对待环境责任的态度和方针是密不可分的,企业对待环境责任的态度在理论上和实践上都有一个发展的过程。

在20世纪80年代之前,企业环境战略被看做是政治战略的一部分,是企业为应对政府政策法规而制定的战略。环境保护被看做是企业的一种威胁,是一种增加成本的活动以及来自于法律和政策的约束;企业在环境保护方面的投资,被看做是净收益的直接流出,是对利润的侵占。在这种理论的指导下,企业的环境战略以抵触和被动应付为主。而随着人类活动特别是企业活动对环境影响的加重,进入20世纪80年代,在环境危机全面爆发后,全球对环境问题日益重视,从而也导致企业的经营环境发生了变化。

首先,各个国家都对环境问题给予了关注。政府制定了越来越多的法律来强化环境管制,环境壁垒成为企业国际化必须跨越的障碍,能够跨越环境壁垒成为企业获得市场机会或者取得竞争优势的重要武器。

其次,市场机制的作用使得对环境影响小或者对注重环境保护的企业拥有更高的美誉度。企业的利益相关者,从立法机构到股东到消费者再到社区,他们都对环境有着不同程度的关注。公司对环境的关注程度变成投资者衡量公司的一个重要指标。消费者的环境意识增强,对环境事件密切关注,偏好环境友好的产品和服务。

由于以上压力日益明显,环保思想从被动的"末端治理"、简单的"生产过程控制"开始转向"源头防治",环境问题成为企业考虑的重要问题。政府和民众的环境意识增强、国家环境法规日益严格,这也成为所有企业共同面临的外部制约因素。

(二)内部影响因素

如果环境战略中政府管制及民众对环境管理的关注的增加是外部影响因素的话,那么,来自企业内部成本要求及产品的升级换代等方面的需要都可以视为企业内部的影响因素。

首先,从20世纪90年代以来,一些发达国家的企业不断进行管理创新。对企业而言,利润是企业的永恒追求,在追求利润的道路上,企业的创新能力被无限地挖掘出来。在企业盈利能力不变的情况下,通过降低投入成本来增加利润,相比于增加投资成本、靠规模来赚取利润的方法,前者是越来越多的企业更愿意采取的方式。循环经济,就是强调废物再利用,也就是坚持对资源"减少使用,重复使用,循环使用"的原则,对已经生产出来的废弃物,采用回收再利用的方式,达到资源优化、减少废弃物的排放和对环境的影响,从而有效地提高资源的利用率。这是企业降低生产成本、提高经济效益的主要途径之一。

其次,企业要想生存,生产出来的商品必须要能够得到消费者的认可。在全球绿色浪潮的影响和冲击下,各国民众,包括我国广大民众都越来越重视绿色环保,对具有社会责任感的企业的认同度也是越来越高。企业要想得到核心的竞争力,消费者的认同是必不可少的。企业为了自己的长久发展,必须参与到环境治理中,能够在追求利润的同时,兼顾环境保护,降低对环境造成的负载。追求企业的发展及社会环境的和谐共存,是企业管理的新战略和企业实施可持续发展目标的根本途径,也是适应社会发展的必然途径。

随着全球经济一体化和全球化,特别是我国加入 WTO 以后,企业的发展战略必须立足于国内市场和国际市场。而国家市场环境变化的一个重要表现就是"绿色壁垒",它已经成为了新形势下的一种新的贸易保护形式,而且日益明显地成为了"反倾销条款"后的又一重要贸易保护手段。

在绿色浪潮风靡的今天,世界各国也制定出了越来越严厉的环保条约、标准和措施。有关资料显示,我国出口商品因不符合相关国家的环保标准,近年来每年的外贸损失额都在 200 亿美元以上。推行企业自身的环保管理,提供符合标准的绿色产品,是积极打破发达国家的绿色贸易壁垒、进入国际市场的唯一选择。

第三节　企业自主环境管理的产生与发展

面对日愈复杂的环保问题与挑战,环境友好和资源节约已经成为当代国际社会国家环境政策的新方向与环保施政的重点。将命令管制和末端污染控制为主的环保工作模式,改变为以政企合作式推行污染预防工作,这已成为当前环境管理的基本趋势。企业环境行为的全过程控制全面贯穿企业管理的方方面面。所谓企业环境管理,是企业以可持续发展思想为指导,将环境因素纳入到企业管理活动中,使组织行为对生态环境的影响消除和减少到最低程度,为实现经济效益、社会效益、环境效益的协调统一而采取的一系列行为措施。

企业自主环境管理是企业自发采取的环境管理措施,也就是运用经济、制度、技术和教育手段,自我要求及限制企业在生产的同时产生的损害人们损害环境质量的活动,通过提升技术手段、严厉的制度制约、教育员工积极参与,使企业的发展与环境保护相协调,达到既能提高企业自身的发展,同时也能满足人类的基本需求,又不超出环境的容许极限、不为环境增加负担的目的。

企业自主环境管理是企业发展战略重要的组成部分,也是企业履行环境责任的重要手段。它通过明确符合政府环保规制和自身特点的企业环境管理方针,制订企业环境管理的目标与计划,成立企业内部的环境管理监督机构,实施科学的环境管理方法与措施,以达到最大限度减少生产经营活动给环境造成的负面影响,实现企业的经济效益与环境效益的协调、双赢。

自20世纪末以来,社会的可持续发展战略受到越来越多的关注,人们的环保意识不断增强,掀起了全球性的环境保护运动,从而在全球范围内掀起了一次绿色浪潮。如何使经济发展与环境保护协调统一,即如何实现社会经济的可持续发展,成为现代企业发展面临的热点问题。人们的消费观念也随之发生了重大变化,由重视商品物质价值的传统消费观向强调以非物质价值为特征的绿色消费观转变。

在当前人口增长与资源短缺的矛盾日益突出的背景下,为协调人与自然、发展与环境、企业与社会的关系,可持续发展战略已从学者的学术讨论转向付诸实践,这成为人类面向新世纪的共同选择。绿色经济浪潮席卷全球并影响和改变着传统的企业经营管理思想,企业自主环境管理的思想应运而生,成为企业管理的一种新理念、管理研究的一个新领域。企业作为环境污染的主要制造者,必须在生态环境保护方面做出贡献,这不但是社会可持续发展战略的要求,也是消费者绿色消费意识觉醒的要求。企业要想在未来的市场竞争中立于不败之地,一个非常有效的途径就是尽早实施企业自主环境管理。

一、企业自主环境管理的内涵及其特点

管理,广义来讲是指人们为了达到某一个共同目标,利用有关资源(人、财、物、时间、信息等),采取相应的方式、方法和手段,对具体的人或事进行有意识、有组织的协调活动。管理的职能主要包括计划、组织、领导、控制,这些职能的实现要具体到各个部门,属于微观范畴。企业自主环境管理是一种兼顾生态利益、消费者利益和企业利益的管理理念或模式。本书认为,企业自主环境管理就是根据绿色经济的要求,把环境保护观念融于企业的生产经营管理之中,注重对资源、环境的管理,通过节约资源和控制污染,实现企业的可持续发展。

(一)企业自主环境管理的内涵

企业自主管理代表的是企业的环境保护——环境与人类、企

业与社会的和谐生存和共同持续发展的思想理念。我国对企业的自主环境管理的研究就是从自主环境管理的概念开始的,很多学者都从不同的角度给企业的环境管理下了定义。也许是因为企业环境管理的思想源自环境问题的缘故,大多数学者都在企业环境管理的定义中强调,应通过各种方式实现资源的有效配置和高效利用,消除或减少生产活动给环境造成的威胁和破坏,实现企业经济效益、社会效益和生态效益的统一。但是,企业环境管理的内涵远不止于此。

从环境学的意义上看,企业环境管理是指企业的生产经营活动应是无害于环境,即无污染或最小污染的生产经营活动。从资源学的意义上讲,企业自主环境管理是指企业的生产经营活动应做到对自然资源的适度利用和综合利用。从生态学的意义上讲,企业自主环境管理是指企业的生产经营活动应符合生态系统的物质、能量流通规律,不能因为企业不良的生产经营活动而破坏生态系统的平衡。从经济学的意义上讲,企业自主环境管理是指企业的生产经营活动应实现经济效益与社会效益、生态效益的有机统一。

从管理学的意义上讲,企业自主环境管理可以从以下三个方面来理解。

第一,企业自主环境管理的目的是使企业达到和谐。绿色是大自然的颜色,人类对自然界的大肆破坏虽然已经有上亿年的历史,但正如达尔文的《进化论》中所描述的"弱肉强食,适者生存",大自然的一切都显得那样自然、和谐。将绿色与企业管理结合起来,实际上是将自然界中的和谐理念带入到企业管理之中,通过有效管理使企业达到和谐的状态。

第二,企业自主环境管理的和谐是一种全方位的和谐。企业是利用各种资源创造财富的场所,这里的资源包括人、财、物等。因此,自主环境管理要达到的和谐也是指上述所有资源的和谐。许多优秀的企业都有这样一种共识,"在企业价值体系中,人的价值高于物的价值;软管理的价值高于硬管理的价值"。自主环境管理作为一种先进的管理理念,当然不会忽略人在企业中的价值,也不会忽略软管理在企业管理者中的作用。所以,自主环境管理要达到的和谐包括人与自然之间的生态和谐、人与人之间的人态和谐、人自身的心态和谐三方面,三者之间相互影响,相互促进。

第三,企业自主环境管理的作用就是消除一切不和谐的因素。管理是一种手段,管理就是运用各种手段消除企业对环境的污染、人与人之间的矛盾、人自身的困惑等一切与"绿色"不和谐的因素。

综上所述,企业自主环境管理是指企业以可持续发展思想为指导,以消除和减少组织行为对生态环境的影响为前提,以满足用户和顾客的需求为中心,以协调公共关系为保障,以实现资源的合理优化和充分利用为目标,通过生产、营销、理财等活动,为实现经济效益、社会效益、生态效益的有机统一以及生态和谐、人态和谐、心态和谐的平衡而进行的全面、全员、全过程活动的总称。

企业环境管理包含以下五大关键环节。

第一,明确企业环境方针。各国政府都根据本国国情制定了相应的环保法律、法规与政策,企业应依据颁布实施的环保法律、法规与政策的要求及未来环境保护的趋势,结合企业自身特点(所处的行业、地区、环保投入大小、环保设备技术水平、产品的环境友好系数等)确定企业环境方针,包括企业的环境理念、对待环境保护的态度、环境管理在企业发展战略中的角色与地位,宣示企业履行环境责任的决心与承诺等,使企业环境管理有明确的方向。

第二,建立企业环境管理相关组织机构。成立企业最高经营决策者领导的具有决定企业环境方针、计划与目标、措施,对企业环境活动与环境业绩进行监督、评估确认等权力功能的企业环境委员会。企业环境委员会下面还可以设立企业环境管理部,具体执行企业环境管理的职能。

第三,制订企业环境管理计划与目标。可以制订企业环境管理的年度计划与目标,也可以制订中期计划与目标,或远期计划与目标。环境管理的计划与目标要符合企业实际"量身定做",不要"高不可攀"也不要"唾手可得"。

第四,提出企业环境管理的措施。这些措施能够把企业生产经营活动对环境的负面影响控制在最小程度。如制订企业环境管理计划与目标;建立企业环境管理相关组织机构:提倡清洁生产,采用环境友好的生产设备、技术与工艺;建立绿色供应链,采购环境友好的原材料等。

第五,加强监督、评议与修正。包括对企业产品在整个寿命周期(企业的设备工艺技术、原材料与投入品、产品生产全流程、产品包装、产品运输、产品销售、产品消费后的废弃物处理)各环节的污染预防控制、实施效果评价与奖罚、不足与缺陷的修正。

(二) 企业自主环境管理的主要特点

从理论意义上来考察,企业自主环境管理具有以下几个特点。

第一,自主环境管理建立在生态工业经济的基础上。生态工业经济是指用生态学的理论和方法来研究工业生产,它把工业生产视为一种类似于生态系统的封闭体系。这样一来,在一定的区域内,相邻的工业企业就可以形成一个相互依存,类似于生态食物链构成的工业生态体。

第二,自主环境管理是循环经济理论在工业体系中的应用形态之一。循环经济是对物质循环流动型经济的简称,是以物质、能量梯次和闭路循环使用为特征的,在环境方面表现为污染低排放,甚至零排放。循环经济把生态工业、资源综合利用、生态设计和可持续发展消费等融为一体,运用生态学规律来指导人类社会的经济活动,因此,企业自主环境管理本质上说是一种基于生态的循环经济。

第三,自主环境管理以实现自然、社会、企业协调统一的可持续发展为目标。人类要想实现自身的可持续发展,就要使自然、社会协调发展。企业作为社会系统的一个子系统,是联系人类社会与自然界的一座桥梁,其社会活动影响着人类与自然的关系。企业实施企业自主环境管理,使企业的活动与自然相协调,进而实现自然、社会、企业协调统一的可持续发展。

第四,自主环境管理以经济效益、社会效益、生态效益的统一为基本原则。传统经济学与管理学只注重企业的经济效益,忽视了其生态环境效益。随着社会的发展,人们逐渐认识到企业经营管理活动的效益应该包括经济效益、社会效益和生态效益,是这三大效益的有机统一。因此,实现企业的可持续发展,实施企业自主环境管理,一定要把三大效益有机地统一起来,以此作为企业管理的出发点和落脚点,以及企业生产、经营、管理必须遵循的一项基本原则。

第五,企业自主环境管理是以实现节约资源、减少污染为目的的基本手段。在产品的制造过程中,应尽量减少各种资源的消耗,如少用或不用有毒有害的原料,节约资源,采用先进技术、工艺设备;尽量减少生产过程中的废弃物,在产品包装上采用耗用少、易分解、无毒性、无污染的绿色环保材料,实现包装绿化等。

从企业自主环境管理的实践方面来考察,企业自主环境管理具有三个基本特点,即全过程性、全员性、全面性。

首先,全过程的自主环境管理。过去,企业环境管理是指决策成为事实之后才考虑其行为对环境的影响,片面强调污染后的治理环节,而自主环境管理则是从产品的选购、结构功能设计开始,到生产制造、售后服务、废弃物品的回收处置的每个环节,都须考虑企业生产经营活动对环境的影响,即在产品的整个生命周期内实施自主环境管理。我们要透过产品把眼光放到整个生产循环中去,综合考虑用于生产产品的资源、用于消费的资源以及消费者使用之后留在产品中的资源,即开发清洁产品,提高清洁生产技术,提升企业的绿色生产力,开展绿色行销,从而促使消费者增加绿色消费,继而提高企业的生存竞争力。

其次,全员参与的自主环境管理。企业自主环境管理不仅要求生产一线的职工参与自主环境管理的实施,还要求企业的管理人员必须首先提升自身环保意识,与员工充分沟通,将企业自主环境管理的理念纳入企业文化,积极参与自主环境管理的实施。因此,自主环境管理是一种从企业高层领导到中层管理人员,再到生产一线的普通职工的全员参与活动。

最后,全面的自主环境管理。企业通过提供产品或服务,促进社会福利的提高,从而谋求自身的生存与发展。因此,自主环境管理作为一种全新的管理方法,其范围不仅包括了企业的生产制造过程,还包括组织、计划、理财等服务过程,涉及到企业的方方面面以及管理的各种职能,是一种全面、全方位的管理模式。同时,企业产品或服务的质量有赖于员工的身心条件,藉此,企业实行全面的自主环境管理,还要为员工创造自主的工作环境和生活环境,使企业所有的生产经营活动和内外部环境均处于一个"自主大系统"之中。

在传统的企业活动中,因采用"高投入、高产出、高消费"的生产模式,造成资源严重浪费和环境严重污染。与传统管理方式相比,企业自主环境管理显得更加全面,尤其强调对资源的管理要实现生态和谐、人态和谐、心态和谐的平衡,具体表现在以下几个方面。

第一,企业自主环境管理的目的是实现企业的持续发展。在管理目标方面,传统管理追求的是经济效益,目的在于追求企业眼前经济利益的最大化;而"自主管理"追求的是在体现环境效益基础上的经济效益,在于实现企业的可持续发展,即企业在生产经营的过程中,不但要追求当前的发展,而且要顾及生产与环境、生态、资源的协调一致,达到企业的长期高效运行,讲究二者的统一。

第二,自主环境管理的核心是资源、环境管理。在资源的使用方面,传统的管理方式资源浪费极其严重;在经济运行中,社会需要的最终产品仅占原材料用量的 20% ~30%,而 70% ~80% 的资源最终成为进入环境的废物,造成环境污染和生态破坏,对资源的消耗往往是一次性消耗,利用率低。而自主环境管理则更多的体现了对资源的整合利用与合理节约,核心是对资源、环境的管理,在整个生产过程及其前后的各个环节节约资源和控制污染。也就是通过集约型的科学管理,使企业所需要的各种物质资源最有效、最充分地得到利用,使单位资源的产出达到最大最优,通过实行以预防为主的措施和全过程控制环境管理。

第三,自主环境管理的前提是环境保护理念。在环境污染方面,传统的环境管理模式直接将"三废"投放到大自然,产生较高的环境污染,对环境造成巨大的负荷。而自主环境管理要求对生产出来的"三废"进行回收利用,合理处理,降低对环境的污染程度,基本达到无污染状态。

第四,传统的生产方式、管理模式,造就了"先污染后治理"的处理方式,先发展生产,追求效益,当效益达到一定阶段,污染问题不得不治理的时候,再投入治理。而新型的自主环境管理模式,则是在污染之前就采取预防性技术防止污染,是一种"源头+污染与治理并举+综合治理"的治理方式,将污染消除在萌芽阶段。

第五,在除污技术和生产方面的关系。在传统的管理中,二者是相互分离的,生产只是生产,后续的除污只是单纯的除污,二者没有直接关系,而新管理方式中二者是相互紧密结合的。

第六,在生产成本和发展方面。传统管理的成本是一次性消耗,没有回收,没有利用,而新的企业自主环境管理则是具有节约与回用和循环效果的,所以企业自主环境管理,能够更低的降低生产成本,具有更好的经济效益。

二、企业自主环境管理的制度目标

(一)提升企业的成本绩效

在市场经济条件下,企业强化成本管理,是提高企业经济效益、增强企业活力的重要课题。虽然企业在进行环境管理的过程中,需要增加环保设施运转、环境性能运行、环境污染控制措施和环保事物管理等成本费用,但是积极有效的环境管理,能够最大限度地节约资源和能源、有效的利用原料和回收利用废旧物资,减少各项环境费用,从而明显地降低成本,进而获得经济效益。

实施环境自主管理,能够有效降低高昂的末端处理费用。企业在追求经济效益的前提下,通过技术水平的提高以及工业流程的革新,进行清洁生产,尽量减少污染物的排放,解决污染问题;或在保障同等环保效果的前提下,尽量采用无费或者低费方案预防或者治理污染,大大减少需末端处理的污染物总量或降低处理设施的建设规模,必然大量节约一次性环保投资和运行费用,从而降低环境治理成本、提高企业经济效益。

实施环境效益,能够有效的规避各种处罚,间接提高经济效益。众所周知,政府对企业环境行为实施管理,主要通过控制和市场手段,推行污染者付费的原则,对企业处于重罚,情节严重者甚至可以关停。随着监管法规的日趋严格,政府采取立法手段对企业的环境行为进行更加严格的管制,一旦出现破坏环境的行为,将需要企业付出更大代价,不仅有罚款、民事处罚,还可能面临刑事处罚,污染罚款或污染诉讼而引起的财务负担也相应提高。企业通过环境管理,可以减少污染物排放,可以对废弃物再回收利用,进而减免排污税费,减低治理成本,避免罚款,从而获得经济效益。

（二）改善企业的市场绩效

随着人类环保意识的提高,消费者对绿色产品日益青睐,企业环境业绩已经成为了消费者关注的一部分。如果企业在生产决策

111

中不考虑消费者需要的变化,其产品将遭到消费者的抵制,直接影响到企业产品的市场占有率,将可能给企业和社会带来巨大的损失。我国已于 1992 年正式开始了产品环境标志的认证工作,这将使对环境有害的产品被排斥在市场之外。

随着经济全球化的不断推进和贸易自由化的发展,各国贸易壁垒的形式和种类也发生了变化。如果不能适应国际市场的这种新型变化和要求,不能生产出适应整个市场的产品,将遭到淘汰的命运。只有积极适应整个市场的变化,取得国际市场认证许可的条件,才能得到整个市场的认可,才能取得市场的占有率。

(三)回应企业发展的社会绩效要求

企业的环境责任是企业社会责任的一部分。企业在生产和经营时,应遵循清洁生产的原则,同时承担对周边环境的保护责任,主要包括提高资源利用率、减少排放、推进循环经济三个层面。企业社会责任感意味着一个企业要为自己影响人们、社会和环境的任何行为承担责任,及时熟悉对民众和社会有害的行为,并尽可能给予纠正。企业的社会绩效可能要求一个企业放弃一些利益,但却能另外获得积极的社会影响。

科学技术和经济突飞猛进的发展,在推动人类社会物质文明、政治文明和精神文明不断进步的同时,也在很大程度上对自然环境造成了破坏。资源枯竭、环境污染、生态失衡等,对人类社会的生存和发展提出了严峻的挑战,自然环境对世界经济和社会发展的制约和影响已经越来越明显。因此,人们不得不重新审视自己的经济发展之路,用循环经济的思想来重新制定企业的生产、全面协调可持续的科学发展观,努力的构建社会主义和谐社会。

发展知识经济和循环经济,是 21 世纪人类社会的两大趋势。前者要求加强经济过程中智力资源对物质资源的替代,实现经济活动的知识转化;后者要求以环境友好的方式利用自然资源和环境容量,实现经济活动的生态化转向。

发展循环经济受到了党中央、国务院的高度重视。在 2004 年3 月召开的人口资源环境工作座谈会上,胡锦涛总书记强调指出:"树立和落实科学发展观,必须着力提高经济增长的质量和效益,努力实现速度、结构、质量、效益相统一,经济发展和人口、资源、环境相协调。在推进发展中要充分考虑资源和环境的承受力,积极发展循环经济,实现自然生态系统和社会经济系统的良性循环,为子孙后代留下充足的发展条件和发展空间。"温家宝总理也要求:"要重点抓好节约利用资源,大力发展循环经济。坚持开发与节约并举,把节约使用资源放在优先位置,建设资源节约型社会。当前,要突出抓好节煤、节电、节油、节水和降低重要原材料消耗工作。要大力推广节能降耗技术工艺,开展清洁生产。建立城乡废旧物资和再生资源回收利用系统,提高资源循环利用率和无害化处理率。"2004 年的中国循环经济发展论坛年会上通过了《上海宣言》,200 多位与会者在宣言中共同呼吁,各级人大和政府要加强对循环经济的宏观指导,将循环经济指标纳入政府绩效考核,改变传统的单纯由 GDP 增长速度来衡量政府和领导者政绩的做法。

循环经济本质上是一种生态经济,它倡导的是一种与环境和谐的经济发展模式,要求运用生态学规律而不是机械论规律来指导人类社会的经济活动。循环经济与线性经济的根本区别在于,后者内部是一些相互不发生关系的线路物质流的叠加,由此造成出入系统的物质流远远大于内部相互交流的物质流,造成"高开采、低利用、高排放"的特征;而前者则要求,系统内部要以互联的方式进行物质交换,以最大限度利用进入系统的物质和能量,从而能够形成"低开采、高利用、低排放"的结果。一个理想的循环经济系统通常包括四类主要行为者:资源开采者、处理者(制造商)、消费者和废物处理者。由于存在反馈式、网络状的相互联系,系统内不同行为者之间的物质流远远大于出入系统的物质流。循环经济可以为优化人类经济系统各个组成部分之间的关系提供整体性思路,为工业化以来的传统经济转向可持续发展的经济提供战略性的理论范式,从而在根本上消解长期以来环境与发展之间的尖锐冲突。

三、企业自主环境管理的内容及方法

可持续发展是自主环境管理的核心,它要求社会的发展、经济的增长必须要与环境相协调。可持续发展强调资源与环境是人类生存和发展的基础和前提,资源的循环利用和环境的可持续发展是人类发展的首要条件。可持续发展既包括社会的可持续发展,也包括经济的、资源环境的可持续发展三个方面的内容。三者之间是相互联系、相互影响、互依互靠的。经济的可持续发展是基础,资源环境的可持续发展是前提条件,社会的可持续发展是目的。可持续发展要求人们调整生活方式及对社会的影响方式。

近年来,我国生态环境持续恶化,国内绿色消费意识逐渐增强,政府环保法规相继出台,执法力度进一步加大,要求企业推行自主化环境管理的外界压力也越来越大。如果达不到国际社会要

求的绿色环保,企业要尽快、尽早实施自主化环境管理。企业实施自主化环境管理主要包括以下几个方面内容。

第一,树立环保价值观,采取积极主动的环保态度。企业要不断向员工宣传绿色环保理念、环保价值观,鼓励员工的环保行为,加大环保投入,从而形成企业的环保文化,使它不仅体现在企业文化的第一层次上(如企业战略、目标、企业经营哲学等),而且还要体现在企业文化的第二层次上(如员工潜意识中的信念、思想、价值观等)。只有企业内部改变了对自主环境管理的态度,才能改变我国企业环境管理的落后局面。这是企业成功实施自主环境管理的关键和基础。

第二,评估企业环保实力,积极采用绿色环保新技术。企业应全面系统地分析、检查自己的技术、生产、产品、服务的绿色化程度,借鉴发达国家经验,调整自己的环保策略、目标,制订近期与远期的达标计划,加快企业环境管理的标准化进程。能够节约资金、避免和减少环境污染的技术就是企业所需要的,节能环保的新技术才是自主环境管理的核心内容。新技术可以分为末端处理技术和污染预防技术。末端处理技术是在默认现有生产水平的前提下,对三废采取隔离、处置、处理和焚烧等手段减少对环境污染的技术;污染防治技术是着重于对污染源头的治理。

第三,积极申请绿色认证。企业取得了 ISO14000 体系认证,就等于取得了绿色通行证,就可以早日进入国际市场,早日规范企业的环境管理。对企业而言,ISO14000 管理体系的认证不仅可以增强企业竞争力,还可以为企业来带节能降耗、降低成本的直接效益。

第四,树立企业环保形象。企业形象是企业的无形财富,是社会公众对企业的总体印象,形象的好坏直接决定企业的市场地位。良好的企业形象,一方面不仅能够对企业员工产生全面、深刻的影响,使员工对企业的归属感、自豪感、责任感和自信心加强,对员工产生积极的心理暗示和激励;另一方面,还能够对外强化企业的影响,强化广大顾客和投资者对企业产品的消费信心和投资信心,能够带给顾客精神上和心理上的满足感、信任感,使顾客的需要获得更高层次和更大限度的满足,帮助企业赢得顾客和市场,赋予产品较高的价值,是企业长远发展的有力保障。

自主环境管理在我国还是一种超前的经营管理观念。正因为如此,人们当然会首先认可那些在技术上、经营理念上、生产管理上能够带动社会进步、带领潮流的企业,认同那些富有社会责任感的企业。企业除了自己能够在生产、经营活动中全程实施自主环境管理,更需要在公共场所能够向公众传达企业的环保信息,如积极参与社区内的环境治理;通过有影响力的宣传媒介和公关活动,宣传企业在保护生态环境方面的实际行动;企业对环境事务的支持等,引发公众对企业环保行为的认同感。

第五,建立系统规范的自主环境管理体系。自主环境管理系统化、标准化是国际企业环境管理的发展趋势。我国企业要建设环保企业,实施自主环境管理,经营者必须根据企业的现实情况,以环保认证标准为标准,全面分析影响环境的因素,积极培养员工的环保意识,树立企业的环保理念,在产品设计、生产、原料采购、包装、营销等经营管理的全过程中实施标准规范的环境管理。

第六,实施绿色设计,开发绿色产品。企业通过把产品对环境的影响具体体现在产品设计中,即进行面向环境的产品设计。主要体现在设计构思阶段就把降低能耗、便于回收利用、对资源环境消耗不大的指标作为设计的要求,如不用燃油无污染的电动汽车技术;无氟的绿色冰箱技术。绿色技术是解决资源耗费和环境污染产生的主要办法。企业开发的产品要在生产使用、回收处置的整个过程中,对生态环境无害或者危害极小,符合特定的环保要求;利于资源再生回收的产品,开发出具有环保概念的产品。开发绿色技术和绿色产品,可以为企业带来效益和增强竞争力,这是企业自主环境管理的支撑点。

第七,推行绿色生产。绿色生产又称为清洁生产,《中国 21 世纪议程》把清洁生产定义为:既可满足人们的需要又可合理使用自然资源和能源,并保护环境的实用生产方式和措施,其实质是一种物料和能耗最少的人类生产活动的规划和管理,将废物减量化、资源化和无害化,或消灭于生产过程之中。清洁生产强调了三个观念:一是清洁能源,尽量节约能源消耗,利用可再生的能源;二是清洁生产过程,在产品制造过程中尽可能少生产废弃物品,尽可能减少对环境的污染;三是清洁产品,降低对不可再生资源的消耗,延长产品的使用周期等。实施清洁生产要贯彻两个全过程控制:一是产品生命周期全过程控制,即从原材料加工、提炼到产出产品、产品使用、直到报废处置的各个环节,都必须采取必要的清洁方案,以实施物资生产、人类消费污染的预防控制;二是生产的全过程控制,即从产品开发、规划、设计、建设到生产管理的全过程,都必须采取必要的清洁方案,以实施防止物质生产过程中污染发生的控制。

清洁生产是绿色产品开发的保障,是指以节能、降耗、减污为目标,以技术、管理为手段,通过对生产全过程的排污审计、筛选、实施污染防治措施。清洁生产是一种兼顾经济效益和环境效益的最优生产方式,它可以获得消费者对企业及产品的好评和信赖、财务收益以及新的赢利机会。但需要指出的是,清洁生产是一个相对的、动态的概念。清洁生产是相对于原来的生产过程而言的,是以减少和消除工业生产对人类和生态的影响,继而达到既防治工业污染又提高经济效益的双重目标。

第八,积极推行 ISO14000 认证。ISO14000 是国际标准化组织于 1996 年正式颁布的系列国际环境标准,其目的是规范企业等组织行为,节省资源,减少环境污染,改善环境质量,促进经济持续、健康发展。ISO14000 系列标准包括六个子系统,即环境管理体系、环境审核与环境监测、环境标志、环境行为评价、产品寿命周期环境评价、产品标准中的环境指标;共给出 100 个标准号,即从 ISO14001 至 ISO14100,几乎规范了包括政府和企业等组织的全部环境行为。ISO14000 系列标准有利于为企业提供规范的环境管理制度;有利于企业自觉遵守环境保护法律法规的要求;有利于企业提高环境管理能力的水平;有利于企业建立保护环境的方针和目标,以及按照该方针采取行动和措施。企业取得了 ISO14000 体系认证,就意味着企业的环境管理质量得到国际社会的认可,也就取得了进入国际市场的绿色通行证。因此,企业必须尽快实施 ISO14000 标准,通过不断加强的制度化手段,改善自己的环境行为,以获得良好的企业形象和信誉。

随着世界环境保护和可持续发展运动的深入,绿色浪潮将更加猛烈并席卷全球。自主环境管理作为一种全新的管理理论和方式,必将成为未来企业经营管理的主要模式。

四、企业自主环境管理的组织结构

相关利益是指创新所带来的报酬或惩罚强度,包括经济性获利率、较低的初期成本、较低的识别风险、时间及体力上的节省和直接的报酬等。利益相关者则指政府部门、环境保护主义团体、当地社区居民、消费者、员工和企业投资者。因此,利益相关者可通过直接压力或信息反馈来表达他们的利益,进而影响组织的经营。实际上,利益相关方理论的核心目的是让管理者了解利益相关者,进而策略性的管理他们。

传统观念中企业存在的唯一目的就是创造利润。管理者是股东的代理人,其经营的重点是股东利益最大化。但近年来,很多学者逐渐发现这种思维模式是狭隘的。在现代企业的经营环境中,企业必须面对很多有组织且时刻关注企业活动的利益相关者。环境保护作为一项公共性事物,政府、消费者等利益相关者应共同辅助建立一种有利于企业推动环保的社会机制,鼓励和帮助企业从事有利于环保的创新机制。

首先,从消费者角度来看,消费者越来越关心自身的身心健康和生存质量。环保时代的消费者有两方面的绿色需求,一是有绿色消费的需求,生产者提供的产品必须符合绿色产品的要求,即在消费的过程中不会给消费者的身体造成危害;二是消费者是环境恶化的直接受害者,大气、河流、海洋、土体的污染直接危害着消费者的生活质量,于是消费者就要求企业在生产过程中要尽量减少对环境的污染。消费者是企业生存的土壤,企业必须以满足消费者的需求为导向,尤其是在消费者环保意思越来越强而市场尤其是买方市场的消费者可选择性增强的今天,消费者会优先选择那些环境形象好的企业的产品,而那些环境污染大的企业就会失去市场。这表明,环保已经成为企业头等重要的战略问题,企业必须将节约资源、保护环境的理念融入到生产经营的过程之中,实施企业自主环境管理。

其次,从政府角度来看,政府代表了公众的利益,是公众环保要求的主要实施者。西方国家近几年社会的环保意识普遍加强,突出表现就是绿党在政府中的地位上升。政府通过立法和执法,强制惩罚企业污染环境和过度利用资源的行为,使未采用企业自主环境管理的企业的成本逐渐提高,甚至招致刑事处罚。为了符合政府的环保要求,企业不得不选择自主环境管理模式。

再次,从外部环境来看,在绿色浪潮风靡世界的今天,世界各国竞相制定越来越严厉的环保标准,企业要扩大出口、参与国际竞争,不达到所规定的环境标准是行不通的。

最后,从企业自身来看,节约资源、降低消耗、控制排放、综合利用是企业降低成本、提高经济效益的主要途径之一。这点对我国企业具有特别重要的意义。通过改进管理方式、实施自主环境管理,企业完全能够实现节约资源、保护环境与企业持续成长,实现经济效益与社会效益的"双赢"。

第四节　　我国企业自主环境管理的发展状况

早在 19 世纪,马克思就根据美索不达米亚的教训警告人类,对大自然的不恰当索取将导致大自然对人类的惩罚。到了 20 世纪50年代,发达国家的"绿色思想"开始萌芽,生态农业兴起。到了70年代,工业文明的进一步发展导致了环境的进一步污染,发达国家的人民饱受着环境污染之苦,绿色环保意识逐渐开始增强。到了1992年,可持续发展理论的提出,已经或正在全方位的影响和改变着企业的经营和管理思想。2009年,哥本哈根会议引发了我国国内众多企业在绿色管理认识上的升级。虽然本次会议仅仅是一个讨论环保的会议,但企业家们都认识到了,坚持传统的管理理念是没有未来的。因此,环境管理是企业管理发展的必然趋势。

一、我国企业环境管理历程及现状

(一)企业环境管理制度体系的历史演进

实现可持续发展引发了社会各个阶层、各个领域的重大变革和广泛行动。自从环境问题出现以来,各种国际组织和政府一直致力于环境法制的管理,即通过制定有关国际环境公约约束各缔约国的环境行为;各国政府通过制定各种环境法规并强制企业执行,以减少各种生产活动对环境的危害。尽管这些环境法制的力量对保护环境起到了十分重要的作用,但仅靠环境法规的强制力,只能在一定程度上迫使企业减少环境污染和资源破坏,并不能激发企业自觉进行环境保护的积极性和主动性。由于法律法规不可能事无巨细,样样全包,在执行中也不可能时时处处对全社会的环境行为进行严格有效的监督管理,致使一些环境法律法规的要求在实践中无法得到实现。

1991年,国际商会(ICC)发布《可持续发展商务宪章》,提出了环境管理的16项原则,号召全世界的工商企业按照这些原则进行统一的管理,降低污染物排放,减少资源和能源消耗,改善企业的环境行为。从 20 世纪 80 年代起,美国和西欧的一些公司为了响应可持续发展的号召,减少污染,提高在公众中的形象以获得对其商品和经营的支持,开始建立各自的环境管理方式,这是环境管理体系的雏型。德国于 20 世纪 70 年代率先制订了"蓝色天使"计划,由德国质量保证及标签协会授予那些与同类产品相比更符合环境保护要求的产品以环境标志,这既是对企业环境行为的一种确认方式,同时也是引导绿色消费的一种手段。20 世纪 80 年代,加拿大、美国、日本、澳大利亚、芬兰、法国、挪威、瑞士和马来西亚等国也相继仿效,陆续实行了本国的环境标志制度。

　　1985 年,荷兰率先提出建立企业环境管理体系的概念,1988 年试行实施,1990 年进入标准化和许可证制度。英国早在 1989 年就开始考虑按照本国的质量管理标准 BS5750 的思路和成功经验制定一套有关环境管理的标准,这一想法得到了政府的支持。1992 年,英国标准化协会(BSI)正式颁布了 BS7750 - 1992《环境管理体系规定》标准。BS5750 以英国的《环境保护条例》内容为基础,其核心指导思想表现为"使任何组织能够通过建立有效的环境管理体系,取得良好的环境绩效"。环境管理体系的建立和有效运行是组织接受环境审核和取得环境认证的基础,环境管理体系规范遵循与质量管理体系标准相同的管理原则。

　　1990 年欧盟在慕尼黑的环境圆桌会议上专门讨论了环境审核问题。为了增强企业的环境意识,调动企业自觉进行环境管理的积极性,提高企业的竞争能力,在英国 BS5750 标准的影响和带动下,1993 年 7 月 10 日, 欧共体(EC)理事会以 EECNo1838/93 指令正式公布了《工业企业自愿参加环境管理和环境审核联合体系的规则》,简称《环境管理审核规则》(EMAS)并规定于 1995 年 4 月开始实施。德国于 1995 年依据 EMAS 制定了《环境审核法》及 3 个条例,按照 EMAS 要求对企业进行审核。英国的 BS5750 和欧盟的 EMAS 标准在欧洲得到了广泛的推广和实践,很多企业在试用了两个标准后,在公众中树立了良好的形象,并取得了很好的环境效益和经济效益。此外,加拿大等国也根据本国实际情况陆续制定了有关环境管理、审核、标志和风险评定的标准,将标准化手段纳入到企业的环境管理工作当中。

ISO14001《环境管理体系——规范及使用指南》由国际标准化组织于 1996 年 9 月 1 日正式颁布,是国际标准化组织继 1987 年颁布 ISO9000 系列标准后的又一管理体系标准。作为环境管理体系的认证性标准,ISO14001 在 ISO14000 环境管理体系标准中具有特殊的地位与作用。2004 年 11 月 15 日,国际标准化组织颁布了新版 ISO14001《环境管理体系要求及使用指南》。

通过建立环境管理标准并加以实施,对一个组织或一个范围内影响环境的全部因素和整个过程加以控制,使该过程中的所有人员、作业、事物等都符合各自的环境要求,从而保证达到总的环境法规和技术标准的要求。

(二)我国企业环境管理制度架构存在的问题及其原因

第一,环保意识淡薄,缺乏适合企业的自主环境管理战略。虽然我国现在经济发展较快,GDP 总量排名世界第二,但总体来看的话,生产力水平与发达国家相比较低,人类资源质量不高,经济还不是全面发达。再加上对环境保护的宣传还没有形成制度化、规律化的宣传模式,经常流于形式,造成了我国国民的环保意识十分淡薄,环境管理还未引起政府的足够重视,自主环境管理也未引起企业自身的足够重视。另外,长期以来,我国企业习惯于粗放式经营,造成多数企业的管理者对自主环境管理的认识不足,甚至有的还存在一定的偏差和误解,这都影响到我国企业自主环境管理的发展。由此可见,我国企业在实施自主环境管理的过程中,缺少适合企业自身发展的自主环境管理战略是主要问题之一。

第二,企业规模、技术力量薄弱,不具备开发绿色产品的实力。绿色产品是企业自主环境管理中非常重要的一块。绿色产品是产销、使用与处理符合可回收、低污染、省能源的产品。由于我国经济不发达所造成的发展条件的限制和落后的观念上的原因,导致我国在绿色产品的研制和生产方面起步较晚,目前,只是少有的几个行业开始规模化生产绿色产品,如食品行业,而在大多数行业,如工业、制造业等行业开发绿色产品则较为迟缓,绿色空调、绿色冰箱、绿色电脑是目前市场上一些大企业在摸索的一些产品。据有关资料统计,我国从事绿色产品生产经营的企业真正达到规模的几乎没有,70%是乡镇企业和民营企业,而这些企业大多不具备相应的技术,缺乏专业人才,这也制约了绿色产品的开发和研制。

绿色技术更是企业推行自主环境管理的基础。但从目前我国绿色技术的发展水平来看,绿色技术力量薄弱、资金投入不足、开发水平和能力不够、技术投入不够、企业的重视程度也欠缺,尚未形成体系以充分显示其职能。绿色技术本身技术性强、复杂程度高、难度大,且开发周期较长,而且技术投资和后期的运行费用较高,整体来讲开发起来的风险很大,因此中小型企业单从资金上就不具备研发实力。大型企业如果没有国家政策的支持,也不会在绿色技术研发上投入太多的成本。

第三,绿色产业的物质基础薄弱,资金和技术投入不够。绿色产业的这些弱点主要表现在两个方面。(1)资金匮乏。从过去到现在,我国资金在这方面的投入严重不足。据统计,国家环保投入占同期 GDP 不足 0.7%,是发达国家的 1/2 到 1/3,企业的资金链不足以支持绿色产业的开发。比如造纸业,由于资金的不足,大部分企业都是年生产力不足一万吨的小型企业,没有先进的生产设备,污染问题非常严重和突出。国内大大小小的许多河流都是造纸厂的污水造成的污染,是我国水污染的罪魁祸首。(2)技术落后。发达国家在技术研发上的费用投入以每年 10% 的速度递增,而我国在技术研发上的费用投入少之又少。绿色技术尚未纳入我国国家科技战略之内,多数企业都无力承受持续不断的、高额的技术研发费用。

第四,消费者对绿色消费的需求不足。绿色产品由于多是新研发的产品,节能环保,因此定价一般较高,难以被消费者接受。尤其是我国的多数消费者的消费心理是喜欢物美价廉的商品,经常会对价位较高的新型产品望而却步。诸如当今市场上高价位的绿色家电系列(绿色冰箱、绿色空调、绿色洗衣机),多数普通消费者在赞美、欣赏其节能环保的功能的同时会就其高昂的价格无奈的摇摇头。绿色产品在企业的生产过程中投入了一些前期的研发成本,导致的结果是研发出来的产品必然价格要高一些。价格的上涨也必然影响到产品的供求和竞争力。我国人均 GDP 较低,人均收入不高,伴随着的是较低的消费水平,因此消费者不选择绿色环保产品也是无奈之举。总的看来,我国的绿色产品市场容量目前是有限的。

第五,环保法不完善,难以有效调控企业实施绿色管理。我国实行的是市场经济,市场经济是法制经济,企业的自主环境管理需要政府有足够的措施来支持。一方面,虽然我国目前已经出台了多部有关环保方面的法律法规,初步形成了自然资源和环境保护的法律体系,但还是存在很多不足,体系也不甚健全,与发达国家相比更是远远不够。而在环保执法过程中,由于环保法律法规本身的不完善,在实际操作过程中环保执法力度也跟不上,这就很难从制度上推行环境管理。另一方面,在法律法规的执行过程中,经济手段模糊,收费过低,同时拖欠、拒交现象严重;行政手段难以适应市场经济需要,政企不分,以言代法,以权代法,有法难执的现象普遍存在,这样就导致我国不能从宏观上有力地调控企业实施自主环境管理。此外,我国特殊的一方面就是地方保护主义比较严重。我国对官员的考核相对来说比较单一,当地的 GDP 收入是主要的考核指标,因此,地方政府及地方的环保部门,对地方的经济支柱和纳税大户的企业大开绿灯,甚至无视国家的环保法律法规及相关政策。我国的经济现状是,以资源的极大浪费和对环境的严重污染为牺牲品的企业往往是利润高的企业,是地方的经济支柱和纳税大户。这样的企业又何谈自主环境管理呢?

二、我国企业实施自主环境管理的目标指向

我国在实施企业自主环境管理方面存在着以上诸多问题,出现问题后要解决问题就要想对策,更何况实施企业自主环境管理

是有利于提升企业核心竞争力的长远之计。因此,企业无论从自身出发还是从国家的全局出发,都应采取一定的措施,尽早实现自主环境管理,提升自身竞争力。综合考虑我国的特殊国情和我国企业的发展情况,企业应从以下几个方面着手。

第一,制定正确的绿色管理战略。随着人们生态意识的逐步增强,人们对绿色环保型产品的需求也在不断增长,绿色环保消费模式将成为21世纪最具发展前景的消费形式。在这种大背景、大形势下,绿色管理系统化、标准化将成为国际企业管理的发展趋势。要想制定出正确的绿色管理战略,企业应该具体做好几个方面的工作。首先,企业在制订计划的过程中,应当明确企业环境事务方针和方向,把节约资源、环境保护、谋求可持续发展作为重要的因素来考虑。重视研究及采取环保的措施,表明企业应当承担研发绿色产品及绿色营销的义务,还要表明如何执行。其次,在经营方针上,要充分考虑到企业和公共利益的关系,而消费者的需求和需求对环境的影响也是需要考虑到的因素。再者就是企业在经营行为上,要切实把环境保护纳入到企业的决策要素中,将产品开发、设计、包装、使用、服务等过程都纳入保护环境的轨道上。最后,企业在追求利益上,不仅仅只是谋求企业经济利益的最大化,还要把经济利益与环境利益结合起来综合考虑,使经济发展与环境保护相协调。

第二,积极的申请绿色认证。经营者要想有效地实施自主环境管理、绿色管理,就必须根据企业的现实情况,参照环境保护认证的标准,全面分析影响环境的因素,并积极的培养员工的环保意识,树立企业的环保绿色理念,在产品设计、生产、营销策略等经营管理的全过程中,建立健全标准规范的绿色管理机制、自主管理机制,在企业内部建立起一套立足于生态文明的现代科学技术管理体系和生产环境。被国际社会所广泛接受的ISO14000环境管理标准是一个能够适用于一切企业的新环境管理体系,该管理标准体系是一种自愿性的标准。但是从目前的外部环境来看,因为ISO14000认证已被发达国家认可和采用,因此,要想使自己企业的产品能顺利进入国际市场,只有拿到该认证,才是进入国际市场的通行证。可以说,虽然这是一项资源加入的认证,但因其在国际市场的地位,其已不仅仅是一个简单的民间行为。因此,我国企业要想顺利跻身国际市场、扩大出口、参与国际竞争、提高竞争力,必须自愿加入到ISO14000环境管理认证体系。

第三,设立绿色环保技术的开发机构。设立绿色环保技术机构的目的是要研发节能环保的设备、绿色产品、绿色管理等,企业需要有这种绿色环保经营的理念。绿色环保技术运用的过程不仅是企业履行环保义务的关键所在,也是实施绿色管理的支撑点。目前,从技术角度看,我国实施自主环境管理的技术尚处于初级加工阶段,技术投入的不足制约了我国绿色环保产业的发展。因此,通过设立绿色环保技术开发机构、设立绿色环保组织来推进企业的自主环境管理,使自主环境管理科学化、系统化、标准化。

第四,设置环保基金,促进企业环保投资。目前,我国企业的环保资金主要来源于基建资金、更新改造资金、排污收费、综合利润提成、国家环保补助、国外环保贷款和捐助等。但据有关资料显示,我国企业基建投资中用于环保技术创新的只有41.5%,更新改造资金中用于环保技术创新的只有11.3%,而排污收费却只占应征额的 51.14%，从总体上看,我国环保技术创新资金也仅占国民生产总值的 0.17%。由此不难看出,我国在环保技术创新上的资金投入严重不足,因此,要解决资金问题只能另辟蹊径。经实践证明,最行之有效的手段是设立企业的环保专项基金。它一方面能有效地保障企业的环保投入,有助于企业实施绿色战略,确保企业的绿色环保发展;另一方面,通过环保基金的有效运作,也能很好的优化企业的资源配置。

　　第五,实施绿色核算与绿色审计,建立企业绿色自查机制。绿色核算是用一定的量度对环境保护和资源利用过程中所占用的财产、发生的劳动消耗和负债,以及产生的有关损失或收益,进行系统的计量、记录、分析、检查和报告,[①]是用于评估绿色环保行为表现的工具。而绿色审计又称环境审计,是对企业现在运作中,对于环境有关的组织、管理和设备等业绩进行系统、有说服力、客观的整体评估,并通过对公司有关环境规范方面的政策进行鉴定等手段,达到保护生态环境的目的。实践证明,绿色核算和绿色审计都是企业进行环境管理的使用手段,也是建立企业绿色自查机制的必要工具。企业通过实施绿色核算、绿色审计所建立的绿色自查机制,不仅促使企业自身高度重视环境保护问题,也能使企业明白,以牺牲环境为代价所取得的经济效益或许在短期内对企业的发展有利,但从长远利益看,随着企业的最高宗旨和核心价值观从片面追求利润最大化向实现企业的可持续发展的转化,其给企业带来的危害是不可弥补的。因此,绿色自查机制的建立对企业实

---

　　①　谢向英,刘伟平.中国企业发展的绿色战略探讨[J].林业经济问题,2004(2):95—97.

施绿色管理是至关重要的,它将成为企业提升核心竞争力的必然选择。

第六,开展绿色环保营销。环保市场的迅速崛起,必然要求在现代市场营销中注入绿色环保因素。绿色环保营销是在常规营销的基础上,以环保为导向来实施营销战略,是一种以生态问题为推进点的相对来说比较高级的社会营销实践。企业开展绿色环保营销,不仅符合了企业可持续发展的发展方向,同时还能在消费者心目中树立起环保型企业的良好形象,有利于在开拓绿色环保市场时,提高企业的竞争力和知名度。

第七,构建绿色环保的企业文化,树立绿色环保的管理理念。绿色环保的企业文化是将环保文化作为企业经营管理的指导思想,以发展绿色生产为基础,以开展绿色营销为保证,以满足员工的需求为动力,实现员工、企业、生态和社会持续发展的经营文化。作为一个企业的文化,和一个民族的文化一样,需要一个漫长的"养成"过程。

在绿色环保文明时代来临之际,构建绿色文化,树立绿色管理理念,是企业有效实施绿色管理必不可少的重要环节,是自主、积极地实施绿色管理的前提,是企业推行绿色管理的关键。从过去对环保问题的消极回避,到现在的积极合作,企业的经营者已经认识到环保并不是企业多余的负担,而是推动企业节能降耗、开拓市场、实现利润最大化的前瞻性投资。

现代企业文化,不再是一个纯粹的自然选择过程,而是一个更加需要"人"参与的过程。它需要将环保观念融入企业文化中,需要企业的管理者采取各种手段向员工宣传绿色理念、绿色价值观,鼓励员工的环保行为,使其充分认识到"可持续发展"战略对企业的挑战,争取他们的积极参与,使他们视环保为己任,以积极的心态参与绿色技术的开发,以主动的姿态参与绿色生产经营,把自己的思想行为统一到企业的发展目标上,使环保目标与企业目标融为一体,从而促使绿色企业文化渗透到企业的各个层面,在企业内部营造一种"绿色"文化氛围,为企业实施绿色管理提供坚实的精神支持。企业要不断向员工宣传环保理念,宣传一些绿色价值观,鼓励员工的环保行为,加大环保投入,从而形成企业的绿色文化,使它不仅体现在企业文化的第一层次上,而且还要体现在企业文化的第二层次上。只有企业内部改变对环境管理的态度,才能改变我国企业自主环境管理的落后局面。这是企业成功实施自主环境管理的关键和基础。

第八,树立绿色企业形象。企业形象是企业的无形财富,是社会公众对企业的总体认识,企业形象的好坏直接决定企业在市场中的地位,还直接决定消费者是否认可该企业及其产品。自主环境管理是我国一种比较超前的经营理念。人们往往会对那些在生产管理、技术创新、经营理念上较为先进同时有社会责任感的企业富有好感,在消费过程中,往往更容易青睐此类企业及其生产的产品。自主环境管理的树立是一个长期艰苦的过程,企业除了要在经营管理的全过程实现自主环境管理之外,还要通过公共关系活动向公众传达企业自身的这种环保概念和环保信息,引发公众对企业环境管理的认同感。

第九,企业实行清洁生产。清洁生产就是将污染预防战略持续地应用到生产全过程,通过不断地改善管理和技术进步,提高资源利用率,减少污染排放,以降低对环境和人类的危害。清洁生产要求从产品设计开始,到选择原材料、制作的工艺流程和设备以及废物利用、运行管理的各个环节,通过不断的技术革新,提高资源利用率,减少甚至是消除污染物的产生,从源头上预防污染。企业要想实现这一目标,需要大力调整自身的产品结构,革新生产工艺,优化生产流程,提高技术服务水平,加强科学管理,提高员工素质,实现节能减排、降耗、减污、增效,最后达到合理有效的资源配置。清洁生产本身是一个不断提高完善的过程,企业应随着经济技术的进步,适时提出更新的目标,争取更高的水平。

第十,公开发表企业的"环境报告书"。政府、金融机构、个人投资者、企业所在地的居民等各个利益关系群体,出于对"环境责任"和自身利益的考虑,都十分关心和想了解企业的环保理念、环保计划与目标、环保措施、环保业绩,以及环保投入及其对企业财务业绩的影响等全面、准确反映企业履行环境责任与义务的信息,并根据以上这些决定对企业的看法、态度与行为。从各个角色自身角度来讲的话,具体体现在,如政府根据企业环境行为与环境业绩来决定奖惩;银行、保险、投资基金等金融机构要根据企业的环境风险相关信息来决定是否贷款、是否承保、是否购买或抛售股票等行为;居民要根据所在地企业有无环境污染、污染大小、危害轻重程度等信息决定选择让企业改良环境、搬迁或关闭、承担民事责任或刑事责任的方式以及是否接受该企业所生产的产品。目前发表"环境报告书"的企业越来越多,尤以欧美发达国家为盛,亚洲则以日本为代表。日本一些社团媒体组织还主办"环境报告书"评奖活动,进一步推动了"环境报告书"在日本的普及。到 2004 年,在日本的上市公司中,已经有90%以上的企业发行了"环境报告书"。我国要想企业自主环境管理达到一个让民众满意的结果,公开发表企业的"环境报告书"是必然的选择。

三、我国实施企业自主环境管理的必要性及其发展趋势

(一)实施企业自主环境管理的必要性

1. 实施企业自主环境管理有利于提升企业核心竞争力

随着可持续发展思想的普及和人们环保意识的增强,绿色产业、绿色贸易、绿色消费已汇成一股绿色潮流,渗透到全球经济生活的各个领域。于是,人们的消费观念、消费心理和消费行为随之悄悄地发生变化。据有关民意测验统计,77%的美国人表示,企业和产品的绿色形象会影响他们的购买欲;94%的德国消费者在超市购物时会考虑环保问题;85%的瑞典消费者愿意为环境清洁而付出较高的价格;80%的加拿大消费者宁愿多付10%的钱购买对环境有益的产品。而在我国,绿色市场也显示出巨大的市场容量和发展前景,绿色产品的市场占有率开始呈现上升趋势,成为企业抢占市场的突破口。尤其是在小康家庭,绿色需求更是日益突显。如在对北京和上海两个城市的调查中发现,79%～84%的消费者希望购买绿色产品。由此可见,绿色消费将成为未来消费市场的主导理念,而绿色产品也将成为未来市场最具代表性的需求产品之一。因此,在激烈的市场经济大潮中,企业要想站稳脚跟,发展壮大,就必须认清形势,把握市场脉搏,转变传统的企业竞争模式,制定并实施切合实际的绿色发展战略,树立绿色理念,开发绿色产品,塑造绿色形象,主动选择、实施企业自主环境管理,以满足消费

者的绿色消费需求,这是企业管理发展的一个不可逆转的趋势。

2. 企业自主环境管理是提升企业核心竞争力的有效途径

首先,定位企业自主环境管理战略是培育和提升企业核心竞争力的前提条件。在企业"绿色化"进程中,企业自主环境管理战略是一个关键的首要环节,在整个企业自主环境管理体系中处于基础性地位,且融入了可持续发展的思想,因此,它能够作为企业生产经营和发展的总体规划和行动指南,能够成为企业进行资源、环境管理的行动纲领,保证企业适应新的外部环境、实现持续成长。面对当前市场竞争日益激烈、消费者和社会对环境日益重视、政府环境管理越来越严格的新形势,企业必须通过制定绿色战略,从总体上、长远上谋划、指导企业生产经营活动的各个环节,探索出适合企业自身的"绿色"发展模式。只有这样,才能迎合人们喜好绿色产品、崇尚自然的心理,跨越"绿色壁垒",进而创造竞争优势的主动性,在经营上获得成功。我国"波司登"、"雪中飞"、"康博"、"冰洁"、"冰飞"五大品牌的羽绒服就是通过实施企业自主环境管理战略,把绿色、环保、健康的消费时尚引入产品设计、开发和生产全过程,以适应国际市场对绿色消费的需求,最终在中国纺织品市场面临危机的情况下,乘着"绿色风"走出了国门。对企业来说,在当前的形势下,谁率先实施企业自主环境管理战略,谁就能把握时代的脉搏,抢先占领绿色商机,掌握新世纪市场竞争的主动权。

其次,绿色技术开发和创新能力是提升企业核心竞争力的关键。技术创新是企业创新的主要内容,而技术水平则是反映企业经营实力的一个重要标志。事实上,无论是从技术推动,还是从需求拉动的角度,企业自主环境管理已经影响和引导着当今的技术发展方向。由于绿色技术是企业自主环境管理的核心内容,绿色技术开发和创新能力是绿色产品开发的源泉,它不仅可以为企业带来效益和增强竞争力,而且可以在不牺牲生态环境的前提下促进企业发展。因此,它是实施企业自主环境管理、建设绿色企业的关键。企业应当根据自身的优势,迅速转变经营方向,调整绿色经营战略,实施企业自主环境管理,引进和开发绿色科技,对现有的技术进行绿色改造并不断创新,以应用绿色科技来提升企业的核心竞争力。

其三,绿色营销为提升企业核心竞争力创造了良好的外部环境。市场是企业的生命。目前,急剧扩大的绿色市场意味着新一轮的企业竞争将围绕着绿色市场展开,企业能否在绿色市场上占有一定的市场份额将决定着企业的发展态势。绿色营销就是对现代营销的绿化,是用于开拓绿色产品市场的重要手段,是为提升企业核心竞争力创造良好外部环境的重要途径,是企业实现新的经济增长点的关键。潜力巨大的绿色消费市场和日趋激烈的国际竞争,迫使企业必须改变传统的营销方式。运用绿色营销这一较高级的社会营销方式,将企业自身的利益和目标融入消费者和社会的利益中,满足人们无污染、无公害、延年益寿的需求,以实现企业自身经济效益、社会效益与生态效益的有机统一。

其四,独特的绿色文化和价值观是培育和提升企业核心竞争力的保证。当前,整个世界都在关注可持续发展问题,绿色浪潮此起彼伏。但纵观现有企业文化,着实缺乏"绿"意。为了适应社会文化的发展趋势,企业在内部营造绿色企业文化、树立绿色价值观势在必行。企业绿色文化的最终确立,是企业自主环境管理获得成功的标志,也是培育和提升企业核心竞争力的重要保障。因为绿色文化和绿色价值观是为了使人类愈来愈好地生存和发展而进行设计、创造并使之产生积极成果的一种文化,是伴随着传统企业文化的发展和人们环保意识、健康意识的增强,而出现的一种适应于企业可持续发展的企业文化形态。它把人与自然、人与人、人自身的和谐作为人类应有的追求,在企业与环境、企业人际关系和企业员工自身心态三者的和谐统一中把握了企业机体的活力和动性,赋予企业以自然有机性的生态和谐、环境适应性的协变和谐和价值合理性的真善和谐。因此,绿色文化是企业自主环境管理模式的灵魂,是企业文化发展的高级阶段,比现有企业文化更具有和谐性与持续性的特点。我们只要以其深厚的社会责任内涵和内聚力,发动广大企业职工积极参与节约资源、改善环境的实践,就能推动企业自主、积极地实施企业自主环境管理,使其在拥有千姿百态文化的众多企业中脱颖而出,培育和提升自己的核心竞争力,最终确保企业目标的实现。

最后,开发绿色产品,创立和运用绿色品牌,树立良好的企业形象是提升企业核心竞争力的需要。现代企业的品牌意识,已不再局限于名牌产品,还涉及到企业形象、企业品牌的树立。由于消费者对环境和生活质量的偏好,生产经营有益于环境改善和人们健康的企业及其产品无疑会受到青睐。企业若以绿色标榜自己,在产品生命周期全过程的各个阶段都注重对环境的保护,开发绿色产品,进行环保运营,在市场上推出绿色品牌,塑造绿色形象,必将会在公众心目中树立起绿色企业的形象,有助于企业声誉和品牌传承,增加消费者的品牌忠诚度,进而提升企业的核心竞争力。

(二)我国企业自主环境管理的发展趋势

一个企业要是能在其他企业之前推出绿色产品,那么,它的产品就会在竞争中形成绿色竞争优势。正因为企业的绿色形象如此重要,国外的许多企业都非常注重绿色形象的塑造。近年来,我国企业也开始重视企业绿色形象。比如,海尔和新飞两个品牌的冰箱都有绿色全无氟标志,这个标志不仅刺激了消费者的绿色消费需求,扩大了产品的销售额,还树立起企业的绿色形象,切实提高了企业自身的绿色国际竞争力,在国际市场上进一步拓展了生存与发展的空间,为企业其他产品的开发和销售打开了新局面。

环境管理是现代行政管理的重要内容之一。环境问题的综合性、广泛性和潜在性决定了环境管理必须是系统化、规范化的统一管理。进入到 21 世纪,在实践“实施科学发展观,构建和谐社会”重要思想,深化社会主义市场经济、政府行政管理体制改革和公民环境保护意识提高等政治、经济、体制和社会背景下,多途径的实施企业自主环境管理已经成为基本趋势。在人类进入 21 世纪的今天,传统的工业经济依靠科技进步,一方面大大巩固了人类在地球上的统治地位,创造了辉煌的工业文明。另一方面,在巨大物质财富产生的同时,环境受到极大的破坏,全球环境污染日趋恶化,温室效应、水资源危机、土地退化、气候恶化、自然资源锐减等已经严重威胁到人类自身的健康、生存和发展。人们在崇尚环保绿色的同时,思维方式、价值观念、消费心理和消费行为都在发生着一系列的变化。人类面临的环境危机和工业发展形成了不可避免且日益尖锐的矛盾。从无化肥、无农药的绿色蔬菜和食品,到无毒、无公害的绿色建筑材料,从节能环保的绿色家电、生态玩具,到节能汽车,一股强大的绿色消费浪潮正在影响着人们生活的各个领域。这就给现代企业的经营理念提出了严峻的课题,即企业如何才能做到可持续发展。

回顾过往不难看出,企业为了自身的发展,忽视了对环境的保护和对资源的节约,尤其是工业化时代在给人类带来了极大物质文明的同时,也是环境恶化的罪魁祸首。工业化时代,企业工厂不仅极大的浪费了自然资源,还产生了大量的"三废",导致地球本身无法对此进行恢复,也无力对"三废"进行彻底的自然净化。现在伴随着资源短缺、环境恶化等全球性的问题,不仅使地球生态系统无法可持续发展,最终也会影响企业的可持续发展,甚至全人类的千秋万代都会受到影响。在创造社会财富、提高生活水平的同时,维系与环境的友好关系是必要的。

首先,政府应力推企业自主环境管理。政府有责任和义务促进企业在实现企业和社会经济实现可持续发展中应做的贡献。由于企业可持续发展和社会经济可持续发展的关系是辩证统一的,既有相互促进的一面,同时又有相互矛盾的一面。因此,政府首先应该出台和完善有关环境方面的法律、法规、管理制度,其次还要制定推动企业实施绿色管理的扶持政策。自主环境管理对社会及经济的可持续发展是非常有利的,因此极其需要政府的支持与配合,需要政府在政策上给予一些倾斜,并帮助企业建立绿色环保的生产体系。

其次,加强绿色管理力度,尤其是自主环境管理力度。首先应该制定正确的绿色环保的管理战略,定位好绿色市场。企业在经营计划、经营行为、追求利益等几个方面都要围绕绿色环保的核心思想来进行。可搜集社会各方面的绿色环保信息,调查和预测环保型的需求,根据企业自身的优势,转变传统的竞争模式和经营理念,定位绿色环保管理战略,制订好可持续发展计划,用环保的观念管理、规划和改造产品结构,进行技术创新,以降低单位产品的资源消耗,提高资源利用率,开发绿色产品,并最终赢得政府的支持和市场的认可,实现经济效益与社会效益的"双赢"。其次,建立健全标准规范的绿色环保机制,设置绿色基金及绿色核算和审计,积极推行企业的自主环境管理模式。具体是开展绿色生产、绿色营销、建立公众沟通机制、调动起员工的主观能动性、鼓励支持技术创新、构建鲜明的绿色文化、树立好自主环境管理理念。

　　面对日益复杂的环保问题与挑战,欧美等发达国家正以污染预防和节约资源作为国家环境政策的新方向与环境保护实施的重点,就是将过去以命令管制和管末污染控制为主的环保工作,改变为由政府结合企业界成为"合作伙伴",以共同推行污染预防工作。目前环境管理的发展趋势是在向建立一个系统化的方向进行,即所有环保事务都通过系统化的方法来管理、测量、改善和沟通,而非过去仅要求符合排放(管制)标准的末端治理,并已经超过污染减量、污染预防的范畴,成为全面性的企业管理方法。而企业的自主环境管理是系统化管理模式中非常重要的一种,是企业将来要想在激烈竞争的市场中占有一席之地所必须实施的一种新型管理模式,也是最行之有效的一种管理模式。

第三章　企业自主环境管理的类型与特点

目前,随着我国经济发展和人民生活水平的提高,环境污染问题日益严重。在追求 GDP 增长的同时,环境一直在默默承受着经济发展所带来的沉重负担。工业污染、水污染、空气污染充斥在我们的生活中,出现了"沱江特大污染事故"、"松花江水流域污染"、"太湖蓝藻"、"东海蓬莱漏油事件"、"墨西哥湾特大漏油事故"等一系列危害环境的中外典型事件。全球环境持续恶化,极端气候时常出现,在给我们造成巨大经济损失的同时,也不断的在警告人类,环境的恶化已经到了必须治理的地步。面对日愈恶化的环境,整个社会开始意识到环境保护的重要性。我国也在"十二五"期间,提出创建一个提倡低碳生活,发展低碳经济,培养可持续发展、绿色环保、文明的低碳文化理念,创造具有低碳消费意识的低碳社会。

第一节　外部强制型环境管理
——企业环境监督员的实践

20 世纪中叶以来,随着环境危机的加剧,世界范围内污染治理和生态保护的重点已经从传统的污染排除提前到预防阶段措施的采取。① 这一过程中,加强环境监管和强调企业社会责任就成为实

---

① 　陈慈阳.合作原则之具体化——环境受托组织法制化之研究[M].台北:元照出版公司,2006.樊根耀.我国环境治理制度创新的基本取向[J].求索,2004(12).

现政府环境目标的基本手段。但是,由于行政权力行使中信息不对称和权力寻租的内在缺陷,导致政府外部环境监管并不能有效实现污染的源头控制,同时可能使环境立法陷入监管者的泥沼。①作为污染者的企业,基于自身经营效率的要求,也容易成为政府环境目标的对立面。② 进入 21 世纪以来,各国已经认识到国家环境政策和法律的制定和运行需要实现政府、企业与公众的相互合作。③ 降低政府管制、给予企业为环境友好行为自我负责的空间,已经成为当前环境管理的基本思路。④

　　我国环境管理长期采用行政属地分割式管理模式。在体制上,环保行政主管部门实行双重管理,既是政府的职能部门,又接受上级主管机关的领导和监督。由于行政隶属关系,环境行政主管机关的环境执法容易受到地方政府社会经济发展目标的制约。在市场经济条件下,企业既是社会经济活动的基本细胞,又是工业污染发生的主要源头,也是可持续发展战略实施的微观主体,企业也在环境问题与经济发展中扮演着十分重要的角色。⑤ 为实现从政府单方管制向污染者自我管理的转变,我国从 2003 年开展了企

---

① 吕忠梅.监管环境监管者:立法缺失及制度构建[J].法商研究,2009(5).

② Michael A. Gollin. Using Intellectual Property to Improve Environmental Protection[J]. Harvard Journal of Law &Technology, Vol 4.

③ 张坤,夏光,周新.日本"企业公害防止管理员制度"及借鉴的初步探讨[J].环境保护,1998(10).

④ 李挚萍.环境法的新发展——管制与民主[M].北京:人民法院出版社,2006.

⑤ 张帆.浅谈企业环境管理的新思路[J].中国环境管理》,2000(4).

业环境监督员试点工作,目前已经初见成效。① 但企业环境监督员的法律地位不明确、负责对象不具体、考核机制不完善等问题也逐渐显现。环境合作原则在现行制度下并没有完整体现。

2005 年,《国务院关于落实科学发展观加强环境保护的决定》{国发〔2005〕39 号}第二十条完善环境管理体制中提出:"建立健全国家监察、地方监管、单位负责的环境监管体制。国家加强对地方环保工作的指导、支持和监督,健全区域环境督查派出机构,协调跨省域环境保护,督促检查突出的环境问题。地方人民政府对本行政区域环境质量负责,监督下一级人民政府的环保工作和重点单位的环境行为,并建立相应的环保监管机制。法人和其他组织负责解决所辖范围有关的环境问题。建立企业环境监督员制度,实行职业资格管理。"2007 年,温家宝总理访问日本期间达成的中日关于环境资源领域合作的联合声明,要求"推进企业环境监督员制度"。《国务院关于印发 < 节能减排综合性工作方案 > 的通知》{国发〔2007〕15 号}要求,"企业必须严格遵守节能和环保法律法规及标准,落实目标责任,强化管理措施,自觉节能减排"和"扩大国家重点监控污染企业实行环境监督员制度试点"。《国务院关于印发 < 国家环境保护"十一五"规划 > 的通知》{国发〔2007〕37号}要求"建立企业环境监督员制度,实施职业资格管理"。2008年 9 月 18 日,国家环境保护部下发《关于深化企业环境监督员制度试点工作的通知》{环发〔2008〕89 号}要求,自 2006 年组织开展了重点行业企业环境监督员制度试点工作开始,两年来取得了显

---

① 国家环保部监察局."关于深化企业环境监督员制度试点工作的通知"附录"企业环境监督员制度建设指南(暂行)"〔Z〕.环察函〔2008〕1107 号.

著成效,在总结试点工作的基础上,决定将企业环境监督员制度试点范围扩大到国家重点监控污染企业,有条件的地区扩大省级或市级重点监控污染企业。

一、企业环境监督员的概念及其特征

企业环境监督员制度是借鉴日本20世纪70年代初为有效遏制其工业污染而实施的"公害防治管理员制度"经验而开展的,这项制度从企业生产源头着手,将污染防治从末端治理延伸到生产的全部过程,在有效防治生产污染的同时,全面推进了企业生产工艺的革新与技术进步,从而解决了工业高速发展所引发的一系列环境问题。

(一)企业环境监督员的定义

企业环境监督员制度是一项具有科学性、严谨性的基础环境管理制度,是指在特定企业设置负责环境保护的企业环境管理总负责人,和具有掌握环境基本法律和污染控制基本技术的企业环境监督员,规范企业内部环境管理机构和制度建设,通过建立企业环境管理组织架构和规范企业环境管理制度,全面提高企业的自主环境管理水平,推动企业主动承担环境保护社会责任。其核心是完善一个体系(企业环境管理责任体系)、塑造一支队伍(企业环境管理监督人员)、建立一项机制(企业环境管理监督人员与环保部门间的登记报告制度)、规范两套制度(企业环境保护档案管理制度和内部环境管理制度)、加强三图宣传(污染源分布图、污染物处理流程图、企业环境管理责任体系图)。其实质是增强企业环境"自律"能力,发挥企业在微观环境管理中的主动作用,推进履行社会环境责任。其创新点是提出并丰富了"服务、守法"概念,这是对环境执法监督的必要和重要补充。

企业环境监督员制度的目标在于三个服务。其一,为企业自身服务,提升企业自主环境守法能力与水平。企业环境管理是企业管理的组成部分,要像抓产品质量管理、营销管理一样来抓企业的环境管理。这主要是企业的事情,我们只是帮助企业来建立健全这个制度,并以此来提高企业的环境管理水平。其二,为宏观环境管理服务。企业自身微观环境管理体制与机制也是国家宏观环境管理体制与机制的主要方面。其三,为社会服务。企业自身环境管理能力水平的高低是影响总体环境质量好坏的重要因素。

(二)我国企业环境监督员制度的特征及功能

日益迫切的环境保护要求和环境行政乏力的现状,为环境行政管理机制的创新提供了条件。目前,全面推进政府与企业环境目标合作的时机日趋成熟。一方面,随着发展模式的转变和现代企业制度的革新,企业迫切要求建立完善的环境管理体系,以持续改善自己的环境行为;另一方面,随着我国工业化、城市化进程的加快,环境污染已进入高峰期,国家环境安全受到挑战,客观上要求公众参与监督企业的环境保护工作。

根据国家环保部监察局"企业环境监督员制度建设指南(暂行)"的界定,企业环境监督员是"在特定企业设置的负责环境保护的企业环境管理总负责人和具有掌握环境基本法律和污染控制基本技术的企业环境监督员"。① 从现有立法目的来看,建立企业环

---

① 国家环保部监察局."关于深化企业环境监督员制度试点工作的通知"附录"企业环境监督员制度建设指南(暂行)"[J].环境教育,2008(10).

境监督员制度,就是要建立和完善现代企业环境管理体制、制度与机制,提高企业自主环境守法的能力和水平,从而引导企业持续改进自身的环境行为,承担环境社会责任。

企业环境监督员制度在生产经营过程的自我管理作用主要体现在几个方面。(1)促进企业自觉加强污染控制。企业环境监督员掌握环境法规政策,熟悉本单位的生产工艺和设备,能找准问题并提出科学有效的改进方案。(2)快速准确地应对环境风险。经过专业训练的企业环境监督员,工作在企业的环境管理第一线,能在第一时间内赶到第一现场进行环境应急事故处理。(3)推动企业员工参与环保。企业环境监督员是企业的员工,熟悉企业环境,容易在企业内部建立和生产经营相适宜的环保工作机制。(4)强化环境执法。企业环境监督员是联结环保行政主管部门与企业的桥梁和纽带,能缓解当前环保执法力量薄弱、取证困难的矛盾,有效化解污染纠纷,是当前环境行政管理制度的重要补充。[1]

二、我国企业环境监督员制度试点的成功与不足

从2003年试点至今,各省、市试点企业严格按照试点方案要求,设置了总管环境保护工作的企业环境管理总监和具有环境污染控制技术性、专门性知识与技能的企业环境监督员,并借此契机进一步完善了企业内部环境管理机构的设置。[2] 各试点工作中,企

---

[1]　施德国.亟待建立的企业环境监督员制度[J].环境经济,2006(6).

[2]　如国电浙江北仑第一发电有限公司在机构设置上,创新性地设立了环境管理副总监1名,协助环境管理总监统领公司的环境管理工作,并配置了3名全厂环境监督员和若干部门环境监督员,形成了完善的内部环境管理人员体系。

业环境监督员的选任已基本形成了以培训考核为主的证照制度。试点企业设立的环境监督员通过参加国家环保部组织举办的培训，做到经考试合格持证上岗。以2008年为例，国家环保部就组织举办了七期"全国企业环境监督员制度培训班"，具体情况见表3。

表3

期次	时间	地点	培训内容
第一期	10.21—10.24	厦门市(全国)	(1)前期企业环境监督员制度试点工作总结； (2)2008—2010年试点工作方案； (3)企业环境管理与监督基本理论及方法、企业环境监督员制度框架等。
第二期	10.28—10.31	西安市(西北地区)	(1)环境保护基础知识、污染减排政策； (2)环境保护法律体系和标准体系； (3)企业社会责任和企业社会环境责任； (4)企业环境管理与监督基本理论及方法，包括日常环境管理和环境应急管理等； (5)环境污染控制和监测技术进展； (6)企业环境监督员制度框架。
第三期	11.4—11.7	苏州市(华东地区)	
第四期	11.18—11.21	天津市(华北地区)	
第五期	11.25—11.28	珠海市(华南地区)	
第六期	12.2—12.5	贵阳市(西南地区)	
第七期	12.9—12.12	长春市(东北地区)	

各试点企业积极加强企业内部环境管理制度建设，制订了更加

科学完善的企业环境计划①,建立健全了企业内部环境管理标准及办法规定②,完善了各项环境应急预案③,建立了相应的奖惩制度以落实环境责任④。在环保部门对企业的监督及沟通机制方面,各省市试点企业结合本地实际,在登记制度⑤、报告制度⑥和考核制度⑦等方面积累了宝贵经验。目前存在的问题主要表现在以下几个方面。

---

①　如新疆华电红雁池发电有限责任公司结合企业清洁生产审核及ISO14001 复证工作,成立了"清洁生产审核领导小组"和"清洁生产审核计划",进行了全公司环境因素识别的重新评价工作,确定了新的重要的环境因素,并就其中重要的环境因素制订了目标、指标及管理方案,使公司环保指标的控制更具有操作性。

②　如山东省各试点单位建立和完善了《环境监督员岗位职责》、《环保设施管理办法》、《环境保护技术监督实施细则》、《环境保护技术监督考核实施细则》、《环保设施管理制度》、《环境污染事故应急专项预案》等规章制度,初步建立了一整套企业内部环境管理制度。

③　如国电浙江北仑第一发电有限公司制定了《环境污染事故应急预案》、《储罐区防爆抢险应急预案》等有关环境保护和事故处理的专项预案。

④　如中国华电集团公司内江发电总厂建立了从厂部到分厂再到班组的环保监督网,制订了有关环境保护的奖惩办法,落实了各级网络成员责任制,建立起了全员参与的环境保护机制。

⑤　如广东省制定了"企业环境监督员登记表"、"试点企业主管部门负责人及联络员登记表"、"企业环境监督员制度试点地级以上环保局负责人及联络员登记表"。

⑥　主要包括企业环境工作报告制度、企业污染物申报登记制度、企业污染物削减情况报告制度、企业污染设施运行报告制度、突发性污染事故报告制度、企业环境监督员制度试点工作情况报告制度等。

⑦　如山西省制定了《电力行业企业环境监督员制度试点工作考核评分细则》,从机构与人员、制度建设、基本工作、环境应急、环保目标五个方面23 项具体指标对试点单位进行考核。

第一,企业环境监督员制度实施的法律依据不足,企业环境监督员的独立性和有效性难以保证。在先期试点时,有不少人认为仅凭国家环保部的一纸公文就试行该制度缺乏法律依据,甚至与我国有关法律相抵触。笔者认为,我国《宪法》第二十六条及《环境保护法》第六条、第二十四条可以作为实施该制度的依据,但要使该制度成为一项法定权利和义务,还需要加强和完善立法。企业环境监督员由企业内部员工兼任,没有独立地位。同时,环境监管涉及到生产的全过程,但环境监督员属生产辅助管理岗位,在生产管理中的地位不高,环境监管难以到位。

第二,企业环境监督员的法律地位尴尬,内部监督机制尚未完全建立。由于企业环境监督员身兼"监督管理"与"业务执行"双重职务,在法律上的定位还不甚明确,因此在试点工作中,环保部门和试点企业对于环境监督员的地位、性质、应履行的职责以及未尽职所应承担的责任等问题均难以把握。此外,尽管各试点企业完善了企业内部环境管理机构的设置,健全了企业环境管理标准及办法规定,建立了各项环境应急预案及相应的奖惩制度以落实环境责任,但这些工作还不足以构成一整套内部监督机制,最关键的问题仍在于对企业环境监督员的定位不明。

第三,企业环境监督员的素质参差不齐,业务水平还有待提高。在整体思想和认识上,由于缺乏法律保障及相应奖惩机制,部分企业实施这项制度时的积极性不高,对企业的约束力不强。各试点企业大多选聘企业内原从事环保工作的人担任环境监督员,虽然他们都经过了上岗前的培训,但由于人员水平参差不齐,而且有的培训流于形式,导致各企业试点工作开展的程度和效果存在较大差距。企业环境监督员作为一支专门性队伍,因为职责的多样性而使业务执行变成了主要任务,忽视甚至失去了监督管理这一重要使命,从而影响他们功能与作用的正常发挥。

三、外部强制型环境管理的国际经验及其启示

加强重点污染企业的外部环境监管是世界各国的共同选择，各主要国家基于其政府行政管理的特点，虽然在环境监管的方式上有所差异，但基本方向是一致的。

（一）主要国家环境监管的制度方向

在德国环境法上，环境受托组织是依据相关环境法律以及在其授权所制定的相关行政命令下所设立的企业内部单位。凡是符合法定要求应该设置环境受托组织的，不论是一般民营企业还是其他公营机构，都必须依法设置并且雇用具有一定专业资格的环境保护专业人员执行相关法定任务，否则在设施、项目申请设置或运转时，主管机关就可以以申请许可不符合法定条件为由，驳回该企业或公营机构的设置申请。[①]

美国联邦政府环境保护署（Environmental Protection Agency，简称 EPA）依据功能分工与事务分工的原则，设置有不同的单位，其中与环境法规的执行、督察任务有紧密关联的两个单位是"执行及遵守确保室"（Office of Enforcement & Compliance Assurance，简称 OECA）和"督察长室"（Office of Inspector General，简称 OIG）。前者 OECA 的主要工作是推行美国环保法令、监督法案的执行并提供协助促使各受管制单位能设法达到污染的防止。后者 OIG 的工作是协助环境保护署更有效率且更省费用地执行环境保护事务，为了确保其独立性，其经费来源由国会另行编制预算，不由环境保护署内另外拨款。[②]

---

① 陈慈阳. 合作原则之具体化——环境受托组织法制化之研究[M]. 台北：元照出版公司，2006：13—15.

② http://www.epa.gov/oigearth，2009-03-16.

美国联邦环保法令具有"命令加控制"和"经济诱导"两种管制方式。联邦法律并没有强制要求企业内部设置环境受托组织的规定。在行政、立法、司法三权分立、相互制衡观念根深蒂固的美国法制制度下，无论是以"命令加控制"还是"经济诱导"的管制方式要求企业内部设置环境受托组织，其成效都不会明显，这也可能是美国联邦法律并没有强制要求企业内部设置环境受托组织的主要原因。即便没有法律的强制要求，但在州政府或联邦政府进行监控的机制中，社会环保公益团体或社区组织的影响与作用是相当大的。每一个不同机构、社会的每个部门都在环境监管中扮演不同的角色。立法者最重要的任务就是建立完整的"游戏规则"，让不同的利益主体参与到这个过程中来，通过清晰明确的责任界定，使企业知悉其环境社会责任而为相应行为。

日本昭和五十四年制定的《能源合理使用法》第七条明确规定了能源管理士制度。① 能源管理士依据其设置场所不同，可区分为"热管理士"和"电气管理士"。其设置的行业主要有制造业、矿业、电气供给业、瓦斯供给业和热供给业。能源管理士的职权在《能源使用合理化法》第九条有明文规定，其职权的内容也具有双重性质，除了业务执行之外，也包括监督性质的职权。② 此外，《能源使

---

① 《能源合理使用法》第七条（能源管理者）第一种特定事业者对于自己所设立第一种能源管理指定工厂，分别依照经济产业省命令规定的标准，必须选任持有能源管理执照的能源管理者。

② 《能源使用合理化法》第九条：能源管理者关于第一种热管理指定工厂，必须管理促使燃料使用合理化等进行消费燃料设备的维修，燃料等使用方法的改善以及监视，其他经济产业省所定的业务；关于第一种电气管理指定工厂，必须管理促进电气合理使用化消费，电气设备的维修，电气使用方法的改善以及监视，其他经济产业省令所定的业务。

用合理化法》第十条第二项、第三项分别对能源管理士的职权作了特别说明,明文规定其行使职权时,对于企业及企业的从业人员,都具有一定的拘束力。①

我国台湾地区环境保护专责人员制度的法律依据在于《空气污染防制法》第三十三条、《水污染防治法》第二十一条以及《毒性化学物质管理法》第十六条,详见表4。

表4　台湾地区环境保护专责人员制度的法律依据

空污法第三十三条	水污法第二十一条	毒管法第十六条
经中央主管机关指定公告之公私场所,应设置空气污染防制专责单位或人员。 前项专责人员,应符合中央主管机关规定之资格,并经训练取得合格证书。 专责单位或人员之设置、专责人员之资格、训练、合格证书之取得、撤销、废止及其他应遵行事项之管理办法,由中央主管机关会商有关机关定之。	事业或污水下水道系统应设置废(污)水处理专责单位或人员。 专责单位或人员之设置及专责人员之资格、训练、合格证书之取得、撤销、废止及其他应遵行事项之管理办法,由中央主管机关定之。	毒性化学物质之制造、使用及贮存,应依规定设置专业技术管理人员,从事毒性化学物质之污染防制、危害预防及紧急防治。 前项专业技术管理人员之资格、证照取得及撤销、训练、人数、执行业务及其设置管理办法,由中央主管机关定之。

---

① 《能源使用合理化法》第十条:能源管理者必须诚实地履行其职务。第一种特定事业者关于能源使用的合理化业务,必须尊重能源管理者于进行该相关职务时所提出的意见。第一种能源管理指定工厂的从业员,必须服从于能源管理者进行该相关职务必要时所做的指示。

"环保署"公布的《环境保护专责单位或人员设置及管理办法》第十四条明文规定了专责人员的资格及种类、专责单位的设置标准、专责单位的设置形态、专责单位可以行使的权限、专责人员的惩处以及本办法公告之后的过渡规定、专责单位或人员的职权。归纳起来主要体现在以下几个方面:(1)厘定污染防制计划;(2)监督和管制;(3)拟定紧急计划及申报资料;(4)协助改善计划的执行及其他事项。

(二)国际经验与我国企业环境监督员的制度比较

如前所述,受托管理是各国环境监管的基本方向。德国的环境受托组织在其中具有相当的典型性,其制度内容也基本涵盖了受托管理模式的全部要点。

其一,监督对象的选择。目前我国环境监督员制度试点是国家重点监控污染企业,各地环保部门认为有必要的省市级重点监控企业也可以纳入。根据先期试点城市的方案,监督员依据所在企业推荐→征得本人同意→环保培训考核取得执业资格→环保部门颁发证书这一程序进行。在实践中,地方政府往往采用颁发聘书的形式,这实际上是改变了《试点通知》中所确立的"环保部门与企业的伙伴关系",成为环保部门请人来监督企业,弱化了企业自觉加强管理、自主改善环境行为的初衷,也不利于企业环境监督员开展工作。

与我国政府主导方式所不同的是,以德国环境保护受托组织制度为代表的受托管理是一种自下而上的内发型模式。德国《联邦污染防制法》第五十三条从污染防制的角度出发,只要是设备所排放的污染物质、抑制污染物质所造成的技术性问题,或者依产品的特质,其所产生的空气污染、声响、震动等,将对造成环境有害影响时,该企业就有义务设置环境保护受托组织。①

其二,性质定位的比较。我国企业环境监管人员包括企业环境管理总负责人和企业环境监督员,二者都不属于企业行政管理职务,都要实行培训持证上岗制度,并将逐步实施职业资格管理。企业环境管理总负责人在企业内全面负责环境管理工作,对企业环境监督员进行指导、监督,承担企业环境行为法律责任,由企业厂长或负责环境管理的副厂长或其他同等级别的人担任,应取得环保部颁发的培训合格证书。企业环境监督员在企业环境管理总负责人的领导下,具体负责企业的污染防治、监督、检查等环境管理工作,承担其工作范围内的法律责任,并取得环保部颁发的培训合格证书。

与我国相比较,德国受托组织中明文规定了从业人员所受到的保障,其保障的项目有两大类:一为执行职务的保障,二为工作

---

① 《联邦污染防制法》第五十三条——污染防制之事业受托组织的聘任,(1)须申请设置许可的设备,依其设备的种类与规模并且具备以下特性时,事业之环境保护受托组织的设置系属必要时,则设备的所有人必须聘任一名或数名环境保护受托组织:一是设备所排放的污染物质;二是抑制污染物质所造成的技术问题;三是产品的特质,其所产生的空气污染或声响或震动等将造成有害的环境影响。前述所称之须申请设置许可的设备,由环境保护署邀集利害关系人举行听证会后(依据本法第五十一条),并获得联邦参议院同意后,以命令公告之。(2)主管机关基于前述第一项第一款所规定的原因,认为事业之环境保护受托组织的设置系属必要时,得针对法规命令所未包括的须申请设置许可的设备所有人以及不须申请设置许可的设备所有人,命其一名或数名环境保护受托组织。

权的保障。而企业环境监督员制度对此并无特殊规定,因此企业环境监督员与企业的关系回归到一般的雇佣关系,适用《民法》、《劳动合同法》等规定。是否要对企业环境监督员为进一步的工作权提供保障,仍须回归到其定位的问题上。

其三,职权任务的比较。根据《企业环境监督员制度建设指南(暂行)》(以下简称《建设指南》)的要求,企业环境监督员负责监督检查企业的环境守法状况并保持相对稳定。《建设指南》对企业环境管理总负责人和企业环境监督员的职责作了详细规定。从实践来看,企业环境监督员在我国现行试点中具有两种特性,一为"监督管理",二为"业务执行",且由于任务的多样性而导致后者变成了主要任务。

德国《联邦污染防制法》第五十四条也规定了环境保护受托组织的任务。与我国相比较,环境保护受托组织的任务定位在企业的内部监控,包括监控生产过程是否符合相关法规,并记录污染物的排放等。而在生产过程的改善上,受托人也有促进绿色生产的职责,并给企业提供相关的法令咨询。环境保护受托组织并未参与事业体的生产制造过程,其特殊权限在于"报告权"。管理阶层在决策时,受托组织可以在第一时间提供环保资料,进而从源头避免污染产生或污染减量;而到执行阶段,"报告权"的行使可以使管理阶层在第一时间知悉企业的污染情况进而采取相应措施。受托组织既是管理层的咨询单位,同时更是监督单位。由于受托组织并不直接执行生产业务,与生产过程中所产生的污染并无直接利害关系,不需要为此而负担法律责任,因此能够更客观中立地监测、记录生产过程中所产生的各种污染。所以,德国环境保护受托组织定位在企业的"内部监督"机制,属于直接对管理阶层负责的内部组织。

德国环境保护受托组织定位为企业的内部监督机制,而我国企业环境监督员在职权的行使上,目前最大的问题在于"监督"与"执行"集于一身。由于其同时担负业务执行的职责,导致了监督功能的失灵。

(三)国际经验之于我国制度发展的借鉴意义

在借鉴和引进环境受托组织制度时,应该在"内部监督"的精神下,针对组织的定位、职权以及我国的具体国情进行移植,并在实施过程中加以本土化。

其一,职权内容。为了避免"监督"与"执行"两种性质冲突的职权相互混淆,有必要使内部监督组织仅行使"监督"的职权。这就意味着担任监督职权的人只处于客观的地位,对于企业内部的业务执行人员进行监控,并对任何与环境保护相关的事项进行监督检查。就我国企业环境监督员制度的实施而言,应保留其监督的权利,扩及到对企业内部环境保护策略的咨询,而将业务执行权交回相应的业务人员。根据企业规模,在必要的情况下还应设置专责监督的内部机构。

其二,任职资格。目前,我国企业环境监督员实行的是培训合格持证上岗,也即是一种"资格制"。环境监督员并非受行政机关委托行使公权力,其行使的权限仍属企业内部的权利,实则为一种私权自治。持证上岗就是所谓的"证照制度",其核心在于对专业技术的认可环保。专业知识和能力是对环境监督员的基本要求,必须视其职权的具体内容来设计适合执行内部监督工作的资格。

其三,地位保障。在企业内部,决策机关股东会与执行机关董事会对企业的政策决定和业务执行都相当重要。但由于内部监督机构行使的监督职权具有一定的专业性和技术性,并且对企业营运担负责任的是董事会,股东仅仅以出资为限承担责任。因此,企业环境监督员应向董事会负责,未设董事会的企业则应向最高管理层负责,并且在组织体系上应提高层级,使之直接隶属于企业的管理阶层。

其四,劳动保障。就目前的情况看,环境监督员只是企业内部的一般员工和受雇者,仅仅受到劳动基本法的保障,这种一般保障程度对于专司内部监督职责的人员似乎有些不够,有必要加以适度强化。笔者以为,对于其聘任、职权指定及变更等,都应向行政机关报备;如要解聘,则必须具备法定要件,可以在法律中明确授权给行政机关以行政法规为之,但要求必须向行政机关报备这一程序。

四、我国重点污染企业外部环境监督制度的完善

企业在环境问题与经济发展中扮演着十分重要的角色。如何转变我国目前政府主导型的环境监管模式,实现政府、企业与公众的良性互动是下一步制度改进的基本思路。

从国际层面观察,环境保护一方面要从国家管制进入到污染者自我管理,期望达到政府、企业与人民相互合作的目的;另一方面,不论是污染防治还是自然生态保护,重点都要从以往的管制和污染排除提前到预防阶段措施的采取。[1] 世界各国莫不在环境政

---

① 陈慈阳.合作原则之具体化——环境受托组织法制化之研究[M].台北:元照出版公司,2006.

策上寻找对环境永续利用与经营最有效率且可实现不同环保要求的手段,降低管制和给予企业有为环境友好行为自我负责的空间,这成为21世纪以来环境可持续发展不可或缺的思考模式和具体措施。

企业环境监督员制度是我国在参照日本公害防止管理员制度并结合实际国情而制定的,其试点实施正是环境行政管理体制改革和企业环境自律与自治的体现。环境受托组织制度是国际社会实现环境管理自律与自治的重要经验,我国应当借鉴环境受托组织的理论与实践,进一步明晰企业环境监督员的法律地位,通过企业环境监督员的选任和管理以及环境信息和资讯的公开等方式强化这一制度的公信力,等运行成熟后将其作为我国环境行政管理的一项常规制度予以确立。

(一)从指定到法定——企业环境监督员的设置

我国企业环境监督员制度的设置是从上而下的外催型模式,哪些企业需要设置企业环境监督员是由环保行政部门决定的,暂无法定设置标准。在德国环境法中,不论是《联邦污染防制法》、《水资源管理法》还是《循环经济废弃物管理法》,都将受托组织的设置标准明确授权给行政机关行使。在程序上,都要求环境保护署必须邀集利害关系人举行听证会,经由听证会程序汇集各种资讯订出设置标准,再由联邦参议院同意后,以命令的形式公告该标准。两者从表面看来都是一种行政行为,但是我国这种行政决定欠缺法的规范因素,应该在环保基本法规中予以明定。只要符合法律规定的情形,企业就应该自觉自主地建立和实施环境监督员制度,由外催型模式向内发型模式转变。

（二）从执行到监管——企业环境监督员的身份定位

环境监督员与企业间其实是监督与被监督关系,也就是说,企业环境监督员应定位于企业的"内部监督机构",其并不直接参与企业的具体业务和操作,仅仅只执行环保法律法规所明文规定的职权。

企业环境监督员的选任一是要能够胜任对企业环境行为进行监督的职责,二是要自愿并敢于监督,同时被所在企业认可。[①] 由于企业环境监督员是中介于政府与企业间的特殊角色,因此,在企业环境监督员的管理上不能只限于企业的内部管理,也包含从业人员的雇用以及建立从业人员的职业伦理等。企业环境监督员的受雇过程应该是公开透明的,在程序上,企业和受雇人员都必须通知所属职工工会,让工会知悉其雇佣关系的存在,也必须向当地环保行政主管部门备案,日后视制度运作的情形,再适度强化工会对此雇佣关系的监督。也就是说,由现在的报备制逐步转为许可制[②]或者指定制[③],至于采取何种制度,则要视污染源的不同和污染的规模而为不同设计。

从应然角度看,环境监督员与企业间由于监督与被监督关系

---

① 施德国. 亟待建立的企业环境监督员制度[J]. 环境经济,2006(6).

② 所谓许可制,是指职工工会对于企业与环境监督员之间的雇佣合同享有适度的许可权,或者职工工会可以依据法定的原因而否定甚至撤销该雇佣合同。

③ 所谓指定制,是指赋予职工工会有指定受雇人的权力,也就是说,职工工会可以指定特定人员担任企业的环境监督员,以避免企业与环境监督员之间的不当约定。

的存在,必然会有一定程度的紧张和冲突。在制度设计上,就必须进一步明确对企业环境监督员的执业保障,否则其根本无从独立行使监督的职责。因此,相关的环境法规都应明文规定,企业环境监督员聘任的程序、任务的指定及变更等,都必须通知主管机关,也必须通知所属职工工会。对企业环境监督员不得为不利益的处分,其解雇也必须具备法定的条件。此外,企业也必须提供足够使环境监督员能完成任务所必要的设备和协助。这种全过程的保障机制,可以确保企业环境监督员执业的独立性,也有利于这一制度得以贯彻和落实。

(三)从静态到动态——企业环境监督员的职能改进

企业环境监督员制度对于环境法所产生的是一种动态的、整体的效益,可以分为不同的阶段,而各阶段都有不同的执行措施与组织人员的配置问题。[①]　详见表5所示。

表5　　　　　　　　　环境法的运行与阶段效益对照表

环境法的运行阶段		不同阶段的效益
预防阶段	企业环境监督员制度	A、企业政策决定　B、污染预防
管制阶段		A、污染源监控　B、污染监测
救济、整治阶段		A、污染鉴定　B、法律救济　C、事实整治

在环境影响评价或者环境计划等预防行为阶段,企业环境监督员具有在环境保护上的决策功能,促使企业经营者在规划、设

---

①　陈慈阳.环境法总论[M].台北:元照出版公司,2003:57.

厂、营运、销售等各个阶段做出决定的时候,就纳入各种环境保护的考量。最佳的环境保护措施就是在环境危害尚未发生而有发生之虞时,或者仅仅有预见可能性时,就已经被排除或使之不存在。环境监督员对企业所提供的意见,可以适度影响企业经营策略的决定,从源头开始控制污染的产生。因此,预防性质的环境保护措施具有重要意义,而企业环境监督员在此过程中发挥居间协调者的作用。

行政管制包含法律上的禁止与命令及个别的处分行为。相对于影响性措施而言,其较为僵化和固定,但却有法的强制性及可预见性的优点。管制阶段环境法的功能在于污染源的监控和污染的监测,这一工作需要派出大量的稽查人员,给环保机关造成了沉重的负担。环境监督员可以先从企业内部进行监控,再由他们将相关资讯回报给环保机关,使环保稽查工作由主动出击转换成被动接受,这样便可节省大量的人力和物力。

在污染事故的救济和整治阶段,企业环境监督员可以扮演积极的角色。环境监督员已经对企业的污染物排放进行监测,取得了第一手资料并且已经进行了相关物证的采集,可以作为公害纠纷处理的重要参考依据。① 在环境损害赔偿方面,由于企业环境监督员对资讯掌握方式的直接和程度的充分,使之在过失责任认定、因果关系界定、污染者的确定及损害赔偿的范围等事项上能提供有效辅助。

---

① 企业环境监督员在环境保护的所有环节所收集和掌握的资料均来自企业生产经营第一线,除了作为纠纷处理的重要参考依据之外,如何使用这些资料建立起一个完整的环境资讯信息库,也是一个值得研究的课题。

（四）从被动到主动——企业环境监督员的环境信息披露职权

从环境信息的取得来看,排污者的自利行为会导致排污申报登记数据的失真,而政府环境管理行为也难以超越传统"政府失灵"的泥沼。降低环境管制、给予企事业体有为环境友善行为自我负责的空间,是完善我国环境监督员制度的重要内容。

2006 年以来,欧洲各国的 PRTR 制度在保障公众环境信息知情权、提升公众环境参与度方面效果显著。① 我国的排污申报制度在这方面还远远不足。因此,国家环保总局 1992 年发布的《排放污染物申报登记管理规定》有必要适应《环境信息公开办法》的立法要求,面向公众环境知情权的保障作出修改和调整。目前宜在第 14 条增加一款"排污申报档案、排污申报数据库应当向公众开放"。企业环境受托人所从事的信息通报、决议执行等工作对于环境信息的准确及时汇总显然是意义重大,《环境信息公开办法》有必要在其中直接赋予企业环境受托组织环境信息披露的职权。

第二节　标准化环境管理——基于

ISO14000 环境管理的实践

20 世纪是人类物质文明高度发达的时期,但是也是生态环境遭到严重破坏的时期。人类社会面临着前所未有的生存危机,因

---

① Portney Paul R Stavins Robert N. Public policies for environmental protection[M]. Shanghai: Shanghai San lian Bookstore, Shanghai People Press, 2004:349.

此,国际社会中环境保护的呼声也越来越高,并演化为全球绿色浪潮。各国政府和人民也逐渐认识到要在全球范围内保护人类生存环境的严重性和迫切性。

1992 年,联合国环境与发展大会在《里约热内卢宣言》中以"可持续发展"为主题,标志着人类告别传统发展和开拓现代文明的开始。在国际贸易方面,一些发达国家政府凭借其技术优势,通过推动环境立法,采用环境管理标准等方式,对商品准入进行限制,用绿色保护来实施其对发展中国家的贸易限制和歧视行为。由于发展中国家技术、经济等实力落后,很难达到其规定标准,自然使发展中国家的产品被排斥在世界市场之外,形成了当今国际贸易中的绿色贸易壁垒。国际标准化组织(The International Organization for Stan-dardization)为保护全球环境和世界经济的持续发展,制定了统一的 ISO14000 系列全球环境管理标准,用来缓解和消除由此引发的摩擦与争端,实施了国际统一的环境管理标准——ISO14000 系列环境管理标准。我国在加入 WTO 之后,面临着与世界各国在国际市场的公开竞争,是否实施 ISO14000 标准将直接影响到我国企业能否突破贸易壁垒在国际竞争中取胜。

一、绿色管理与 ISO14000 环境管理标准的形成

所谓绿色管理,就是指企业根据可持续发展思想和环境保护的要求,所形成的一种绿色经营理念及所实施的一系列管理活动。可持续发展和环境保护是"绿色"的内涵,是核心,它要求社会的发展、经济的增长必须要与环境相协调,本质是以环境保护为载体所实施的一种人本管理。

绿色管理与传统的管理相比,在传统的企业经济活动中,因采用"高投入、高消费、高污染"的生产模式,造成资源严重浪费和环境严重污染。而绿色管理则跟传统的模式有着巨大的不同:(1)管理目标方面,传统管理只是单纯的追求经济效益,绿色管理则追求经济效益与环境效益的统一;(2)资源利用方面,传统管理浪费严重,对资源的消耗要比绿色管理高的多,而绿色管理则更多地体现了对资源的整合利用与合理节约;(3)环境污染方面,传统管理是直接将生产垃圾直接投放大自然,采取自然分解法分解,分解慢且污染严重,给环境造成了巨大的负荷,而绿色管理则要求尽量的进行回收再利用,污染基本上没有或较少,不为环境造成负荷;(4)在处理污染方面,传统管理模式是采用"谁污染,谁治理"、"先污染后治理"的处理方式,往往存在污染容易治理难,治理的成本大于污染得到的收益,而绿色管理则是通过"源头治理+综合治理+污染与治理并举"的措施以减少污染物的产生,并降低对环境的排放,达到对环境的不污染的目的;(5)生产成本和发展方面,传统管理模式是一次性消耗,资源利用率相对较低,而绿色管理则是对资源的重复利用,节约性和循环性较好,在降低成本、增加企业二次利润方面,更是远远超过了传统管理模式。

由于我国企业的绿色管理起步晚,发展相对迟缓,造成一些企业仍存在以下方面的问题。(1)战略方向不明。我国企业长期的粗放经营,造成环保意识的不足,对绿色管理认识不足,这影响了我国企业绿色管理的发展进程。(2)意识淡薄,对绿色管理理念的重视不够。整个社会公众的绿色环保意识淡薄,整个社会、政府、企业对绿色管理的重视程度不够。(3)绿色产品不足。我国只是在绿色食品方面开始了起步阶段,并且不是很成规模,更不用说在整个社会,尤其是在工业、制造业等行业开发绿色产品、提供绿色管理的例子是少之又少。(4)投入严重不足。资金的严重匮乏,是造成绿色管理研究成果不大的重要原因,与发达国家在绿色管理方面的研究和投入相比,我国的投入是远远不够。(5)绿色需求不足。消费意识的不到位,再加上绿色产品定价较高,造成了对普通消费者的负担增加。在人均收入较低的情况下,消费相对价值较高的绿色产品是需求量不大的主要原因。(6)法规不够健全。环保法规不够完善,难以有效调控企业实施绿色管理。虽然已经有了系统的环保方面的法律、法规,但是政企不分、以言代法、以权代法、有法难依的现象普遍存在,使政府不能有力地调控企业实施绿色管理。

ISO14000 是国际标准化组织(ISO)为保护全球环境,促进世界经济可持续发展,针对全球工业企业、商业、政府部门、非赢利团体和其他用户而制定的系列环境管理标准,是国际标准化组织继ISO9000 后的又一重大举措。ISO14000 环境管理标准主要包括环境管理标准、环境审核标准、标志标准、环境行为标准和产品生命周期评价标准,并向各国政府及各种组织提供统一的环境管理体系、产品的国际标准和严格规范的审核认证办法,其最终目的就在于激发企业自觉采取预防措施及持续性改善措施来达到改善环境的目的。它的推行对我国的环保事业和企业在国际市场中的发展有着积极的推动作用。

1987 年,ISO/IBC 颁布了第一个管理性系列标准,即 ISO9000质量管理和质量保证系列标准。这一系列标准一经颁布,立即引

起了国际社会的广泛反响。ISO9000 系列标准的最初成员国只有
56 个,目前已有 90 多个成员国,统一的管理性标准在国际社会产
生了深远影响。当前,美国、日本、西欧等国均已成功接纳了
ISO14000 系列标准,并已着手研究在国内施行相应的配套制度以
实现与 ISO14000 标准更好地融合。美国的一些环保、经济人士认
为,工业发达国家的许多大企业,虽然根据法律的要求达到了一定
的环保水平,但是不建立相应的管理体系未必能持续的达到要求。
ISO14000 系列标准就是达到要求的手段。在日本的大户头企业
中,有半数企业把环境保护确定为企业的基本方针,而且其中约有
60% 的企业正在设计环境管理制度。松下电器总部要求其海外
208 家生产型企业必须于 1998 年底之前取得 ISO14001 的认证。
不难看出,要想企业实现更好、更快的发展,积极采纳国际统一环
境标准是所有企业应当重视的关键环节。

　　ISO14000 是 ISO 推出的第二个管理性系列标准。ISO14000 系
列标准是由国际标准化组织(ISO)ISO/TC207 环境管理技术委员
会组织制定的环境管理体系标准,是顺应国际环境保护的发展和
坚持可持续发展的要求,并依据各国经济与贸易发展的需要而制
定的,目的在于规范企业的所有活动、产品和服务的环境行为,确
保其支持环境工作。ISO14000 环境管理系列标准目前有 80 多个
成员国和 16 个国际组织,中国是成员国之一。希望通过建立、实
施环境管理国际标准,来减少组织各项活动所造成的环境污染,节
约能源、资源,最终改善环境质量,以促进我国的可持续发展。

　　ISO14000 系列标准号从 14001 至 14100,共 100 个标准号。
ISO/TC207 组织于 1996 年 9 月 1 日和 10 月 1 日先后颁布了

ISO14001、ISO14004、ISO14010、ISO14011、ISO14012、ISO14040 六个国际标准(如表6)。

表6　　　　　　　环境法的运行与阶段效益对照表

序号	标准号		标准名称
	国际	中国	
一	ISO14001	GB/T24004	环境管理体系—规范及使用指南
二	ISO14004	GB/T24004	环境管理体系—原理、体系和支撑技术通用指南
三	ISO14010	GB/T24010	环境审核指南—用原则
四	ISO14011	GB/T24011	环境管理审核—审核程序—环境管理体系审核
五	ISO14012	GB/T24012	环境管理审核指南—环境管理审核员的资格要求
六	ISO14040	GB/T24040	生命周期评估—原则和框架

　　无论是在中国还是在世界上,有两个问题长期得不到解决,一个是资源浪费与破坏;另一个是生产与消费过程对环境的污染。只对技术、性能等个别事项指定单个的国际标准已不能满足国际社会的持续发展要求,必须通过制定环境管理系列标准解决问题。而 ISO14000 系列标准的制定和颁布,正是这种国际要求的体现。ISO14000 的出台是实施全球 21 世纪议程和可持续发展战略而采取的一项具体措施,它的出台将对推动全球实现可持续发展战略产生深远影响,也将使企业、工商界面临一个新的挑战和机遇。

　　1993 年 6 月,国际标准化组织(ISO)成立了 ISO/TC 207 环境管理技术委员会,正式开展环境管理系列标准的制定工作,以规范企业和社会团体等所有组织的活动、产品和服务的环境行为,支持全球的环境保护工作。国际标准化组织在总结了世界各国的环境管理标准化成果并具体参考了英国的 BS7750 标准后,于 1996 年底正式推出了一整套 ISO14000 系列标准,这一系列标准至今仍在不断完善中。环境管理体系的基本要求有:建立文件化的环境管理体系;制定环境方针,作出环境保护的承诺;识别企业的环境因素,制定目标指标以改善环境状况;要求制定治理污染方针,持续改进,遵守法律法规;针对企业的重要环境岗位,建立作业程序加以控制;注意各方面的信息沟通;要求对紧急突发事件,建立应急和响应计划。

通过提高企业环境管理水平,可以提升企业形象,提高企业及其产品在市场上的竞争力,也可以避免越来越严厉的国家政策、法律的制裁。当政府出台相对较严格的排污治理政策、法规时,如果不能够达到要求,将受到较为严厉的经济制裁,这将是企业所不能接受的。

据不完全统计,至 1999 年底,全球共有 13386 家企业获得了 ISO14000 标准认证。我国于 1996 年开始进行 ISO14000 国际标准管理体系认证试点,截至 2010 年 4 月底,我国通过认证的组织数只有数百家。为顺应市场环保的发展趋势,我们应建立产品生产的环境管理体系,并对出口产品生产技术、工艺、设计、包装按照"绿色化"要求加强改进。只有通过 ISO14000 环境认证,取得国际贸易的绿色通行证,并以此来树立消费者青睐的绿色形象是我国企业面临的重大选择。海尔集团是我国第一家获得绿色认证的企业,由于实施 ISO14000 标准,企业进一步深挖节能降耗潜力,各分厂物耗总额下降 34.8%,折合单台冰箱物耗下降 82%。海尔无氟绿色冰箱在欧洲市场的销量连年翻番,也成为亚洲向欧盟出口冰箱最多的企业。

二、ISO14000 制度的特点及其实施状况

（一）ISO14000 制度的特点

ISO14000 是国际标准化组织制定的环境管理国际标准，是目前最具代表性的绿色认证。它包括环境管理体系、环境管理体系审核、环境标志、生命周期评估和环境行为评价几个方面。其基本思想是污染预防和持续改进，要求企业建立环境管理体系，使其活动、产品和服务的每一个环节的环境影响最小化，并在自身的基础上不断改进。

ISO14000 环境管理体系标准的特点主要有以下几点。（1）全员参与。ISO14000 系列标准的基本思路是引导建立起环境管理的自我约束机制，从最高领导到每个职工都以主动、自觉的精神处理好与改善环境绩效有关的活动，并进行持续改进。（2）广泛的适用性。ISO14000 系列标准在许多方面借鉴了 ISO9000 标准的成功经验。ISO14001 标准适用于任何类型与规模的组织，并适用于各种地理、文化和社会条件，既可用于内部审核或对外的认证、注册，也可用于自我管理。（3）灵活性。ISO14001 标准除了要求组织对遵守环境法规、坚持污染预防和持续改进做出承诺外，再无硬性规定。标准仅提出建立体系以实现方针、目标的框架要求，没有规定必须达到的环境绩效，而把建立绩效目标和指标的工作留给组织，既调动组织的积极性，又允许组织从实际出发量力而行。标准的这种灵活性中体现出合理性，使各种类型的组织都有可能通过实施这套标准达到改进环境绩效的目的。（4）兼容性。在 ISO14000

系列标准的标准中,针对兼容问题有许多说明和规定,如 ISO14000 标准的引言中指出"本标准与 ISO9000 系列质量体系标准遵循共同的体系原则,组织可选取一个与 ISO9000 系列相符的现行管理体系,作为其环境管理体系的基础"。这些表明,对体系的兼容或一体化的考虑是 ISO14000 系列标准的突出特点,是 TC207 的重大决策,也是正确实施这一标准的关键问题。(5)全过程预防。"预防为主"是贯穿 ISO14000 系列标准的主导思想。在环境管理体系框架要求中,最重要的环节便是制定环境方针,要求组织领导在方针中必须承诺污染预防,并且还要把该承诺放在环境管理体系中加以具体化和落实,体系中的许多要素都有预防功能。(6)持续改进原则。持续改进是 ISO14000 系列标准的灵魂。ISO14000 系列标准总的目的是支持环境保护和污染预防,协调它们与社会需求和经济发展的关系。这个总目的是要通过各个组织实施这套标准才能实现。就每个组织来说,无论是污染预防还是环境绩效的改善,都不可能一经实施这个标准就能得到完满的解决。一个组织建立了自己的环境管理体系,并不能表明其环境绩效如何,只是表明这个组织决心通过实施这套标准,建立起能够不断改进的机制,并通过坚持不懈地改进,实现自己的环境方针和承诺,最终达到改善环境绩效的目的。[①]

(二)ISO14000 制度在国外的实施状况

在欧洲,1992 年英国制定了国家标准 BS7755,1993 年欧盟开

---

① 刘春清,张万玉,鲍承昌. ISO14000 环境管理体系标准——进入国际市场的绿色通行证[J]. 中国造船,2002,10(43).

始实施生态管理和审核计划(EMAS)。由于 BS7755 和 EMAS 标准相对严于 ISO14000 的要求,因此,正得到这两个标准认证的企业经换证审核,很快就获得了 ISO14001 认证证书。近年来,德国西门子,芬兰诺基亚,瑞士汽巴、嘉巴集团都要求其供货方进行 ISO14001 认证。

美国 1996 年 6 月正式启动 ISO14000 试点认证工作,能源部要求其合约商必须全部通过 ISO14001 认证,大的企业集团如克莱斯勒、通用汽车、施贵宝等,都要求在全球的生产厂商通过 ISO14001 认证。1998 年 4 月 28 日,美国众议院科学委员会科技小组召开"国际标准、自由贸易的技术障碍"听证会,要求深入开展 ISO14000 环境管理认证工作。

日本因在 ISO9000 标准实施上迟了几年,对外贸易遭受了极大损失,所以对 ISO14000 的推行十分积极,一些大的企业集团,如松下、三洋、索尼、佳能、夏普等,都要求在全球的所有制造厂商必须在一定时间内取得 ISO14001 认证证书。从 1996 年至 1998 年,日本 ISO14001 认证企业已超过 1100 多家。

在亚洲,1997 年亚洲金融危机的爆发,使韩国的经济陷入萧条,但有识企业家认识到了提高企业竞争力、提高管理水平的重要性,ISO14001 认证的势头从而突飞猛进。韩国还对部分行业强制实施 ISO14001 环境管理体系认证。印尼对出口企业强制实施 ISO14000 环境管理体系认证。马来西亚、泰国相继出台了一些措施,推动企业进行 ISO14001 认证。新加坡政府对实行 ISO14000 认证的企业给予一定的补贴,认证费用可以在税款中扣除;还制定了帮助中、小企业取得 ISO14001 认证的方案。

不难看出,不论是经济比较发达的北美,还是工业社会较早完成的西欧,甚至是两者都不太突出的东亚、东南亚等国家,都开始采用强制或自愿的形式推行国际贸易统一标准——ISO14000 企业环境体系认证。毫无疑问,这是一个大趋势,是不可逆的国际潮流。这将对全球环境的改善和人类生活环境的维护起到很重要的积极作用,也在一定程度上对某些没有采用该标准的国家或企业提出了严峻的挑战。

(三)我国企业实施标准化环境管理的必要性

对于企业来说,ISO14000 的出现是给了中国企业一个非常好的机会:相当于跟国外企业站在同一起跑线上,给了中国企业进入世界市场的机会。ISO14000 被称为国际贸易中的"绿色通行证",只要企业能够得到认证,就是给了企业进入国外市场的一个绿卡。ISO14000 所能解决的不光是为了生产绿色产品,更能解决防污降耗增效问题,适应中国企业的迫切需要,给了中国企业化劣为优、转弱为强、后发先至的机会。

1. 内外压力促使企业实施 ISO14000 标准

首先是来自外部的压力。(1)法律法规明确规定要求实施ISO14000 制度:我国是 ISO14000 环境管理体系认证的成员国之一,我国法律明确要求重污染行业企业应当建立 ISO14000 环境管理体系认证。企业要遵守法律规定,就要严格规范生产管理的各个环节,确保企业的所有活动符合 ISO14000 的标准。(2)国际市场竞争的动力要求我国企业实施 ISO14000 制度:由于世界经济的不平衡,发达国家运用环境保护来实施其对发展中国家的贸易限制和歧视行为,使发展中国家的产品被排斥在世界市场之外。目前国际贸易中对环保标准包括对 ISO14001 证书的要求越来越多，一旦获取了 ISO14001 认证证书就等于取得了一张国际贸易的"绿色通行证"。此外,通过获取 ISO14001 证书可提高企业形象和声誉,同时向外界展示企业落实"环境保护是我国的一项基本国策"和严格执行环境保护法律法规及其标准。由于近年来国际贸易中的绿色壁垒,我国企业的发展受到很大的阻碍,近年来因遭受绿色壁垒而受阻出口的商品价值达近千亿美元。因此,鼓励企业采用 ISO14000 国际环境管理标准认证,对企业在国际市场中的竞争有重大意义。(3)公众对环保质量要求提高的压力促使我国企业实施 ISO14000 制度:随着当前环保宣传等活动的影响,民众的环保意识不断加强。一些调查证实,80% 的民众在购买消费品时愿意多付出一定的成本来购买绿色产品,消费后的废弃品也会采取相对环保的方式进行处理。可想而知,如果某个企业的生产严重污染环境或者是其产品严重污染环境,那么毫无疑问会受到公众的投诉和抱怨,相反,如果该企业已建立 ISO14001 环境管理体系,那么企业可以进一步塑造其在公众心中的良好环境形象,进而成为企业一笔无形的巨大财富。

其次是来自内部的压力。(1)企业环境意识要求实施 ISO14000 制度。建立环境管理体系,实施 ISO14001 标准,是企业对环境保护和环境内在价值进一步了解的要求,是增强企业领导和广大职工在生产活动和服务过程中对环境保护责任感的要求。通过实施 ISO14000 制度,能够使企业成员对企业本身和与相关方的各项活动中所存在和潜在的因素有比较充分的认识,使员工对企业产品、产品的生产流通,以及企业的管理有更加充分的了解,增强其对企业的主人翁意识,确保企业的各个环节都是符合 ISO14001 环境体系标准的。(2)企业管理水平要求实施 ISO14000 制度。ISO14000 是国际性的规范化环境管理体系标准,ISO14001 是企业申请认证标准的依据。按照 ISO14000 标准建立环境管理体系,企业可以对产品开发、工艺设计、材料采购、制造销售到产品报废的全过程进行控制。实践证明,预防污染贯穿于每个生产及管理环节,贯彻 ISO14000 标准会使企业的环境管理及污染预防能力都得到很大程度的提高,使企业的环境管理有明显的改善,并取得显著的环境绩效。按照 ISO14001 标准建立环境管理体系实施与运行,各部门职能清楚,配以培训制度、信息沟通制度、应急响应、监测与测量等都将有明显的改进。所以 ISO14001 标准的认证不仅可以规范企业环境管理行为,同时对企业的其他管理也有明显的促进作用。(3)实施 ISO14000 制度是企业落实节能减排工作的要求。ISO14001 标准要求对企业生产全过程进行有效控制,体现清洁生产的指导思想,从最初的设计到最终的产品服务都要考虑预防污染、达标排放和减少对环境造成的污染。对废水、废气、噪声、固体废弃物等重要环境要素,通过设定目标、指标、管理方案在运行过程中控制,可以使企业节省各项环境费用投资,降低成本,以获得显著的经济、环境、社会效益。

2. 增强企业在对外贸易中的竞争力

ISO14000 系列标准反映了保护人类生存环境、维护社会可持续发展的客观要求,与我国的环境保护的基本国策一致。所以,为了把 ISO14000 系列标准中提出的"全面管理,预防为主"的思想引入到我国的环境管理工作之中,准确地反映 ISO14000 的原意,保证我国企业在开展双边或多边环境管理体系审核、认证活动中与国际标准接轨,根据我国积极采用国际标准的技术经济政策,国家技术监督局宣布我国将等同转化 ISO14000 系列标准(代号为:GB/124000—ISO14000)并于 1997 年 4 月 1 日起正式施行,这标志着我国在执行环境保护标准方面与国际先进水平同步。实施 ISO14000 系列标准,可以有效地规范企业的活动、产品和服务,从原料的选择、设计、加工、销售、运输、使用到最终废弃物的处理进行全过程控制,以满足环境保护和可持续发展的需要。

实施 ISO14000 系列标准有利于增强我国政府部门、企业和全体人民的环保意识,有利于更好地发挥资源的效益,有利于我国的可持续发展。长期以来,随着经济的高速增长而我国又不重视环境保护和环境管理,因此环境受到严重污染和破坏。中央最近明令禁止发达地区的企业借"西部大开发"之名转移污染环境项目。可是使人感到遗憾的是,有少数污染环境、破坏生态平衡的项目已"捷足先登"。这更说明实施 ISO14000 标准的紧迫性。

企业实施 ISO14000 环境管理认证标准,既可节省环境治理费用,又可节省能源和原材料,从而降低产品的成本、增强企业在国际市场的竞争力。同时要提高全体职工的环保意识、加强环境保护科普宣传教育、唤起全体人员环境保护的自觉性和参与性。鉴于绿色产品在国际贸易商品结构中所占比重日益增大,实施 ISO14000 标准将有助于企业发展环保技术,开发绿色产品,提高产品在国际市场的竞争力。所谓绿色产品,是指对生态和环境无害、少害或能回收循环使用的产品。据 20 世纪 90 年代的两项调查显示:67% 的荷兰人、82% 的法国人、77% 的美国人在超市购物时会考虑环境因素,大多数英国人选购商品时还会考虑对环境是否有利,而日本人更愿出高价来购买"绿色食品"。所以企业全体员工必须明确:贯彻 ISO14000 标准是企业自身发展的需要,是对人类赖以生存的环境负责,也是对消费者负责,更是对子孙后代负责。

企业还必须加大环保投资力度,不断改进原有生产技术,逐步淘汰落后的技术和工艺;同时还要加大科技投入力度,加强绿色科技产品的开发,在生产和流通的各个环节都注重节约资源和保护环境,推动社会绿色消费,树立企业的绿色形象。随着环保新技术、新工艺的采用,产品中所含的技术知识将明显增加,这不仅能促进企业生产方式从传统的粗放型向集约型转变,还能使我国国际贸易商品结构日益由资源密集型、劳动密集型为主向技术密集型、知识密集型转变,促使企业打破绿色壁垒,平等的参与国际竞争,提高竞争能力,并在国际竞争中获胜。

三、企业 ISO14000 环境管理认证的主要环节

(一)积极推广和实施 ISO14000 环境管理体系认证

面对国际国内激烈竞争,我国企业必须要提高认识,高度重视 ISO14000 制度的实施工作,将其作为一个能够促进国际贸易,有利于提高企业环境管理水平和人员素质的行之有效的管理工具,抓紧推广和实施。同时,企业领导者也要从思想上高度重视环境管理体系的重要性,积极申请绿色标志,争取环境管理认证;建立相应的环境管理机构,并给予人力、财力和物力等方面的支持,加强对环保标准和法规特别是国际环境标准和法规的收集和分析,研究和制定相应对策,以保证环境管理体系的顺利实施与运行。

（二）加强员工培训，使其自觉地参与到环境管理体系的建立与实施中

贯穿环境管理体系工作始终的另一项重要工作是全员培训。建立和实施环境管理体系要强调全员参与，员工是环境管理体系的具体执行者，企业建立和实施环境管理体系的任何一个环节，都有赖于全体员工的共同努力，任何一个员工都不可能脱离于环境管理体系之外。只有全体员工共同努力，提高环保意识，才能使ISO14000管理体系得以有效地运行。因此，必须加强员工的培训工作，使他们了解环境管理体系的重要性，有能力并自觉地参与到环境管理体系的实施与维护中。

（三）将全过程控制污染、清洁生产纳入环境管理体系中

环境管理是企业赢得环境竞争优势的主要条件。环境意识的增强是实施环境管理的根本动力，ISO14000环境管理标准对环境意识提出了明确的要求，清洁生产是由末端治理转向生产的全过程控制的全新污染预防策略，以科学管理、技术进步为手段，通过节约能源、降低原材料的消耗、提高污染防治的效果、降低污染防治的费用，消除或减少工业生产对人类健康和环境的影响。企业应提高环保意识，加大环保投入，设置专门的环保机构和人员，把清洁生产、全过程控制污染，作为企业的环境方针、目标纳入到环境管理体系之中；积极开展产品的生命周期分析，加大对污染物质的回收和综合利用，减少资源的浪费；更多地从消费者的健康安全角度和生态环保的理念出发来设计产品；建立绿色销售渠道，实施绿色营销理念，积极参与各种与环保有关的活动，树立企业绿色形

象,以高质量的环保产品参与国际市场竞争。

(四)建立环境会计制度

所谓"环境会计",就是用货币金额来明确显示实施环境措施需要多少成本和通过实施环境措施能获得什么样的经济效益、社会效益和生态效益。[①] 其具体指标包括:(1)污染治理的费用成本;(2)废弃物综合利用的费用成本;(3)企业内部的环境教育费和宣传教育费等管理活动的成本;(4)通过社会活动为环保作贡献的"社会活动成本";(5)因事故而使环境遭到破坏时恢复环境需要的"环境补偿"的成本等。通过建立环境会计制度,促进企业不断改进,以较小的成本获得最大的效益。

(五)开展生命周期评价

生命周期评价(LCA)是对产品从原材料选取、能源使用、产品加工制造、直到产品用后最终处置的全过程进行环境影响识别、评价和改善的工具,也是 ISO14000 系列标准的重要指导思想。企业按照 ISO14000 标准的思想和要求,通过对产品或过程全部生命周期进行环境规划,使企业的环境管理和具体行动直接渗透到产品的生命周期过程中,从而推动污染预防的实施和环境表现的改进,确保企业产品生命周期的绿色环保。

(六)不断的持续改进

持续改进是企业建立 ISO14000 系列标准的核心。ISO14000 系列标准的总目的是支持环境保护和预防环境污染,进而协调它们

---

① 　吴赣,曹瑾.PCB 企业推行 ISO14000 认证浅析[J].印制电路信息,2007(12).

与社会需求及经济发展的关系。这个总目的是要通过各个组织统一实施这套标准才能实现。就每个组织来说，无论是污染预防还是环境绩效的改善，都不可能一经实施就得到完满的解决。一个组织建立了自己的环境管理体系，并不能表明其环境绩效如何，只是表明这个组织决心通过实施这套标准，建立起能够不断改进的机制，通过其坚持不懈地改进，实现自己的环境方针和承诺，达到最终改善环境绩效的目的。它是一种自评自比的改进模式，没有对最高限制提出要求，而主要是通过强调企业的环境保护与污染预防要不断地完善与改进，做到开放式的螺旋上升。建立环境管理体系，应树立持续改进的思想，实现对其体系的不断修正和完善，最终使生产和环保构成一个良性循环(如图4所示)，达到改善组织环境表现的目的。

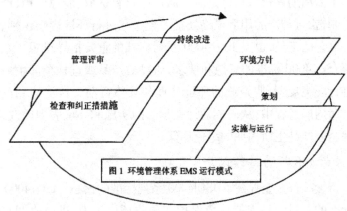

图1 环境管理体系EMS运行模式

图4:生产和环保的良性循环

四、我国实施 ISO14000 环境管理体系应注意的几个问题

(一)我国企业施行 ISO14000 后的状况

采用 ISO14000 环境管理认证后,企业通过 ISO14000 标准,不但顺应了国际和国内在环保方面的优惠政策和待遇,更有效地促进企业环境与经济的协调和持续发展,同时向外界展示实力和对环境保护的态度,对企业今后的长远发展做好了铺垫。此外,21 世纪的商品文化,将会从单纯追求产品价格,逐步转化成追求商品素质的社会共识。企业在市场中的竞争,不再仅是产品质量、价格和服务的竞争,更是企业形象和品牌形象的竞争。据联合国有关部门统计,带有绿色标志的产品日益受到消费者青睐,人们普遍认为,企业的环保形象影响产品的销路。因此,企业建立 ISO14000 环境管理体系,能带来环境绩效的改变,在消费者心目中形成良好的形象,提高企业和品牌形象,成为企业的无形财富。

ISO14000 标准要求对企业生产全过程进行有效控制,体现清洁生产的思想。从最初的设计到最终产品及服务都考虑了减少污染物的产生,排放和对环境的影响,能源、资源和原材料的节约,废物的回收利用等环境因素,并通过设定目标、指标、管理方案以及运行控制等重要因素进行控制,有效地减少了生产过程中的污染,节约了资源和能源,高效地利用了原材料和回收利用的废旧物资,减少了各项环境费用(投资、运行费、赔罚款、排污费),从而明显降低成本,不但获得环境效益,而且获得了显著的经济效益。

ISO14000 标准强调污染预防和产品生命全过程的控制,明确规定在企业的环境方针中必须对污染预防做出承诺。企业在建立

环境管理体系后,要按照要求对自己的环境现状进行初始环境评审,对环境影响状况、资源、能源利用状况等方面的环境因素进行一次全面、系统地调查和分析。各个部门都要对其活动、产品或服务中的因素进行识别并加以评价,找出重要的环境因素并加以控制或管理,通过上述一系列活动的实施减少污染物的排放,一定程度上也减少了环境事故的发生。ISO14000 标准中还有一个要素要求,即组织建立并保持程序,以确定潜在的事故或紧急情况,做出响应,并预防或减少可能伴随的环境影响。必要时,特别是在事故或紧急情况发生后,组织应对应急准备和响应的程序予以评审和修订,可行时,组织还应定期测试上述程序。因此,通过 ISO14000标准体系的建立和实施,各个组织针对自身的潜在事故和紧急情况也做了较为充分的准备和妥善的管理,可以很大程度上降低责任事故的发生。

通过建立 ISO14000 环境管理体系,使企业不同层次的人员接受了各种培训,了解到自身的环境问题、环境的内在价值、环境保护对企业发展和社会的重要性,增强了企业人员工作的责任感,提高了员工的素质和工作技能,企业的生产力水平也得到了很大的提高。企业推行了 ISO14000 环境管理体系,使环境管理手段规范化、系统化,不但提高了企业的环境管理水平,同时还促进了企业整体的管理水平。

(二)我国企业标准化环境管理应当注意的问题

1.需要获得最高管理者的承诺和支持

ISO14001 强调对环境方针的承诺应始于组织的最高管理者,并指出他们应为环境方针的贯彻和环境管理体系的有效运作提供必要的组织和资源保证。实践也证明,高层管理者的决心与承诺,不仅是企业能够启动环境管理体系建设的内部动力,而且也是动员组织不同部门和全体员工积极投入的重要保证。因此,首先企业领导要增强环保意识,将可持续发展思想纳入企业战略体系,制定环境方针;其次在财力资源方面予以支持,补充和改进必要的设施及装备,并为开展绿色技术创新活动提供条件;最后就是成立环境领导小组,选好环境管理代表,全面负责环境管理体系的建立与实施。

2.必须加强宣传和培训,强化全员意识

根据环境管理体系要求,环境管理的职责不应仅限于最高管理者和有关职能部门或人员,而是要渗透到组织内"所有的层次与职能"。因此,企业要进行广泛的宣传和教育培训活动,强化全体员工的环保意识和绿色化经营理念,提高员工的素质,促使广大员工能响应、支持和积极参与,并能自觉地根据环保标准要求开展生产和业务活动,实现生产全过程的污染预防。

3.注意环境管理体系的"协调"和一体化

将环境管理纳入组织管理活动的整体,提高整体系统的效率和节约资源是管理系统性原理的要求。建立环境管理体系,应与质量管理体系以及今后可能出现的职业安全卫生、财务管理等体系相互协调,形成一个有机整体,协同运作,做到资源共享。譬如,ISO14000 在制定时就考虑到与 ISO9000 的兼容性,二者在结构和运作原则方面很相似,有 70% 的内容是相同的,这就使环境管理体系与质量管理体系的一体化管理成为可能。企业可以统一组织管理,统一文件控制,统一审核和管理评审,用最少的管理资源达到最佳的管理效果。

4.应当重视污染预防和清洁生产

环境管理体系的建立与运行,并不意味着必然导致有害环境影响的降低。要发挥环境管理体系的功能作用,还有赖于污染预防、清洁生产等最佳实用技术措施的作用和投入。污染预防是实施环境管理体系的一个指导思想,是生产全过程的"上游"。应从污染的产生源头去预防污染,以减少对人类和环境的风险。清洁生产(工艺)就是在污染预防思想指导下的具体措施和手段。它通过原料选择、产品设计、工艺改革等途径,使经济活动最终产生的污染最少,以取得经济效益和环境效益的双赢。在建立与实施环境管理体系过程中,承诺污染预防的原则就要积极开展清洁生产技术,以支持体系的有效运行。当然,清洁生产的推行也需要环境管理体系的支持做保证。

5.适时开展生命周期评价

生命周期评价(LCA)是一种评价产品、工艺过程或活动,从原材料获取到加工、生产、运输、销售、使用、回收、养护、循环利用和最终处理等整个生命周期系统环境影响的过程。它是环境管理和决策的重要工具之一,也是企业实施环境管理体系的基本过程。企业在建立环境管理体系时,要按ISO14000标准的思想和要求,对产品或过程全部生命周期进行环境规划,使企业的环境管理和具体行动直接渗透到产品的生命周期过程中,以推动污染预防的实施和环境表现的改进。另外,还要鼓励承包方和供方也建立环境管理体系,切实实现生命周期的全过程管理,使全社会环境得以改善。

第三节　政企合作型环境管理
——公共服务政府的实践

一、政府——企业关系的历史沿革

政企之间的关系和定位,西方国家经历了不断的调整和改革。20世纪30年代的大萧条,打破了市场经济自动均衡的神话,并且直接威胁到了资本主义制度的生存。罗斯福总统为挽救美国经济危机所实施的"新政"和凯恩斯经济学的产生,标志着自由竞争市场经济的衰落。第二次世界大战以后,凯恩斯经济学的国家干预理论迅速发展,并得到了广泛传播。发达国家的政府在宏观和微观经济领域实施了一系列干预措施,缓解了单纯依靠市场机制配置资源的缺陷,使市场经济发展到了"混合经济制度"的现代市场经济阶段。混合经济是这样一种经济,它的资源配置一部分由私人和私营企业(私有部分)决定,一部分由政府和国营企业(共有部分)决定。这表明,社会资源的配置从自由竞争市场经济的市场机制转化为现代市场经济中的由市场机制和政府共同决定。①

在市场经济发展的进程中,政府的经济职能也随之不断地发展。在自由竞争的市场经济时代,政府的职能被归结为"守夜人"。政府的经济职能仅仅在于保护国家安全、维护社会政治稳定、建设和维持社会公共设施的运转等有限的几个方面。当自由竞争的市场经济转变为现代市场经济之后,政府的职能几乎扩展到社会经

---

① 王科.构建新型开放的政企合作网络[J].辽宁工程技术大学学报(社会科学版),2010(5).

济生活的各个方面。从政企关系的角度考察,政府除了为企业提供政治的、经济的、国内与国际的安全保障外,还要在维护竞争秩序、提供公共产品等方面为企业的运行和发展创造必要的条件。在不少国家中,政府还直接掌握或经营一些企业,而政府对市场的宏观调控也对企业的经营有着重大影响。因此,在规范的市场经济条件下,政府与企业的关系应该是一种法律关系的体现,政府依法管理和指导企业,企业依法从事经营,企业的生产经营活动不受政府部门的直接干预,政府与企业之间不存在直接的隶属关系,而是相对独立的管理者与被管理者的关系。

就政企"合作"关系在中国的发展而言,第一阶段是传统体制延续时期的政企关系,即 1978—1984 年的企业改革和政企关系。这一时期的改革重点是扩大企业自主权、落实经济责任制、推进利改税,通过这些改革成功地调动了企业和职工的积极性。1978—1984 年这一时期,大体上是放权让利的阶段,这是政府与国有企业关系改革的启动环节。改革之初,国家通过一系列企业政策、法规赋予企业一定的自主权,并允许企业保持一定的留利。但由于资源配置机制与宏观政策环境改革不配套,特别是在不存在竞争性的市场,一旦企业获得了一定的生产经营决策权,企业就有动机和可能侵占国家应得的利润。于是,放权让利改革的实际结果就有悖于国家改革的初衷。国家的改革目标是在给予企业自主权和独立利益的同时,能够不断提高国有资产的收益以及财政收入,但由于国家与企业之间的信息不对称,出现了"工资侵蚀利润"的现象。在放权让利的过程中也一再出现"权力截留"现象,即中央政府规定应下放给企业的权力被地方政府或主管部门所掌握,这样,企业的自主权始终不充分,也就会影响到企业的日常经营。

放权让利阶段,政府与企业仍是典型的"父子关系"和上下级行政隶属关系,信息传递是垂直方式,政府编制和推行国民经济计划,而企业被动执行计划,缺乏自主经营权,一切活动都围绕政府转,企业把过多的精力放在政府身上,对市场信号则反应迟缓。这一阶段,经济从属于政治,市场机制和经济手段被计划和行政手段扼杀。这种政企关系导致企业没有经营自主权,没有生产积极性和主动性,严重阻碍了生产力的发展。

第二阶段是体制转轨时期的政企关系,即 1985—1993 年的企业改革和政企关系。这一时期大体上是以承包制作为国有企业自主经营方式的改革阶段。党的十二届三中全会通过《中共中央关于经济体制改革的决定》,其中提出的所有权和经营权两权分离的基本思路具有里程碑意义。承包制使企业与政府通过订立承包合同建立起有法律保护的契约关系,使中国体制改革开始进入企业制度的学习引进和创新阶段。在保证国家权益不被过分侵蚀的前提下进一步改革,加强对企业的激励,承包经营责任制取代了简单的放权让利。

应当说,承包经营责任制是在宏观市场环境发育不成熟的条件下推进改革的一个"次优选择"。在 1985—1993 年间,承包经营责任制构成了国有企业改革的主要内容。承包经营责任制有多种形式,主要形式是"两保一挂"承包制,两保是保企业上缴的税利、保企业的技术改造,一挂是实行职工工资总额与企业经济效益的挂钩。承包制的推行是为了保证国家财政收入的增长。但是,承包制要真正达到政府的政策意图,还有赖于一个良好的政策环境。

承包制合同的确定是企业与政府主管部门的"一对一"的谈判。在这种"一对一"的谈判中,国有企业拥有相对全面的市场信息,这必然导致国有企业在与政府主管部门的讨价还价中争取更有利于企业的条件。承包合同在履行的过程中,出现了两方面的问题:一是承包期内的短期行为,二是负盈不负亏。承包制决定了经营者的收益只与其承包期内的企业绩效相关,这样,现实中不少企业为了完成上缴任务,往往采用拼设备的办法掠夺性地利用资源,实际承包合同兑现时也往往是负盈不负亏。另外,这仍是一种旧的企业制度,因为它只是一般地分开所有权和经营权,而不是实行法律所有权和经济所有权的分开,从而难以使企业成为真正自主经营、自负盈亏的商品生产者。① 这期间的政企关系仍是主要以计划体制为媒介的垂直信息传递,市场机制并不完善、不规范,市场信息也不充分。

进入市场经济体制改革时期以后,随着市场改革的深化,1994年以后的企业改革和政企关系体现出了新的特点。这一时期,现代企业制度的建立、社会主义市场经济目标的确立,使我国企业改革走到了一个重要关头。国家对原有企业管理体制以市场为导向的改革引向深入,围绕政企关系最重要的是政企分开,转变政府的职能。企业的生产经营活动主要是以市场为中心,围绕市场这个轴心运行,市场的需求状况直接决定企业生产经营状况的好坏。这一时期,政府从直接干预企业生产经营等具体事务中摆脱出来,从微观向宏观转变。市场机制下的政府只能是有限政府,而不是

---

① 宇航.国政企关系的发展演变及改革模式[J].科技创业,2006(2).

全能政府。政府不再过多地干预企业，而是通过市场让企业从事生产和经营活动，承担起社会生活和公共服务的职能，减轻企业的负担，为企业创造良好的外部条件。

目前来看，我国有几种典型的政企关系同时并存："政府与部分国有企业之间、一些乡镇政府与其所辖的乡镇企业之间仍然保持着'父子'关系；一些地方政府与其所办的企业、部分乡镇政府与乡镇企业之间形成了利害相关生死与共的'兄弟'关系；而政府与民营企业之间是监督与被监督的交警与司机的关系。"然而，现实中政府对民营企业的"交警与司机"的关系只是从理论上来说的，实际上"交警"受过去传统观念的影响，不是为创建合理的交通秩序服务，而总是试图对"司机"进行超越自身权限的管辖，而"司机"为了得到方便，也对"交警"进行公关和贿买。也就是说，目前我国政府与民营企业的关系是极不规范的，这种状况不利于民营企业的发展。而且随着全球化的发展，外国企业纷纷进入中国市场，与中国企业形成竞争的局面，这同时也刺激着我国政企合作模式的改革。

二、政企合作基本模式与我国的选择

自市场经济体制萌芽、确立以来，政府与企业在经济发展中的相互关系经历了不同的发展阶段，并形成了不同的政企关系模式。在现代产权制度基础上构筑的政企关系模式具有全球趋同化的趋势，即"企业为主、政府协调指导"的政企分开型的政企关系模式成为发达国家的共同选择。但这种政企关系在政府与企业关系的密切程度上、政府对企业的指导手段和方式上各有特色，可以分为四种模式并以美、德、日、韩四国为典型代表。我国的特殊国情意味着我们没有现成的路走,凡事都要摸着石头过河,只要是有利于我国经济发展的方法都可以拿来用,也可以借鉴发达国家的经验。

(一)政企合作的基本模式

美国模式可以称为"政企离散型"的政企关系模式,主要特点是企业自主经营,政府以法律和经济手段对企业行为予以规范和引导。美国的自由企业制度下,市场机制是配置社会资源的主要手段,而政府行为则以弥补市场不足、维护经济稳定为宗旨。美国堪称"自由的市场经济堡垒"。在政企关系方面,政府通常处于市场之外,通过控制市场参数,间接地对企业施加影响。政府和企业之间保持公平交易的关系,政府的法律、法令和措施是完全透明的,对所有企业一视同仁,不同任何企业保持特殊关系,因此有人称这种政企关系模式为"政企离散型"。这种模式下的企业对市场而言,有很强的适应能力和应变能力,也就是有很强的竞争力。

德国采用"政府监督和企业自主经营相结合"的政企关系模式,政府不干预企业经营,企业是完全独立的市场主体,政府的经济计划是通过政府的工业政策来体现。德国政府制定工业政策,并通过立法划定企业的行为规范。德国政府很重视社会因素,主张政府对经济进行适度的干预。在这一思想指导下,德国的政企关系主要表现为政府对国营和私营企业进行不同程度的控制和调节。德国政府同国营企业之间的关系从理论上说是一种政府领导、监督权和企业经营自主权相结合的关系。

在政企关系上,日本选择了"政府主导型",其基本特征是:企业是独立的法人,政府在诱导和控制企业上通过政策措施来进行,即通常所谓的政策管理。日本是政府主导型市场经济体制的国家,企业是市场经济的主体,资源配置的决策是由千千万万个企业做出的。所谓政府主导,就是政府具有制订经济计划和经济政策的决策权,如设置宏观政策监控系统、制定产业政策和有效地运用管理手段等。这些计划和政策旨在对企业决策实行引导而不是越俎代庖,政府通过干预企业使政府与企业之间建立密切的关系,一方面表现为政府对企业进行严格的宏观控制并对企业的发展具有引导、调整和促进的作用;另一方面表现为企业愿意靠近政府,因为只有这样,企业才能得到更多实惠。与其他西方国家相比,日本政府对投资的宏观调控的范围更广泛,干预程度更深,直接性色彩更浓。

由"政府主导型"向"民间主导型"过渡的政企关系模式,是韩国政府在政企关系模式上的选择。在韩国政府制定政策时,企业一般只是服从。政府如果不愿支持某个企业了,这个企业就会失去贷款,发生财务危机。可见,在韩国的企业组织关系中,政府起着更大的作用。进入20世纪80年代以后,韩国开始了历史性的经济调整和体制改革,其中心内容是使韩国的市场经济体制由"政府主导型"过渡到"民间主导型",要求减少政府对企业的干预,强调企业的自主性,并充分发挥市场机制的调节作用,让企业在市场竞争中生存。与此相适应,韩国的政企关系走过了一条从"政府统制型"到"企业自主、政府扶植监控型"的跨时代的发展道路。

法国是西方发达国家中推行国家指导性计划调节经济体系最早、最完善的国家。法国实行直接调控和间接调控紧密结合,共同对投资进行调节。法国国会对国有企业以及政府有关国有企业的政策具有相当大的影响。国会议员拥有涉及国有企业的各个方面的直接跟间接的调查权。法国政府通过任免国有企业董事长、参与国有企业董事会，以及与企业签订计划合同等途径，控制企业的发展方向、影响企业的经营方针，保证作为财产所有者的权利。此外，法国政府还通过向大型国有企业内部派驻稽查员的方式督促企业遵守各项财务规章制度。①

经济全球化建立了全球性的贸易、生产、金融和信息网络，使各国经济处于相互联系和相互依存之中。在这样的大背景下，建立政府和企业之间的新型关系，必须本着各司其职、各尽其责的原则，明确各自的职能定位，做好自己的本职工作。当今较发达的市场经济国家在政企关系上大都采用了"企业自主经营、政府协调指导"的政企合作模式。

（二）现阶段我国政企合作关系存在的问题与方向选择

我国目前的政府与企业的关系是极不规范的，也是不符合WTO体系内的普遍准则的。由于我国经济体制建设尚不完善，市场机制应有的作用还没有得到充分发挥，企业与政府的关系还没有调整到位，仍然存在着政府直接干预企业决策、企业依赖政府生存发展的现象。

现阶段我国政府的职责不明确，定位不清。社会在发展，政府的职能也要适应需求，但是一些政府官员的思想还停留在过去，认为企业就应该在政府的管制下，没有把自己定位于服务者。政府

① 王娟.企业与政府行为关系研究[D].南京:南京大学博士学位论文,2010.

干预企业的情况还是时有发生,政府干预的不足表现在:(1)政府干预有时缺乏公正性;(2)市场信息瞬息万变,政府干预的效率性往往很低;(3)政府干预会引发寻租行为;(4)政府干预还会使政府规模膨胀。企业对政府的参与度不够,对政策的前期制定漠不关心,仅仅是被动的接受应对;企业就自身的权利和义务履行的还不够,有时为了个人利益,偷税漏税的行为屡禁不止。因此,政企和谐关系的建立,任重而道远。

政府与企业是两种不同的组织,具有不同的目标、行为和运作方式。这两种机构不同的分离,并不意味着二者不能合作。实际上,政企分开是政企职责分开,绝非政不管企,企不听政,而是政企各司其职。各负运作规则决定了政府与企业必须分离,责权分明,使企业真正做到自主经营,自负盈亏,自我发展,自我约束。考察市场经济发达国家的政府与企业的关系,可以看到一种政府与企业不断强化合作的趋势。20世纪90年代以来,在许多市场经济发达国家,大企业日益重视、理解和研究政府各项公共政策与发展政策,并以此作为提升企业竞争力的一个重要方面。

企业对政府产生的合作需求主要来自四个方面。(1)政府控制和支配着大量的资源,与政府部门建立有效的信息联系,可以在政府招标项目工程中获得较大的优势。(2)政府本身就是一个较大的采购商,是市场经济中的一个重要买家。(3)政府作为一个社会管理者不断调整着管理制度和政策,对市场机会产生着重要的影响。特别是面对不确定的时代变动,政府在组织、技术、投资等方面的政策调整日益频繁,这使企业越来越关注政府的政策变动及其影响。(4)政府各个职能部门的政策调整对企业的部门性决策乃至全局性的战略性决策产生着重要的影响。同时,政府对企业也有合作需求,这种需求的动力主要来自外部力量的竞争与就业和税收增加的需要。

现阶段,政府与企业在微观环境"将会由政府主导型向市场引导型模式转变",这就意味着以往由政府单方推动的模式必将由政企双方互动的模式所取代。但是,这并不表示作为代表公共权力的政府在这项改革中要被动地接受结果,而是应该积极应对这场改革,创建新型的政府规制关系模式,在与企业互动中构建良性的政府规制关系。①

三、公共服务政府的内涵、特征与基本内容

(一)公共服务政府的基本内涵

随着全球化、信息化、市场化以及知识经济时代的到来,传统的主导型政府所引起的低效率、高成本、官僚主义等问题积重难返,导致了前所未有的管理危机、财政危机和信任危机。② 为克服这种危机,适应社会发展要求,各国政府纷纷提出创建"公共服务型政府"。

"公共服务型政府"理念是在 20 世纪 80 年代"新公共管理"运动蔚然成风的背景下首先由西方国家提出的,此后又多次得到修正。这一理念主张管理就是服务,政府存在的意义是为了满足社

---

① 张存刚.企业政策的调整与政企合作[J].中国流通经济,2004(8).

② 孙真真.基于公共服务型政府导向的我国政府与企业关系[D].青岛:中国海洋大学博士学位论文,2009.

会的需求,政府应该尽可能地为社会提供满意的公共物品。从理论上来讲,公共服务型政府是"在公民本位、社会本位理念指导下,在整个社会民主秩序的框架下,通过法定程序,按照公民意志组建起来的以为公民服务为宗旨并承担着服务责任的政府"①,"是以市场为导向,以企业、社会和公众为主体,以提供公共服务为特征的政府行政模式。它以提高公共管理质量和公共服务水平为目标,以发展为主题,是市场经济条件下政府管理的一种新模式"②。公共服务型政府要求政府作为公共机构,应承担为社会和经济发展提供基本公共服务的职能,要求政府一切从服务社会出发,而不是从包揽社会、直接参与经济建设出发。它至少包括以下几个方面的内容。

第一,公共服务型政府是一种民主行政体制。公共服务型政府强调以公众为本,建设公共服务型政府,就是要保障公众按照自己的意愿自由地行使权力,充分尊重和维护公民的合法权益。因此,公共服务型政府是公众和社会利益的代表,政府行政的立足点、出发点和目的都应该是为公众、社会服务。这样的政府只能以公众和社会的利益为利益,而不能有自己特殊的利益。公众对政府拥有知情权、参与权、监督权以及通过一定的程序的弹劾权、罢免权。政府应以民为主,而不是为民做主。

第二,公共服务型政府要求政府为社会和经济发展创造良好

① 刘宇,徐小康.公共服务型政府的建设思路[J].安徽农业大学学报(社会科学版),2005(5).

② 罗德刚.论全面推进地方公共服务型政府建设[J].中国行政管理,2004(7).

的环境。政府创造环境是政府职能的根本性的转变,是从计划经济体制向市场经济体制的转变,是由以自身作为经营经济的主体向为经营经济主体服务的转变。良好的环境能促使本地区的经济发展,经济发展了就能增加税收总量,就为政府创造环境提供了雄厚的物质基础,反过来又会进一步地促进经济发展,使它们建立在良性循环的基础上,可以不停止地螺旋式发展,这应是每一个政府所追求的目标。

第三,公共服务型政府最重要也是最基本的职能就是组织和执行"公共物品"的供给,而不必也不应管"私人物品"的供给。政府提供的公共物品包括保护产权、维护宏观经济的稳定、组织经济基础设施建设和提供公共服务。政府职能范围应进一步转向公共服务领域。

总之,公共服务型政府具有如下内涵:逐步扩大城市公用事业、市政建设等公共服务领域市场化范围;健全和完善各类行业协会和中介组织,使它们有能力承接政府转变的职能;积极调整政府职能结构,把社会管理和公共服务放在突出的位置,建立应急管理机制,提高对突发事件的应对能力;重点解决好就业与再就业、公共卫生、社会保障等问题,逐步完善公共服务体系;加强政府公共决策职能,改变政府部门重执行,轻决策、监督的状况;突出政府公共服务职能,建立完善的政府部门与企业对话沟通制度。

(二)公共服务政府的基本特征

公共服务型政府是分权政府:首先,是政府、市场(企业)、第三部门的合理分权,使权利科学定位并准确归位;其次,是权力下放、科学分解职能,扩大地方政府、市场和第三部门的自主治理权;最后,是通过制度和体制创新,使社会公众切实享有政治、经济、社会事务的参与权和管理权。

公共服务型政府是责任政府,权力和责任应是对等的。政府作为公共权力的行使者,必须对社会公众负责。传统的公共行政需明确区分下达命令及执行命令者,后者执行命令时不对其结果负任何责任。这就导致在官僚制模式运作中结果的取得是不重要的,行政人员可以声称没有下达命令或命令不清楚,从而逃避责任。在这种情况下,如还缺乏一套完善的责任制约机制,就会导致政府管理过程中责任的丧失、效率低下、回应性差以及各种寻租、腐败现象的出现,最终导致公共利益受损。因此,公共服务型政府应该有较为完善的责任机制,把责任落实到具体岗位和个人,以提高政府的运作效率。

公共服务型政府是有限政府。现代市场经济条件下,政府要以"市场增进论"定位,①必须把政府的职能严格限定在对市场失灵的基础上。凡是市场与社会能自我调节的内容,政府就应自动退出,实行政府与市场主体严格归位。政府不再直接经营竞争性物品和服务的生产和供给,并且在集体物品和服务的生产和供给方面选择多样化的机制。政府要把精力主要集中于规则的制定和实施上,营造一个有利的竞争环境,提供公平的法律,保障稳定的社会环境,并促进市场的有序进行。公共服务型政府应该是一个以市场为基础、遵循市场优先原则的政府。

公共服务型政府是法治政府。"政府的根本任务不是替代市

---

① ［美］罗伯特·丹哈特·珍妮·丹哈特.新公共服务:服务而非掌舵［J］.中国行政管理,2002(10).

场,而是通过促进法治为市场经济的发育和成熟提供稳定的环境。"①"法治的首要作用是约束政府,防止政府对经济活动的任意干预",使政府的行为具有确定性和可预见性,促使政府行政管理稳定而高效,更好地维护公共利益,保护公民、法人和其他社会团体的合法权益,维护良好的社会秩序,保障市场经济的健康运行与繁荣发展。

(三)政府、企业在公共服务政府中的角色承担

1.政府在公共服务政府中的定位

首先,政府引导者的角色。企业是市场经济活动的一个个体,对企业本身而言,仅仅有可能在其所在的局部经济活动中达到资源的最优配置、利益最大化,但是对整个社会而言,不一定达到资源配置的"帕累托最优"。况且还存在市场失灵的情况,完全自由竞争的市场根本不存在,因此不可能实现国家福利的最大化。所以,通过政府来影响经济就成为一个必然的选择。作为发展中国家,要努力赶上发达国家,参与国际经济分工和全球市场竞争,不可避免地需要政府直接推动制定国民经济发展战略并付诸实施。

其次,政府扶植人和保护人的角色。市场经济顺利运行,离不开政府对企业活动的扶植。企业需要政府保护私有产权,维护公平竞争的法律制度和社会环境。面对发达国家的竞争,没有政府的扶植和保护,我国企业根本不可能在市场经济的竞争环境下生存下来,更不用说迅速地成长了。像一些社会价值比较大的新兴

---

① 文贯中.市场机制、政府定位和法治——对市场失灵和政府失灵的匡正之法的回顾与展望[J].经济社会体制比较,2002(1).

产业,由于我国技术各方面条件的限制,刚开始根本不可能赢利,更不用说还要跟国外的成熟企业竞争,因此要是没有政府的扶植,新兴产业就不可能成长起来。企业和企业家承担着振兴民族经济的重任,面对发展的事实,政府应从制度、政策和环境等方面予以扶植、保护、支持,这是国家发展的任务。为了适应这一要求,政府必须承担起应当的责任,一方面通过减免税收、财政补贴、金融资助、行政指导等手段扶植企业发展,另一方面又通过关税、外汇管制等手段使新兴产业免受强大的国外企业的冲击。政府采取扶植为主、保护为辅和外部保护、内部竞争的政策,推动国内企业发展壮大,增强经济竞争力,从而为以后我国企业参与全球化竞争奠定坚实的基础。

再次,政府协调人的角色。政府掌握的公共权力、拥有的强制性和普遍性特点,使得政府在协调企业间的关系时具有天然的优势。市场机制的有效运行,不仅需要企业之间的竞争,也需要企业之间的相互合作。政府一方面作为企业竞争的维护者,另一方面作为企业之间关系的协调者而承担了市场经济条件下的又一重要角色。作为竞争的维护者,为了防止不公平竞争行为的产生和垄断行为的出现,政府制定了一系列相关的法律和政策。

最后,政府信息供给者的角色。政府最基本的职能是提供公共服务、公共物品。对企业而言,最有价值的公共物品就是经济决策所需要的信息。政府部门的公共组织属性,使其收集和传递信息的广度和深度远比个体企业更有优势,成本也更低,并且许多宏观信息是由政府单独掌握的。企业掌握信息的不完全性使得其无法做出最准确的经济决策。政府不仅向企业提供必需的经济信息,同时,也利用自己作为宏观经济的管理者,把大量的经济信息转化为科学决策,制定国民经济的发展计划和经济政策,企业就以这些科学决策为依据来制定和调整企业自身的发展战略。

2. 企业在政企合作关系中扮演的角色

在政企关系中,企业注定扮演的是弱势的角色,但是,要想建立起新型的、适应全球化市场经济发展的政企合作模式,仅仅靠政府是不行的,企业也应该承担起其应负的责任。企业要摆正自己的地位,在自主经营的同时,也要承担起相应的社会责任和义务,给政府创造良好的外部氛围;加强与政府部门的沟通,提高话语权,为政府做出经济政策承担参谋和助手的角色。企业是市场经济中微观决策的主体,市场对资源的配置作用,要通过企业这个市场主体的市场取向来实现。企业是技术创新的主体,也是追求社会经济综合效益的实践者。

(四)对公共服务型政府的监督

对于公共服务型政府的另一重要方面是对其的监督,因为公共服务型政府的本质是有限政府,也就是公民、社会对政府及其公共权力的制约和限制。就其途径而言,监督是公共服务型政府的实现条件之一。

1. 立法机关和相关法律对政府的监督制约

我国实行的是人民代表大会制度,人民代表大会是立法机关。《宪法》第三条规定"国家行政机关、审计机关、检察机关都由人民代表大会产生,对它负责,受它监督",这就明确了我国立法机关对行政机关监督的宪法依据,这种监督主要是对政府行为的合法性、合理性和公务人员是否守法与廉洁奉公进行监督。为了更加适应公共服务型政府的治理模式,相关法律的出台也进一步规范和制约了政府行为。《行政许可法》的成功颁布,表明了我国从"全能政府"向"有限政府"的转变迈出了关键性的一步。《许可法》明确规定了政府审批的条件、范围和程序,这是根除"官场经济"、把资源配置权从官员手中还给市场的一个重要举措。

2. 公民对政府的监督制约

随着政治文明的发展,公民的政治素质提高,参与意识增强,"参与型行政"或"互动型行政"格局逐渐出现,从而有效地监督和制约了政府及其公务人员的行为。相应地,政府在拟定行政决策和提供公共产品时,也要以公民和社会利益为出发点。

3. 新闻舆论对政府的监督制约

"舆论是社会上相当数量的人对一定社会问题所发表的意见的总和","它是一种客观存在的力量,以赞成或谴责的方式对个人或组织发生独特影响"。新闻舆论监督被誉为"第四种权力",历来为政府和社会各界所重视。"特别是对政府行政权力的规范行使发挥独特的影响力,通过报刊电视等媒体对行政过程中各类违规违法行为及时披露,能有效限制'暗箱操作',实现'阳光行政'。通过舆论压力也能促使政府及其公务人员严格依法行政。"

4. 中介组织对政府的监督制约

中介组织通常被称为第三部门,作用于政府和私人企业之间,在监督政府时履行了特殊的职能。20世纪70年代末80年代初,伴随着新公共管理运动的兴起和政府职能从"划桨"向"掌舵"的转变和重塑,中介组织在全球范围内兴起,改变了以往"强政府"单一化的治理模式。中介组织能凭借独特的政治功能有效地在政府管理的"盲区"发挥着作用,弥补公共事务领域中的"治理真空"地带。如果政府"越位"(Offside)、"缺位"(Absence)、"错位"(Misalignment)或出现其他失范行为,第三部门势必因为其职能所在而做出积极反应。政府应关注第三部门的发展,积极营造合作平台,努力实现合作"双赢"。

四、政企合作视野下的公共服务政府构建

公共服务型政府是适应新型政企互动沟通的政府结构模式和行为模式,是国家行政体制改革的目标,其构建的路径也需要同国家的政治体制和经济体制改革并行。

(一)构建政企合作关系的原则

1. 法制化原则

没有规矩不成方圆。政府和企业是不同的主体,两者之间的利益关系也必然不同,要调整两者之间的关系,必定离不开法律的规范作用。法制化原则要求,一方面,政府机构的设置和职能的履行要严格按照相关法律制度进行规制,公开、公平、公正,符合法律程序;另一方面,企业也必须依法从事商业活动,否则,就会受到惩处,真正实现企业行为的规范化和市场的有序化。

2. 高效化原则

在当今开放的经济环境下,市场的状况瞬息万变,而且全球化的进程使得社会的节奏加快,同时,也要求政府必须加快办事效率,有高效的办事原则,能根据具体的不同情况迅速的做出反应。无数事实证明,高效的政府是一个国家经济起飞和发展的重要条件。

3. 职责明确原则

政府的权利是征收赋税,其义务是为纳税人提供公共服务;企业的权利是获得政府提供的公共服务,义务是向政府缴纳赋税。因此,无论是哪种形式的企业,国有还是私有,都要建立在职责明确的基础上。保证市场经济的合法、有序进行也是政府的职责,任何企业在法律上都是平等的,都要受到政府的保护,同样,违反法律、破坏市场秩序的行为也要受到相应的处罚。

4. 经济原则

经济原则包括三方面的内容:(1)政府机构的设置要遵循经济原则,在不影响正常工作运行的情况下,尽可能的考虑经费问题,避免产生人浮于事,毕竟财政都是公民纳税所得,使用不当最终会影响政府的廉洁和效率;(2)政府制定法律法规时,应考虑其实施所带来的社会效果和经济效益以及与负效应之间的关系,谨慎实施和执行;(3)政府机构在实行权力的过程中,也要考虑经济原则,既要实施自己的权利、履行职责,也要不影响企业的正常经营活动,不给企业造成额外的经济负担。

(二)构建政企合作关系的目标

1. 建立公平、公正、法律上对等的政企关系

政府和企业应是建立在法律基础上的两大对等主体。政府是依法管理,企业是依法经营,以法律为基础,不存在谁领导谁的问题。在管理企业方面,仅仅靠政府本身是不行的,必须靠强大的外部制约力量。这种制约力量不可能来自政府和企业之外的第三方,因为第三方对此缺乏直接的利益关系,没有足够的动力,而且也缺乏必备的专业知识和对当时具体情况的了解,起到的是辅助

作用,因此不可能承担主要的角色。唯有当事的另一方企业才可能对政府进行有效的制约和监督,保证双方的服务与被服务的关系。以前,企业对政府的制约和监督根本是不可能的,究其根本原因,是因为企业只是政府的管理对象,处于被管理和从属的地位,怎么可能进行有效的制约和监督呢? 因此,给企业以平等的主体地位,确立企业监督政府的法律基础,正是建立新型政企关系的关键。

政府与企业建立在法律基础上的对等关系,是加入 WTO 以后新的政企关系的基本模式。企业是经济活动的主体,政府是社会活动的主体,二者之间是对等的,对于政府的越权行为,企业应当有权力和途径进行申诉。由于政府和企业是建立在法律基础上的平等关系,所以企业对政府拥有完整的法律诉讼权利。企业作为能够独立承担民事责任和享受民事权利的法人,在其受到行政法人(政府)的违法行为,利益受到侵害时,可以诉诸于法律。在欧美等发达国家,企业状告政府的事例屡见不鲜,而法院判定企业胜诉的事例也比比皆是,很多时候政府不得不对企业进行民事赔偿。在我国,企业对政府的法律诉讼权利也在不断地得到认可。国家先后颁布了《行政诉讼法》、《国家赔偿法》、《行政处罚法》等一系列的法律,在这些法律中都体现了企业对政府的法律诉讼权利。①

2.转变理念,建构"以企为本"、以政府服务为主的政企关系

在政府与企业关系的改革中,之前的管制与被管制的关系正逐渐被打破,而各司其职、各尽其责的新型关系正在确立。在这种

---

① 熊英.新型的政企关系[J].技术与市场,2005(4).

转换的过程中,政府应转变理念,确立为企业服务的思想;行政职能部门要以为企业提供更方便的服务为最终目的来改革现有的审批制度。

现代政府职能首要的属性是公共性,因为公共需要和公共利益是政府存在的根本前提。大力推进规范化的服务型政府,是政府能够对所有的社会阶层和成员提供普遍的、平等的、无差别的公共产品和公共服务,这是当前政府着力解决的事,对应在政企关系上,就是要以"企业为本"。构建以企业为主导的服务型政府的具体做法是,将现代企业制度的优势机制与政府服务优势结合起来,建立起有利于各类中介机构健康发展的组织制度、运行机制和政策法规环境,培育一批服务专业化、发展规模化、运行规范化的专业服务机构,造就一支有较高专业素质的服务队伍,初步形成符合社会主义市场经济体制和国家创新体系建设要求的服务体系。

3. 使政府与企业之间形成良性互动的合作伙伴关系

20 世纪 90 年代流行的"治理理论",原意是指统治活动、控制手段、管理方法等。后来被赋予了新的内涵,不再强调政府单方面的控制、支配和干预社会活动,而是强调政府与社会的合作,强调自上而下的管理和自下而上的参与相结合,关注如何提高政府的效率、效益。简单地说就是"少一些统治,多一些治理"。随着经济全球化的到来,人类的政治生活也发生着重大的变革,政治过程的重心正在从统治走向治理,从善政走向善治。在我国经济体制改革转轨时期,"政企分开"要求我们对政府和企业之间的关系构建一个新的模式,使政府和企业在国民经济运行中都能找到自己的最佳位置,从而进一步促进国民经济持续、快速、健康的发展。这个最佳点,其实就是一个度的问题,掌握好了就会促进发展,反之就会阻碍其发展。

(三)构建政企合作关系的基本内容

1.树立公共服务型政府的观念

政府行政活动中形成的行政管理基本价值倾向的行政观念是政府行为的灵魂,所以政府要树立和培育全球化"大政府"理念、民本理念、服务理念、责任理念、法治理念和效能理念。"敢于破除'官本位'和行政本位的思维,真正实现'由政府本位、官本位和计划本位向社会本位、民本位和市场本位体制转变'。确立政府就是为社会、公众和市场主体服务的新理念。"同时,还要树立科学的发展观、执政观和政绩观。

2.重新界定政府规制边界

伴随着社会的发展,"政府公共权力治理边界不得不在适当的领域'战略性收缩'",因此,重塑政府的治理边界,变"全能政府"为"有限政府"就是社会发展的必然。伴随市民社会的发展,社会中介蜂起,社会自治能力显著增强,"强政府,弱社会"格局面临挑战,因为"当代政府所面临的复杂性,动态性和多元性的环境",使得政府的不可治理性增大。事实上,"政府部门已经无法成为唯一的治理者,必须依靠与民众,企业,非盈利部门共同治理(co-convergence)与共同管理(co-management)"。政府必须对自己的职能进行必要的审视、界定、重塑,必须进一步放权,把社会可以自我调节管理的职能交与社会中介,实行适当的放松规制,做到"掌舵"而不"划桨"。

3.收缩公共服务型政府权限

政府的合理性说明政府的权力是有边界的,同时政府权力的有限性又包含深刻的理论依据,因此政府在行政实践上就要切实放权,把一部分权力重新界定,真正做到政企分开;同时,还要做好政府权力的监督。加强政府权力的制约和监督,就要建立结构合理、配置科学、程序严密、制约有效的权力运行机制,从政府决策和执行等环节加强对政府权力的监督制约,切实保证把人民所赋予的权力真正用来为人民谋福利,而腐败问题也可得到一定程度的控制。

4.合理的确定政府规模

我国正在逐渐实现由"全能政府"向"有限政府"的转变,要严格控制行政编制和行政人员,提高行政人员的办事效率,以保证切实履行公共服务型政府的职责。

5.培养企业参与意识以加强对政府的监督

随着国家政治体制和经济体制改革的深入,企业参与意识不断提高,"参与型行政"或"互动型行政"格局逐渐出现,从而能够有效地监督和制约政府的行为。在政府为服务企业所制定或修订一些政策、措施时,企业要提高自己的话语权,对政府决策起到参谋和助手的作用,最终使得这些政策更利于企业的发展壮大。这种治理模式的存在有利于公共决策的科学化、民主化和程序化,更有助于避免行政行为的失范和行政伦理的缺失。

6.建立完善的中介组织

中介组织是介于企业与政府之间、商品生产者与经营者之间、个人与单位之间,从事服务、咨询、协调、沟通、评价、审计、公正、诉讼等活动的机构。中介组织是为市场经济服务的。企业走向市场,需要有完善的市场和健全的中介机构为企业提供全方位服务,以保证企业在市场经济中按照经济规律运行。社会中介有两个基本功能,一是传播市场信息并提供相应服务,二是代表市场主体与政府沟通,维护市场主体权益。社会中介组织作为宏观调控的中间环节,替代政府行使部分社会职能是十分必要的。①

完整的中介职能需要从以下几个方面着手。第一,发展能提高企业自律程度、校正和减少微观经济的无序不规范行为的社会中介组织,如律师事务所、会计事务所、审计事务所、资产评估事务所等。第二,发展能提高市场和社会有序程度的社会中介组织。这类社会中介组织包括仲裁事务机构、社会保障机构、人力资源调节和配置机构、社会救济慈善机构、消费者利益维护机构等。这类机构直接服务于各个阶层的社会成员,具有替政府分忧解难、创造企业生存和发展所需要的社会条件的重要功能。第三,发展能提高市场组织程度,奠定宏观调控、微观活动的组织基础的社会中介组织。这类社会中介组织主要包括行业协会、商会等。这些中介组织代表行业的利益,监督政府行为,协调和保护行业内部的企业利益,并且以行业自身的管理和组织程度的提高来消除政府职能转移过程中形成的盲点。

(四)公共服务型政府与政企合作型环境管理实施机制

1. 政府环境信息公开机制

WTO 的目标之一是建立公正、透明的市场制度,因此,政府信息公开是入世必须承担的义务。政府信息公开是政务公开的实质

---

① 张勋,侯蕊. 政府与企业关系创新研究[J]. 现代企业教育,2007(17).

所在,是现代政府治理的一项基本准则,是政府观念、体制和行为上的一次革命。从经济学上看,规范、充分和有效的信息公开,可以大大减少政府对企业的社会管制方面的投入;从政治学上看,一个社会的自主能力与信息的公开程度是成正比的,信息越公开,社会自主能力和承受能力就越高,社会也就越稳定;从管理学上看,通过积极、主动的信息公开,可以有效地提升各类企业对政府管理的认同程度,增加政府与企业行为的一致性。

2.企业对政府的绩效考评机制

政府制定的公共政策必需具有满足企业需求的效用外,还必需引入企业对政府绩效的评价机制,避免出现政府治理绩效危机。在法制轨道上建立科学、规范的企业调查制度,这是评价政府绩效的一种有效形式,以政府向企业提供服务的质量和企业的满意度为第一衡量标准。

3.建立行政审批机制

按照 WTO 规则,建立起一个统一、公正、透明的市场经济法规体系,最大限度的放宽规制,为企业发展提供尽可能多的机会、自由和方便。从本质上看,行政审批上的种种问题是由一种制度缺陷造成的,即政府机构设置庞杂,管理权限过宽,不同政府部门的管理领域又交叉重叠。因此,构建以企业为导向的行政审批机制,不仅需要精简审批事项,更需要从根本上转变政府职能,建立健全行政许可的法律法规,使行政审批本身在实体和程序两个方面获得明确的合法性,使依法行政这一原则获得充分的可操作性。

4.建立行政申诉机制

如消费者可以针对企业提供的商品和服务质量问题向消费者

协会及相关政府部门投诉,以保障自己在市场经济中的合法权益一样,企业在接受政府服务时,也需要有相对独立的专门机构受理投诉,以维护其在行政化服务体系中的合法权益。为此,可设立相对独立、具有高度权威和较大权限的行政申诉中心,专门受理政府对企业行政失当方面的投诉。①

中国政府与企业关系的改革实践历经 30 年。从放权让利,到承包经营,再到现代企业制度及其配套改革的进行,政府对企业关系改革的力度不断增强。然而,在政府与企业的关系中,目前尚存在一个认识上的误区,就是认为在市场经济条件下,政府只是应该对企业进行微观管制与宏观调控,以利于在企业之间展开平等竞争并协调微观经济与宏观经济之间的矛盾。实际上,政府对企业进行微观管制与宏观调控仅仅是政企关系的一个方面,政企关系的另一个重要方面就是政企合作。加强政府与企业之间的联系和合作是加快企业发展的要求。党的十六届四中全会提出,加强党的执政能力的建设,政府行政管理能力的提高是其中的重要方面,如何构建良好的政企关系,是当前党和国家加强执政能力、构筑服务型政府的一个重要环节。

第四节 主动型环境管理——企业自我管理的实践

100 年前,泰勒的科学管理不相信人的主动性,认为只有对员工施行控制才能使管理行为有效,它以管理者控制为主,是一种被动管理。现代管理理论认为,人是可以自制并自动激发的。如能

---

① 孙真真. 基于公共服务型政府导向的我国政府与企业关系[D]. 青岛:中国海洋大学博士学位论文,2009.

给员工提供自主管理的机制,他们会自发的将个人目标和组织目标融合起来,管理者的作用就是调动个人的主观能动性,激发人的内在潜力,发挥员工的创造性。自主管理是现代管理中一种很重要的内容。企业管理模式的外部强制型模式及政企合作型模式,各有利弊,本节详述一下企业在发展中一种很重要的、发挥主观能动性的管理模式,也称主动型管理模式。

一、主动型环境管理概述

人类历史进入知识经济和人权时代,充分重视人性和个人权利,实行自主管理是时代的要求。亚伯拉罕·马斯洛(Abraham H. Maslow)提出人类五大需要,包括生理需要、安全需要、归属和爱的需要、自尊需要和自我实现需要。自主管理符合心理学原理,在管理中满足人性需求,实现企业和个人目标的双赢。自主管理的时代已经悄然来临,深陷传统管理模式的管理者走到了管理改革的十字路口。

(一)主动型环境管理的概念及特征

主动管理是指一个组织的管理方式,主要通过员工的自我和控制,自我发现问题、分析问题、解决问题,以变被动管理为主动管理,进而自我提高、自我创新、自我超越,推动组织不断发展与前进,实现组织的共同愿景目标。主动管理全过程充分注重人性要素,充分注重人的潜能发挥,注重员工的目标与企业目标的统一,在实现组织目标的同时实现员工的个人价值。

主动环境管理是将决策权尽最大可能向组织下层移动,让最下层单独拥有充分的自主权,并做到责任、权利的有机统一。自主管理为每一位员工都提供了一个参与管理的渠道，它强调自律，主要运用员工内在的约束性来提高责任感，使他们从内心发出"我要干"、"我想干"、"我要干好"等愿望并以此指导自己的行为。

主动管理是对组织基层充分授权，从而激励基层组织和个人工作自觉性和创造性的管理方式，准确地说是一种管理思想。主动型环境管理至少有三层含义。(1)强调人人都是管理的主体。这也就是说，在生产经营要素的有机结合中，人人要按照管理科学、管理规律、管理程序，对自己的行为进行约束、控制，使其符合生产要素优化配置的要求，在组织生产经营活动的过程中，不靠检查，不靠监督，自觉遵守企业的各种规范，按照标准干，跟着程序走，人人干好自己的本职工作。(2)强调人人尽职尽责，管好自己应该管的事。作为企业生产经营要素中最活跃的员工，既是被管理者，又是管理者。在企业的生产运行中，自主管理要求员工把自己从以前旧有模式的被管理者、只知道闷头干自己工作的状态中解放出来，主动去为企业的经营分担一份自己的力量。(3)强调人人都是企业的所有者。作为企业中最庞大的一个群体，员工要把企业当成自己的企业，自觉、自发、自律的为企业的生产经营状况，为企业的经济效益出谋划策，积极发挥自己的主观能动性，积极主动的改良自己本职工作中的不足之处。主动环境管理的特征主要包括以下几个方面。

首先，组织结构扁平化。传统的企业组织通常是金字塔式的，主动管理要求企业的组织结构应是扁平的，即从最上面的决策层到最下面的操作层，中间相隔层次极少。只有这样的体制，才能保证上下级的有效沟通，下层才能直接体会上层的决策思想和智慧光辉,上层也能亲自了解到下层的动态,吸取第一层的营养;只有这样,企业内部才能形成互相理解,互相学习,整体互动思考、协调合作的群体,才能产生巨大的持久的创造力。

其次,领导的角色转变。传统的领导角色往往颇具"一夫当关""指挥全局"的气概,领导的作用主要是指挥、控制、协调,这已不适应时代的发展。当今最前沿的管理理论——学习型组织理论指出,领导的创新角色应是设计师、服务员和教练员。自主管理下的领导角色亦然。领导者应效力于建立组织共同愿景的目标,重视每一个员工的作用,通过自主管理引导员工为实现这一目标自觉的投入,并在这一过程中释放出潜在的能量,促进企业的不断发展。

最后,组织成员自主学习,自我更新。在"主动管理"的团队中,组织成员能够不断自主地发现问题,同时不断学习新知识,不断提高劳动技能,不断改善和提升工作效果,不断进行创新,真正做到敏学日新,使组织自主地进行新陈代谢,保持健康向上,焕发勃勃生机。

（二）主动型环境管理的制度价值

在主动型环境模式下,企业领导应树立"管理就是服务"的理念,要倾听员工的呼声,使员工的个人尊严得到充分尊重,让员工在企业中找到"家"的感觉,从而享受工作带来的乐趣和成就感。

在主动型环境管理模式中,企业组织高度扁平化,分工明确,管理层次简化,管理程序简单快捷通畅。合理授权,决策权充分下移。各级管理层在承担责任和任务的同时,必须拥有与之相对应的权力,分工即分权,力争做到责权利统一。

在主动型环境管理中,企业所必要的规章制度必须是合法的,符合人性的,简练的,完全具有可操作性的。规章制度涉及安全、质量、分工和流程,其内容主要是规定标准和作业程序,从而使各项工作有序进行。科学管理融于自主管理模式中,管理者须用心领会、灵活运用,站在人本和自主管理的高度加以实施。

在主动型环境管理中,创造性思维是企业的灵魂,要打破所有思想的桎梏,建立学习型组织,建立使员工创造性和潜能得以彻底发挥的机制。

企业实行主动型环境管理的意义主要有以下几个方面。

1. 满足了人性的需求

在一定的物质条件下,人的创造性得到发挥,自我价值得到不断实现,这将带给人莫大的愉悦和满足,激励着人们进一步发挥自己更大的创造力。主动管理顺应了现代人受尊重、自我实现这种高层次的心理需求,它充分地尊重员工,引导、帮助员工将企业的总体目标转化为实现自我价值的追求。它为每个人施展聪明才智提供了舞台,使员工的潜能得到发挥,创造性被激发,从而获得成功和发展,真正体验到工作所带来的乐趣和生命的意义。目前,随着我们企业知识员工的不断增加,他们更加自尊更加上进,更具有事业心,因此渴望被尊重和自我实现的需求更为明显和强烈,所以企业推行主动管理也就更具有现实意义。

2. 体现了快变、巨变的时代要求

微软总裁比尔·盖茨曾说:"微软离破产永远只有 18 个月。"企业唯有以不变应万变,才能发展生存。不变的是什么——创新,它包括管理的创新,技术的创新,产品的创新。而创新又靠的是什么——人的创造力。传统的管理模式领导集中控制,制约着员工的创新,凡事靠领导组织、安排,员工没有自主权,工作热情不高,积极性不强,创造性更无从谈起。这样的企业如何产生创新力?如何应对挑战? 如何长足发展? 而主动管理便建立了这样一个机制,一种自我更新的机制,通过下移管理重心,充分放权,激发每一个员工的能动性和创造性,提供一个让员工自我发展,不断学习、主动创新的环境,使员工的创造力最终凝聚成企业的创新力和竞争力,促进企业生产经营目标的实现,保持可持续发展。

(三)主动型环境管理产生的背景

1972 年,联合国在瑞典斯德哥尔摩召开了"人类环境"大会,大会成立了一个独立的委员会,即"世界环境与发展委员会"。该委员会承担重新评估环境与发展关系的调查研究任务,并于 1987 年出版了《我们的共同未来》报告。报告首次引进了"持续发展"的观念,敦促工业界建立有效的环境管理体系。

20 世纪 80 年代起,美国和西欧的一些公司为了响应"持续发展"的号召,减少污染,提高在公众中的形象,并以此获得经营支持,开始建立各自的环境管理方式,这就是环境管理体系的雏形。1985 年,荷兰率先提出建立企业环境管理体系的概念,1988 年试行,1990 年进入标准化和许可制度。1990 年,欧盟在慕尼黑的环境圆桌会议上专门讨论了环境审核问题。欧洲前后制定了两个有关标准,为企业提供了环境管理的方法,使各企业不必为证明信誉而各自采取单独行动。第一个标准为 BS7750,由英国标准所制定;第二个标准是欧盟的环境管理系统,称为生态管理和审核法案(Eco-Management and Audit Scheme,简称,EMAS),其大部分内容来源于 BS7750 标准。很多企业试用这些标准后,取得了较好的环境效益和经济效益。这两个标准在欧洲得到较好的推广和实施。这些实践活动也奠定了 ISO14000 系列标准产生的基础。

1992 年,在巴西里约热内卢召开"环境与发展"大会,183 个国家和 70 多个国际组织出席会议,通过了《21 世纪议程》等文件。这次大会的召开,标志着全球谋求可持续发展时代的开始。各国政府领导、科学家和公众都认识到,要实现可持续发展的目标,就必须改变工业污染控制战略,从加强环境管理入手,建立污染预防(清洁生产)的新观念;通过企业的自我决策、自我控制、自我管理方式,把环境管理融于企业的全面管理之中。

二、主动型环境管理与企业经济效益

传统的观点认为,环境管理消弱了国家和企业在国际市场上的竞争力,环境管理与竞争力之间是相对立的关系,环境绩效与经济绩效是南辕北辙的关系。企业为了消除环境污染和环境破坏进行环境管理,就不得不在产品和生产过程中增加各方面的投入,这就必然导致企业生产成本的增加,从而加重企业的负担,使企业在激烈的市场竞争中失去优势(Freeman,1994;Judeg & Hema,1994)。与此同时,企业还需要从其他有盈利潜力的项目或者活动中转移资金,分派人力和时间,挤出其他更具有潜在效率的投资或者创新途径而损害竞争力,从短期看不利于企业的发展。因为当企业成本内部化程度高时,企业所承担的成本越大,竞争力就下降的越多。

"修正学派观点"认为,环境绩效与经济绩效正相关。这也就是说,环境绩效的提高有利于提高经济效益。经济绩效通常随着环境绩效的提高而提高,经济绩效相对于环境绩效的一阶导数总是正的,而二阶导数则是负的。

以波特为代表的修正学派观点认为,环境管理和竞争力是"双赢"的,环境绩效对经济绩效有积极影响。环境管理有利于企业获得创新补偿(Innovation)和先动优势(Firstmover Advantage)。

创新补偿理论是指环境管理能够或使企业通过产品创新,或改进生产工艺流程,或提高生产效率,或提高资源利用效率,或降低成本,或改善产品质量,或提高雇员、顾客的满意度,或提高企业声誉,最终为企业带来经济效益。创新补偿分为产品补偿和过程补偿。产品补偿是指改进原有的产品或开发出全新的产品,从产品的创新中得到补偿收益。过程补偿是指通过改进生产工艺、流程,提高资源的生产率、利用率,从生产过程中获得收益。

先动优势是指企业如果能够较早的实行环境保护,那么就能从先行的环境活动中受益。企业通过率先进行环境管理,使用环境技术,将比使用传统的生产方法和生产技术的企业具有先动优势。如生产环保产品,可能会为企业带来较之以前及其他企业的差异化产品。这种先动优势不仅表现在企业间,从大的方面来看,这种先动优势同样存在于国家与国家之间。一方面,率先实行环境管理,进行产品、技术等各方面创新的企业就有可能是行业标准和行业规范的先行者,是国家在制定环境标准时的参考者。因此,一些无法达到环境标准的企业将会被慢慢挤出市场,从而凸显先行企业在市场竞争中的优势与地位。并且,获得先动优势的企业,还可以出售自己实践出的环境防治技术或者各种环境创新,从而增加企业的收益。另一方面,全球消费者的环保意识正日益加强,越来越多的人也更青睐于环保型产品,也愿意因此而多支付一些费用。2009年欧共体的调查显示,67%的荷兰人和82%的德国人在购买产品时都考虑到了环境污染因素。

事实上,环境绩效与经济绩效的关系不是这么简单的"正相关"或者"负相关",二者的关系时间是个很重要的参考值。比如,一个需要排放废气、废水等污染环境废弃物的企业,排放标准范围内的废弃物与排放不经过任何处理的废弃物,二者的经济投入相差巨大,因此从企业的经济效益上来看,肯定是前者低于后者。从短期的经济效益看,这个结果是一目了然的。但是从长远利益看又是如何呢?随着全球化的气候变暖、自然灾害的频发等日益严峻的环境污染问题的出现,各国政府部门在治理环境污染方面的政策和措施逐步加强,而民众的环保意识也在一天天加强,全球社会明天的发展方向肯定是环保型的。在全球化"可持续发展"的大背景下,如果企业坚持原来落后的生产技术,不顺应社会的潮流,慢慢就会被社会所淘汰,更何谈经济效益?

三、主动型环境管理的目标和保障制度

企业主动实施环境管理要达到三个主要目标。一是物质资源利用的最大化。通过集约型的科学管理,使企业所需要的各种资源最有效、最充分的得到利用,使单位资源的产出达到最大化。二是废弃物排放量的最小化。通过实行以预防为主的措施和全过程控制的环境管理,使生产经营过程中的各种废弃物最大限度地减少。三是适应市场需求的产品绿色化。根据市场需求,开发对环

境、消费者无污染和安全、优质的产品。三者之间是相互联系、相互制约的，资源利用越充分，环境负荷就越小。

为实现主动环境管理的目标，通常而言，企业须从以下几个方面着手加以保障。

第一，岗位责任制度。环境保护岗位责任制要与企业安全生产责任制相结合，以环境管理对每个工作岗位的要求为依据，明确工作岗位和人员；明确污染防治重点和职责；明确监督管理程序和要求；明确调整改进机制；明确考核奖惩措施。

第二，运行及排污记录、报告、现场检查制度。记录报告要到位，其内容主要包括生产基本运行情况、治理设备运行管理情况、污染物控制情况、出现超标排污的原因及处理措施等。替代措施要到位，污染防治设备需要停止运行时，也必须说明原因及拟采取的替代措施，报经企业综合环境管理机构同意。核查措施要到位，企业综合环境管理机构应通过定期或不定期的现场检查，对各生产单元与污染防治有关的设施进行操作、管理记录、事故隐患等方面进行检查，提出整改意见，并督促落实。

第三，考核及奖惩制度。综合考核，将控制污染物排放、防止污染事故发生作为环境目标责任制的主要内容，由企业综合环境管理机构对各生产单元环境目标完成情况进行统一监督管理和考评，并将环境目标完成情况列入企业年终综合评比中，奖优罚劣。单项考核，按照污染物总量或浓度分解指标，确定奖惩基数，根据各生产单元完成情况，由企业综合环境管理机构负责考评，超量惩罚、减量奖励。

第四，信息公开制度。《环境影响评价公众参与暂行办法》第七条,建设单位或者其委托的环境影响评价机构、环境保护行政主管部门应当按照本办法的规定,采用便于公众知悉的方式,向公众公开有关环境影响评价的信息。《中华人民共和国清洁生产促进法》第三十一条,根据本法第十七条规定,列入污染严重企业名单的企业,应当按照国务院环境保护行政主管部门的规定,公布其主要污染物的排放情况,接受公众监督。

四、我国企业实施主动环境管理面临的问题对策

(一)日本企业实施主动环境管理的经验与启示

日本企业实行严格的自主环境管理。在日本,不管是电镀厂、食品厂、汽车制造厂、发电厂、钢铁炼造厂等,无论大小,基本上所有的企业都与当地政府或者当地居民签定了公害防止协定。该协定对企业的环境行为有着非常严格的要求,规定的污染物排放值远远低于日本政府规定的排放标准。日本企业实行严格的环境管理的根本原因有以下几点。

1. 强大的外部压力

市民良好的环境意识提高了企业治理污染的要求。日本经济是世界发达经济体之一,而随着日本国民生活的不断提高,市民对环境的要求也越来越高,因此对企业治理环境污染形成了强大的外部压力。例如,丰田车体工厂在下班高峰期会使其前面的路口造成交通拥挤和噪声污染,经周边居民反映,该公司董事会经过认真考虑,决定投资建设一个地下通道来缓解拥堵与噪声污染的问题。同时,严格的法律也对企业治理污染形成了强大的外部压力。1970年,日本政府制定的《关于危害人体健康公害犯罪处罚法》规

定："对于因排放有害人体健康的物质(含积累性物质)而导致公众生命、身体危害者,处以 3 年以下的刑罚或者 300 万日元以下的罚金。致人死亡者,则处以 7 年一下的刑罚或者 500 万日元以下的罚金。"1973 年制定的《公害健康受害补偿法》还规定:"因健康受害物质(煤烟、特定物质、粉尘)等对人的生命、身体造成损害的情况,不管当事企业是否故意、又无过失,均负有赔偿受害者的责任。"①这些法律法规的制定,对企业加强自主环境管理形成了强大的外部压力。

2. 高额的排污收费标准

高额的排污收费标准对于企业实行主动环境管理起着至关重要的作用。我国虽然有《环境保护法》及一些地方性法规,但环境污染问题依然非常之严重的一个很重要的原因就是,我国对于排污企业的经济处罚太低,以至于企业的违法成本远远低于其经济效益。与中国的排污收费制度不同,日本的《公害健康受害补偿法》规定,对二氧化硫等污染物的排污收费主要用于救济因公害造成的健康受害者,包括对受害者的医疗费、疗养费、损害补偿费及遗嘱补偿费等七个种类的补偿。② 根据公害受害者数量的变化,单位污染物排放的收费标准也有变化。经济杠杆的作用促使日本企业不断降低污染排物。

3. 公害防治资金支援和税收优惠政策的鼓励

日本在过去 20 多年的经济增长中,经济增长率达到了 122%,但空气中有害物质的排放量却一直在降低。

---

① 肖贤富. 现代日本法论[M]. 北京:法律出版社,1998.
② 汪劲. 日本环境法概论[M]. 武汉:武汉大学出版社,1994:271.

4.绿色贸易壁垒的限制

随着世界经济一体化的发展,一些传统的关税和非关税壁垒逐渐被绿色壁垒取代。绿色壁垒是指那些为了保护生态环境、自然环境、人类和动植物的生命或健康等目的,而直接或间接采取的限制甚至禁止贸易的法律、法规、政策和措施。绿色壁垒一方面保护了环境,另一方面也被发达国家用来限制别国产品进口的借口和理由,而日本是一个以出口型经济为主的国家,因此,日本企业能很快很敏捷地判断出世界贸易的风向标。ISO140001—ISO14100,内容详尽,被称为国际贸易的"绿色通行证"。日本企业敏锐地感觉到了这张绿色通行证对其企业本身的重要性,因此越来越多的日本企业认识到了环境管理的重要性和紧迫性,并从长远可持续发展的角度出发,不断提升能源利用效率,降低企业对环境的污染排放,保持治理污染排放技术的创新及管理的领先性,这是日本企业为避免其他发达国家设定名目繁多的环境标准而限制日本出口的行之有效的方法。

(二)我国提升企业主动环境管理积极性的措施

第一,积极实施环境管理国际标准,申请并争取获得认证,目的是为企业的环境管理提供规范性模式样本。该系列标准主要包括环境管理体系、环境审核、环境标志、环境业绩评价、生命周期评估等部分,为企业合理选购原材料与能源,降低消耗,降低成本,减少污染物与废弃物的产生,实现经济效益与生态效益双赢等提供了可操作的科学控制措施和管理方案。它一推出,立即得到许多国家、地区政府和企业的认同,并被广泛推广实施。许多跨国公司实行"绿色采购",要求供应商要获得环境管理国际系列标准认证,产品要有环境标志。消费者也对具有"环境标志"的环境友好商品越来越有兴趣。越来越多的国家对没有取得环境管理国际系列标准认证的企业及没有"环境标志"的产品设限。

第二,公开发表企业的"环境报告书"。目前发表"环境报告书"的企业越来越多,尤以欧美发达国家为盛,亚洲则以日本为代表。日本一些社团媒体组织还主办"环境报告书"评奖活动,进一步推动了"环境报告书"在日本的普及,到 2004 年,在日本的上市公司中,已经有 90% 以上的企业发行了"环境报告书"。

第三,实行环境会计制度。环境会计是企业有效进行环境管理、实现环保目标与财务业绩双赢的重要工具。它通过对环保投资和由此产生的经济效益进行定量测算、分析,以便管理者做出既有利于企业履行环境责任义务又有助于企业获得所追求的财务业绩目标的决策。在欧美国家,环境会计制度已形成多年,许多企业实行并尝到甜头。亚洲的日本,在 20 世纪 80 年代后期开始实行环境会计制度。1997 年 3 月,日本环境厅公布了《关于计算和公布环保成本的指导标准——旨在建立环境会计(实行方案)》,对企业环保成本的分类和方法等做出了明确规定。

第四,大力推行清洁生产。清洁生产是企业实现环境战略的核心内容,也是企业兼顾环境效益与经济效益的重要手段之一。早在 1989 年,联合国环境规划署就提出了"清洁生产"的概念,其要点是在生产过程中采取整体性环境保护策略。联合国环境规划署与环境规划中心(UNEH 阮~C)认为,清洁生产是指将综合预防的环境保护策略持续应用于生产过程和产品中,以期减少对人类和环境的风险。它与过去防治污染的末端处理不同,侧重污染预防,而且是生产全过程和产品整个生命周期全过程的现实与潜在污染控制,包括节约原材料和能源,淘汰有毒有害的原材料,减少废物和污染物的排放,促进工业产品的生产、消耗过程与最终处置与环境相容,降低工业生产经营活动对环境的负面影响等。因此,以清洁生产为中心应成为企业环境管理的重要对策。①

第五,提高企业的违法成本。我国应提高排污收费标准,并将此列入环境保护法当中。我国现实的情况是,企业在排放废气废水等污染环境的废弃物时,所需要缴纳的罚款远远低于遵循法律法规的标准而付出的经济代价,所以就造成了很多企业宁肯交罚款也不愿意上一些环保的设备和设施。因此,提高企业的违法成本,并将之纳入法律范畴,是行之有效的一种方法。

第六,提高公民环境意识,扩展公民环境权益。政府应该承担起对全民进行环保教育的责任,针对不同对象,采取不同方式进行教育培训,以提高全民的环境知识水平,增强全社会的环境意识。公民环境意识的提高和环境权益的维护,对企业加强污染治理能形成比较强大的外部压力。并且,将来政府应着重扩展公民的环境知情权、环境监督权和环境索赔权,并在环境保护的法律建设中使之具体化、制度化。通过建立环境信息公开制度和完善有关诉讼等制度,鼓励公民通过信访、行政诉讼或民事诉讼等途径来要求企业停止污染损害,并给予经济赔偿,从而使企业自觉实行环境管理。

---

① 杜强.企业环境管理的探讨[J].福建论坛(人文社会科学版),2006(11).

（三）企业实施主动环境管理应注意的问题

1. 加强文化建设形成员工共同的价值观

企业文化是企业员工共同认可的价值观和行为方式，是企业的灵魂。文化建设的目标就是要使企业的发展目标、各项规章制度等被员工认可并愿意为之付出不懈的努力，这是推行主动管理的基础，否则主动管理无从谈起。在员工中营造一种人情味与亲和力，就能引起员工的共鸣，也能极大地激发员工的凝聚力和团队意识。"缺陷自我身边止，不犯缺陷不传递，日清日结日更高，分析主观更有效。"当这种文化理念成为他们共同的价值观时，他们就会自觉遵守与维护，做到自我约束、自我控制。

2. 领导要充分授权

在推行主动管理的过程中，领导有必要充分授权，要尽量把责任落实到最终的执行者，减少下属的依赖性。领导授权不意味着权利的丧失，反而会意味着权利的加强。传统的管理，领导注重于控制下属的行为，而主动管理的领导主要强调通过引导人的思想来影响行动。领导不再依靠权威，而是靠影响力；不再是简单的控制者，而是新观念的传播者，是共同愿景的设计者。与此同时，领导者将会得到更大的回报。回报更是对员工的肯定，并将使他们获得深深的满足感和成就感。而这些回报所具有的意义，比传统的领导者得到的权利和称颂更为深远。

3. 不断提高员工素质

员工的素质水平是我们推行自主管理的条件之一。高素质的员工对任何企业的文化和个性规章制度都会有较深层次的认识，也能敏锐地捕捉到工作中存在的问题，方法和对策也会更科学和有效。大凡高素质的员工,他们都会有自己的目标和理想,只不过需要组织引导,目前的企业学习型组织创建活动便是一个很好的载体。通过学习型组织创建活动,使团队的学习力不断增强,员工素质不断提高,团队成员为了共同愿景的实现,把个人价值的实现与企业目标有效结合起来,自觉地进行主动管理。而通过主动管理,当个人价值不断实现,企业给予其高度的认可和回报时,就会激发个人不断学习,不断提高,不断创造新的价值,由此形成良性循环。

4.建立相应的激励机制

要使主动管理能扎实、持久地开展下去,必须建立和健全相应的激励机制,以充分调动、保护和发挥职工自主管理的积极性,对开展自主管理卓有成效的班组或课题小组的经验,可以通过成果发布会进行推广,也可通过"主动环境管理班组"、"免检班"命名等形式进行必要的物质奖励或精神激励,以促使员工更感责任的重大,也使自主管理的行为和范围向纵深发展。

主动管理是管理的最高境界。今天,一个企业的成功并不仅取决于严格的制度管理,而在于充分发挥全体员工的参与意识与主动管理水平。只有积极地调动每一个员工的积极性和创造性,才能为企业的发展源源不断地注入活力。

(四)我国企业自主环境管理新展望

中国企业在不断促进环保的生产和经营,但是,依然有很多企业家对环境管理的认识存有误解,所以就无法实行企业环境管理的主观能动性。"如果企业家能够换一个角度看待企业与环境的关系,他就能看到更广阔的市场和更强的竞争力,而不是成本。"我国企业现在更多的是屈从于外部压力才不得不改进其环境表现，主要表现在几个方面。

第一，压力可能来自海外市场的采购方或投资方。如果企业的产品或生产工艺不能达到指定的环保要求，采购方就会拒绝购买，投资方就会撤出资本。这些问题往往会成为让中国企业感到棘手的问题。如果企业想做成此买卖，就不得不按照人家的要求来。

第二，来自民间的压力也是一个重要因素，包括公众媒体与非政府组织的压力。富起来的人们不愿意忍受空气污染、水质污染等与自己生活息息相关的污染问题，而这种声音也越来越多，对企业造成的压力让企业不容忽视。但我国不同规模的企业对环境的压力不尽相同。大企业对环境压力比较敏感，往往会注重自己的品牌形象和长远发展，因为不好的舆论会影响企业的盈利。这类企业主要是规模较大的国有企业和一些跨国公司的在华公司及办事处等。相比较而言，中小企业的品牌价值较低，经营者参差不齐，思想各异，大多数会对外部环境压力置若罔闻。这种企业的经营者在中国非常常见，多数集中在乡镇办厂办企业的企业主身上。

据欧盟提供的工业化国家企业环境自主管理发展过程看，企业环境管理由强制性到自律性，再到自愿性行为，是一个必然的发展方向。但它需要一个渐进的过程，其转换需要支持条件的逐渐成熟和所依赖制度基础的逐渐演变。因此，想要扭转我国在这方面的不利局面，就必须强化企业环境管理的制度建设和实施力度，建立一种有效的成本选择机制，使企业在产业污染防治中形成自律性环境管理行为，并逐步向资源行为过渡。并且，政府在这方面要加强宣传力度，尤其是一些在这方面走得比较快的企业，政府应该给予有目的的宣传，进而达到影响教育的目的。

此外，针对大企业与中小企业对待环境问题的不同态度，政府应帮企业改变旧有的污染治理思想，尤其是末端治理思想，从企业竞争力的角度出发，让企业"知其道、用其妙"，真正将企业环境管理的精髓整合到企业经营活动中去，实现企业经营与环境保护的双赢。

当前很多中国企业的技术水平不高，实施的是粗放式的经营管理，绩效提升的空间很大，只要加以合理引导，很多企业就可以焕发新机，变得更环保且更具有竞争力。在这一方面，国内有一些创新的做法，如中德联合实施的浙江省企业环保咨询项目，就是帮助当地企业引入德国企业的环境工具。另外像扬子石化、梅山钢铁、华能南京电厂、中国水泥厂、南汽集团、净之杰固体废弃物处理有限公司，这六家南京市污染排放大户，都自愿加入了欧盟在中国启动的"中国城市环境管理中试用自愿式协议方法"，每年根据欧盟业已成熟的管理经验和模式，自主自觉地与当地政府签署减少污染物排放和降耗3%～5%的协议。实践表明，这些企业实现了经济效益、环境效益和组织效益的多赢，其经验值得我国其他企业借鉴。

第四章　企业自主环境管理的制度构成

第一节　原材料和产品设计的源头管理

俗话说,"好的开始是成功的一半",可以说,原材料和产品设计的源头管理在某种程度上直接决定了企业自主环境管理的成功与否。因此,企业要实施好自主环境管理制度,就一定要重视源头管理,严格把控原材料的选择和购买,为产品设计绿色健康的生命流程,实现企业的健康可持续发展,进而维护良好的生态环境。

在企业生产的源头上,原材料和产品设计自然首当其冲。企业的原材料涉及各个方面,农业原料大多来自农作物本身;而肥料在当前大多是化工产品;食品行业、纺织行业原材料常常是来自农作物和一部分化工原料;工业原材料大多来自林业原料或矿产资源;等等。各行各业的原材料数不胜数,但是毫无疑问的是,每一种原材料都会涉及到产品本身的安全以及对环境的影响。下面以制药业为例来对产品原材料的控制的必要性进行探讨。

2011 年 7 月 28 日,据慧聪制药工业网报道,国家环保部制定的《环境服务业"十二五"发展规划》将有望在近期出台。这意味着"十二五"规划期间,制药工业作为环境服务业的一个重要方面,将毫不例外地被纳入环保攻坚的重点治理范围。国家在对制药工业提出环保新要求的同时,制定了一系列法规标准和鼓励政策,规范引导与扶持制药企业的健康有序发展。

根据国家环保总局要求,《制药工业污染物排放标准》自 2008 年 1 月 1 日起开始实施,随后在 2010 年 7 月,《制药工业水污染物排放标准》颁布实施,之后"十二五"环保也开始了攻坚规划,一道道利剑指向了制药工业企业,制药工业面临着前所未所的挑战与压力。换句话说,在新一轮的产业结构调整中,环保能力将成为考量制药企业能否适应政策形势和市场竞争的关键指标,因此,若制药企业不能在污染防治或者说环保治理上把握主动、有所作为,将必然为政策所不容,被市场淘汰。①

回过头来看我国的制药工业现状,近些年来虽然发展迅速,但产生了大量小规模的制药企业,同时布局格外分散,生产过程中因原材料投入量大、产出比低、环境污染严重,已成为影响行业健康持续发展的"瓶颈"。面对这种高排放、高污染,以牺牲环境为代价来换取总量规模上的快速上升,已引起国家相关部门、地方政府及社会公众的高度重视与关注,所以,要求加强以"节能减排"为核心的环保整治工作便迫在眉睫,势在必行。制药企业作为制污排污的责任主体,理应担当更大的社会责任,视"环境保护"为基本的社会道德和职业操守,把"防污治污"作为事关企业生存发展的重点工作来谋划、推动,为保护好一方的蓝天碧水做出应有的贡献。

那么,如何解决我国当前制药业所面临的环境压力呢？首先是要从制药业的原材料入手。制药业的原材料种类繁多,工艺复杂,原料利用率低,那么企业就要大力发展科技创新,对原材料的种类进行控制,尽量减少有严重污染的材料种类,努力寻找可替代

---

① 朱凌志. 环保能力将成为医药企业核心竞争力[EB/OL]. http://info. pharmacy. hc360. com/2011/07/280913329119. shtml,2011 – 10 – 30.

产品,采用新的技术、设备,提高原材料利用率,以最小的支出获得最大的产出。其次,就是要对制药业的整个生产流程进行相应的规划,对产品的生命周期进行绿色设计,保证其在生产过程中污染最少,浪费最小,减少破坏,保持生态,生产出环保绿色的健康产品。

一、企业材料的源头管理

企业生产的明显特征是投入—产出。投入,是指生产活动中人力、物力、财力的投放。产出,是指劳动生产的结果。投入包括人力、原材料、资金、设备设施及工具安装、技术与管理等要素。如果只从实物形态上看,主要是财力、人力、资金、机器四大要素。在这些要素中,原材料是产品生产的基础,是生产和扩大再生产的基本要素。在人力、设备、资金具备的条件下,没有原材料的投入,就没有产品的产出。因此,原材料的控制管理至关重要,直接关系到企业能否生产出对资源利用最少,对环境损害最少,并且符合环境要求的环保产品。

企业生产造成的污染首先来自于原材料的污染。为杜绝当前大多数企业先破坏后恢复、先污染后治理、边污染边治理的现象继续发生,我们的企业应当树立绿色材料的理念。绿色材料是一种既能满足产品要求功能,又能与环境具有兼容性的材料,同时还要求该材料在加工、使用、报废处理等产品的生命周期中都能够与环境友好相处,甚至是有利于环境保护,或者是不破坏、少破坏环境。绿色材料是一种在生产过程到产品的出产过程都具有最大的资源利用率和最小的环境不利影响的环保材料。

229

因此,企业要对进厂的每一样原材料严格审查,对原材料的质地进行严格把关,禁止或减少严重污染或破坏生态环境的原材料,甚至是那些需要破坏原有生态系统而得到的原材料,比如砍伐森林后得到的木材等。对此类会造成环境破坏的原材料要严格限制,要努力进行技术创新,采用科技手段生产可以替代此类产品的替代品,为企业后续的自主环境管理起到重要的保障作用。

二、产品生命周期的绿色设计

绿色设计又被称为生态设计,是指在产品设计中除了要考虑产品的生产费用最小、经济效益最高以及在保证产品功能、质量原则等之外,还要将生态原则体现在设计中。例如在原材料的选择中就应做到"三个优先":一是优先选用与环境友好兼容的材料和零部件来替代有毒、有害及有辐射特性的材料,从而降低产品对人体健康的危害,减少安全风险;二是优先选用节能、清洁型材料来替代耗能、污染型材料,减小资源与能源的消耗,提高资源的利用率;三是优先选用可再生、可循环利用的新材料或易于降解和再加工的材料来替代浪费严重的旧材料。此外,产品的设计还应有利于减少加工工序,如进行可循环设计、可拆卸设计和模块化设计等,以便于生产制造和降低能耗。①

绿色产品生命周期设计与传统产品设计的要求不同,因而设计的程序和内容也有极大的区别。总体来说,绿色产品的设计过程应该时刻注意"面向环境"。为了保证绿色产品的"绿色性",在

---

① 王其中.企业绿色发展战略[J].广西商业高等专科学校学报,2002(3).

绿色产品设计时应该着重考虑以下几方面。

第一，绿色材料的设计。绿色材料是指在满足其一般功能要求的前提下，具有良好环境兼容性的材料，即在制备、使用以及后续处置等生命周期的各阶段内最大程度地利用资源和对环境产生最小的影响。原材料处于生命周期的源头，选择绿色材料是开发绿色产品的前提和关键因素之一。

第二，绿色工艺设计。采用绿色工艺是实现绿色产品生产制造的一个重要环节。绿色工艺又称清洁工艺，是一种既能提高经济效益又能减少环境影响的工艺技术。绿色工艺的实现途径主要有：(1)改变原材料的投入方式，对其就地利用，再利用有实用价值的副产品和回收产品，在工艺过程中循环利用各种材料；(2)改变生产工艺或制造技术，改善工艺控制，改造原有设备，将原材料消耗量、废物产生量、能源消耗、健康与安全风险以及对生态的损害减少到最低程度；(3)尽量使用自然环境，对空气、土壤、水体和废物排放进行相应的环境评价，根据环境负荷的相对尺度，确定其对生物多样性、人体健康和自然资源的影响。

第三，绿色包装设计。绿色包装即符合环保要求的包装，它要求商品包装无害平衡，无害于人类健康。进行绿色包装设计可以采取几种方法：(1)通过改进老技术和采用新技术，节约和简化包装，目前国际市场上出现的"过分包装"现象已超出了包装功能的要求和设计的需要，既浪费资源又加重环境污染，绿色产品的包装应尽量避免这种情况；(2)加强对包装材料的回收和再利用技术的开发，循环利用现有的包装废弃物，并开发出相应的替代包装品；(3)通过改进产品结构形式，可以减少产品的重量，达到改善、降低成本的效果,并减少对环境的不利影响;(4)提高产品的内部结构强度,减少产品在运输过程中的破损风险,以减少包装材料,并降低包装费用。

第四,绿色产品回收循环利用设计。在绿色产品设计中,当评价某一重复回收使用方案时,原材料和能源的利用、环境负荷、安全性、可靠性及费用是重要的考虑因素,它们的关系式可以表示为:回用社会效益=日用物资价值+降低的总处置费-收集和加工费。在设计再生资源回收体系中,可以考虑建立城市社区和乡村回收站点、分拣中心、集散市场"三位一体"的回收网络,推进再生资源规模化利用;加快完善再制造旧件回收体系,推进再制造产业发展;建立健全垃圾分类回收制度,完善分类回收、密闭运输、集中处理体系,推进餐厨废弃物等垃圾资源化利用和无害化处理。

在考虑重复回收的效益和费用时,德国提出了"取回"回用政策,这是对设计的一个全新认识。产品不是向消费者出售,而是从生产商"租出",这样不仅降低环境负荷而且节约了费用。比如,为了让产品实现易回收,有更大的商业利用价值,企业在绿色产品的开发中具体可以采用可拆卸设计。产品可拆卸是指,产品在使用后其某些部件可以被拆卸利用的设计,它是通过产品设计过程将产出(废物和废弃产品等)与投入(原材料)联系起来,从而创造一种环境友善的产品设计思想和实践。目前,面向拆卸的设计(Design for Disassembly,简称 DFD)主要集中于非破坏性拆卸。现在,国外很多企业采用可拆卸设计开发出了深受欢迎的绿色产品。Xero 公司采用该技术开发出的复印设备,大多数零部件都可以拆卸重用。其营销方法主要是租赁而非直接销售,租赁期满后就可以将大部分零部件重新利用,既达到了降低成本的目的,也实现了环境保护的效果。

第五,面向产品使用的设计。产品在使用过程中会消耗资源并给环境带来负担,所以,在产品设计阶段就应对产品使用造成的能源消耗和环境污染问题给予足够的重视。例如 Philips 公司研制的 SMPS 多蕊片电源模块,被称为"绿色蕊片",它以绿色设计为目标,可以使许多电源在转入闲置待机状态时的功耗大大减少。绿色产品的设计应当面向产品的使用过程,结合产品的使用特点和工作方式,采用先进的工艺和技术,改善设计方案,尽量减少产品在使用中的能源消耗。

第六,面对消费模式的绿色设计。在产品的消费过程中,倡导文明、节约、绿色、低碳消费理念,推动形成与我国国情相适应的绿色生活方式和消费模式,可以在一定程度上大大减少环境破坏和污染所造成的损害。鼓励消费者购买使用节能节水产品、节能环保型汽车和节能省地型住宅,减少使用一次性用品,限制过度包装,抑制不合理消费。推行政府绿色采购,逐步提高节能节水产品和再生利用产品比重。鼓励绿色消费模式,不仅可以改善消费环境,也促进了绿色产品的消费,有利于绿色企业的进一步发展,进而实现多赢的局面。

企业原材料和产品设计的源头管理,直接决定了企业在以后的发展历程中是否能够坚持绿色道路,是否能够保证企业的可持续发展,是否能够为环境保护尽到企业在当今环保时代下的社会责任。这是一项伟大且利及千秋的工程,只有一代代的企业家、一个个的企业坚持自主环境管理道路,才能为以后的企业保护生态,创造一个"唯环境和利益是图"的良好社会环境,才能使当代人类及后代的子子孙孙看到蓝蓝的天,喝到清澈的水,呼吸到清新的空气。

第二节　生产和销售中的环境友好管理

生产和销售是继原材料和产品设计之后的另一大要点,也是企业生产绿色产品、进行环境管理中的关键环节。能否生产出绿色产品并得到顺利销售,直接关系到企业今后的生存和发展,甚至关系到今后人类生存的环境能否得到改善。因此,企业在生产中如何进行自主环境管理,如何确保销售中对绿色产品的宣传,以及对企业后续发展的影响等,都是对企业提出的又一大挑战。

一、生产中的环境管理——清洁生产

我国目前工业企业的工艺都比较落后,设备陈旧,消耗指标高,资源和能源浪费严重,像有些化工企业原料的转化率只有30%左右,造纸行业烧碱的回收利用率只有25%左右,能源消耗方面,全国总的能源利用率不足30%。由此可见,加强生产过程中的环境管理,对防止污染和增产节约来说都是非常重要的。

针对生产中的环境管理,联合国环境规划署提出了清洁生产的概念,它表述了原材料—生产产品—消费使用的全过程的污染防治途径,要求在产品或工艺的整个寿命周期的所有阶段,都必须考虑预防污染。清洁生产打破了传统的"末端"管理模式,注重从源头寻找使污染最少化的途径,将预防和治理污染贯穿于整个生产过程和产品消费过程。通过实施清洁生产,能够节约能源、降低

原材料消耗、减少污染、降低产品成本和"废物"处理费用,提高劳动生产率,改善劳动条件,直接或间接地提高经济效益,是实现企业可持续发展的一种新模式。①

国家"十二五"规划中指出,加快推行清洁生产,在农业、工业、建筑、商贸服务等重点领域推进清洁生产示范,从源头和全过程控制污染物的产生和排放,降低资源消耗;加强共伴生矿产及尾矿的综合利用,提高资源综合利用水平;推进大宗工业固体废物和建筑、道路废弃物以及农林废物资源化利用,工业固体废物综合利用率达到72%;按照循环经济要求规划、建设和改造各类产业园区,实现土地集约利用、废物交换利用、能量梯级利用、废水循环利用和污染物集中处理;推动产业循环式组合,构筑链接循环的产业体系,将资源产出率提高15%。

清洁生产区别于传统的生产过程,它能最大限度地节约与有效利用能源、资源,提高经济效益。传统的企业生产忽视产品制造的清洁工艺过程,只重视产出对环境造成的污染,导致了"先污染,后治理"的末端治理的被动局面,因此,只有清洁工艺才是企业实现可持续发展的根本。清洁工艺的实现途径包括:(1)进行技术创新,改变或改善生产工艺,改造原有设备,提高生产效率,将工艺中原材料的消耗、能源消耗、废物产生和生态负效应减少到最低的程度;(2)改变原材料投入,加强对副产品的利用,尽可能地选用生产过程中的废料作为产品的部分原材料,以实现废料在工艺进程中的循环利用;(3)密切监视企业生产过程中的废物排放以及对空

---

① 制药企业原料、回废、清洁生产[EB/OL]. http://wenku.baidu.com/view/e738ede9b8f67c1cfad6b8d0.html,2011-11-02.

气、土壤、水体影响的环境评价,进行环境审计,将废物减量化、资源化和无害化,从末端治理向污染预防转变。清洁工艺的战略重点是产品的整个寿命周期,即从原材料提取到产品的最终处置,减少其在各阶段的各种环境负面影响。

依据《清洁生产促进法》和国家发改委与国家环保总局制定的《清洁生产审核暂行办法》规定,具有严重污染危险的企业必须开展清洁生产审核。2005年6月,国家发改委与国家环保总局以2005年第28号公告的形式,正式发布了《电镀行业清洁生产评价体系(试行)》,改变了以往某些严重污染环境的行业缺乏完整规范的清洁生产指标体系和评价方法以及操作性差的缺陷,针对一些严重危害环境的行业制定了科学合理的评价方法和标准。

清洁生产评价指标具有标杆(benchmarking)的功能,为企业的清洁生产提供了一个清洁生产绩效的比较标准。清洁生产评价指标的确定是清洁生产审核活动中最为关键的环节,它可以用于寻找减废、减污空间,成为产品设计和工艺开发的基准,同时展现环境绩效和为清洁生产程度的评比提供科学合理的标准和尺度。

(一)清洁生产指标的选取标准

清洁生产指标体系的建立应当注意指标体系的合理性和简洁性。由于清洁生产涵盖了原材料与能源、生产过程和产品这三个大的基本方面,为此,可以从以下几个方面确定指标制定的基本原则。

首先,相对性原则。一项清洁生产技术是与现有的生产技术相比较而言的,对它的评价,主要在于与它所替代的现有技术进行相应的比较。

其次，污染预防的原则。清洁生产指标的范围不需要涵盖所有的环境、社会、经济等指标，主要是要反映生产过程中所使用的资源量及产生的废物量，包括使用能源、水或其他资源的情况。通过对这些指标的评价，反映生产过程是否环保、高效，进而确定是否达到了保护自然资源的目的。

再次，生命周期评价原则。对一项技术的评价，不但要在生产过程和产品的使用阶段进行，还应对生命周期各阶段所涉及的各种环境性能做尽量全面的考察和分析。清洁生产要求在产品生命周期中的所有环节都是清洁的、最低耗的。

最后，定量化原则。由于指标涉及面比较广，为了使所确定的清洁生产指标既能够反映项目的主要情况，又简便易行，在选取指标时要充分考虑到指标体系的可操作性和实施的低成本性。指标体系应当层次分明、意义明确，避免面面俱到、烦琐庞杂。因此，应尽量选择容易量化的指标项，为清洁生产指标的评价提供有力的依据。对清洁生产技术的评价应最终落实在产品（包括服务）上，可用万元产值或单位产品作为评价的单位。[①]

（二）企业生产中的环境管理

第一，加大产品结构调整力度，依据相关产业政策要求，按期淘汰落后的生产能力、工艺和产品；积极实施清洁生产审计并自觉实施清洁生产，创建"环境友好型企业"。

第二，要建立专门的环境管理机构，健全完善环境管理制度并纳入正常管理，记录环保设施的运行数据并建立环保档案，确保环

---

① 魏立安.电镀企业清洁生产审核[J].电镀与涂饰,2005(10)。

保设施稳定运转率达到95%以上；建立和完善环境污染事故应急预案，并定期组织演练。

第三，加强生产技术和设备管理，杜绝跑、冒、滴、漏，充分利用好各种资源、能源，提高原料、能源利用率，不产生或少产生废弃物。凡是通过检修、更换设备能够解决污染问题的，要及时停产检修，更换设备。

第四，必须在查清污染现状和排污底数的基础上，制定切实可行的治理规划，有计划、有步骤地付诸实施，保证周围居民和企业对环保工作满意率达到90%以上。

第五，现有化工企业的改扩建项目，必须符合环境保护固化、土地利用规划、产业政策及其他有关规定，实行以新带老的原则，并解决新老项目污染问题，确保增产不增污。

第六，与原、辅材料供应方、协作方签订的原料供应服务协议中，要按照《危险化学品安全管理条例》、《道路危险货物运输管理规定》以及其他有关法律、法规要求，明确危险化学品包装、运输、装卸等过程中的安全要求和环保要求。

第七，挥发性原料、产品的储存必须采用密闭设施，储罐必须设置呼吸阀、压力调节装置或采用内浮顶储罐，原料、产品装卸要采取回收处理措施，减少废气排放。

第八，挥发性原料、产品在运输、储存过程中，安全阀、管道、容器中排放的气体必须回收或采用其他合理有效的处理措施，取样分析要采用在线闭路采样。精密封点泄露率保持在万分之五以下。

第九，生产装备符合相关清洁生产标准中的国内清洁生产先进要求,设备运行无故障,设备完好率要保持在98%以上。

第十,企业对排放的废气必须采用有效措施进行治理。生产原料、产品的装卸要采用自动密闭装卸设施。生产设备所有排气口排放废气必须全部收集并采用回收、吸收、吸附、催化燃烧等合理的措施进行处理,以达到排放标准要求,严禁不经处理直接排放。

第十一,对散发恶臭污染物等化工异味的设施必须采取密闭处理,并对恶臭污染物采取精华回收措施处理,以达到企业厂界外无化工异味的要求。

第十二,各生产装置排出的废水,必须在清污分流的前提下进行有效处理并达标排放。废水输送管道及废水储存、处理设施必须采取密闭措施并设置废气回收处理设施,防止化工异味气体挥发。

第十三,企业产生的固体废弃物必须严格按照《国家危险废物名录》进行分类。厂内固体废弃物的临时储存场要依据《一般工业固体废弃物储存、处置场污染控制标准》(GB18599)和《危险废物储存污染控制标准》(GB18597)的要求建设,固体废气物在厂内的临时贮存场应设置防止渗漏、密闭防止化工异味气体挥发以及污水、废气回收处理设施。固体废弃物应及时清运处置。工业固体废弃物和危险废物安全处置率均达到100%。

第十四,对工艺过程中产生的可用尾气、不参加化学反应或反应过剩的化学介质,都要回收利用或处理,严禁直接排放。

第十五,对生产和设备检修中产生的废酸液、废碱液、残夜或有机溶剂,必须做到本厂分档,循环套用于生产,或者经过加工处理后出手给具有资质的单位利用或处理,不得随意排放。对设备检修过程中产生的废气、废水要统一收集处理,不得造成二次污染。

第十六,各废气排放点源必须安装在线检测设备,并与环保部门联网。

二、销售中的环境管理——绿色营销

绿色营销观念是在绿色营销环境条件下企业生产经营的指导思想。传统营销观念认为,企业在市场经济条件下生产经营,应当时刻关注与研究的中心问题是消费者需求、企业自身条件和竞争者状况三个方面,并且认为满足消费需求、改善企业条件、创造比竞争者更有利的优势,便能取得市场营销的成效。而绿色营销观念却在传统营销观念的基础上增添了新的思想内容。

英国威尔斯大学肯·毕提教授在其所著的《绿色营销——化危机为商机的经营趋势》一书中指出:"绿色营销是一种能辨识、预期及符合消费的社会需求,并且可带来利润及永续经营的管理过程。"绿色营销观念认为,企业在营销活动中,要顺应时代可持续发展战略的要求,注重地球生态环境保护,促进经济与生态环境协调发展,以实现企业利益、消费者利益、社会利益及生态环境利益的协调统一。从这些界定中可知,绿色营销是以满足消费者和经营者的共同利益为目的的社会绿色需求管理,以保护生态环境为宗旨的绿色市场营销模式。与传统的社会营销观念相比,绿色营销观念注重的社会利益更明确,定位于节能与环保,立足于可持续发展,放眼于社会经济的长远利益与全球利益。

作为企业,要对市场消费者的需求进行研究,不能把眼光仅仅停留在传统需求的基础上;更要着眼于绿色需求的研究,并且意识到这种绿色需求不仅要考虑现实需求,更要放眼于潜在需求。因此在企业生产经营过程中,研究的首要问题就不再是传统营销因素条件下通过协调三方面关系使自身取得利益的营销模式,而是探索其与绿色营销环境的关系。企业营销决策的制定,必须首先建立在有利于节约能源、资源和保护自然环境的基点上,促使企业市场营销的立足点发生新的转移。将企业与同行竞争的焦点从传统营销要素的较量、争夺传统目标市场的份额转移到最大程度保护生态环境的营销上来,并且将这些措施不断建立和完善,树立企业实现长远经营的目标,从而形成和创造新的目标市场。这才是竞争制胜的真正法宝。

企业在实施绿色战略,开发绿色产品时,还要重视研究绿色营销,包括绿色产品价格的确定和绿色销售渠道的选择等方面。企业在制定绿色产品价格时,应注意将生产开发绿色产品过程的环境成本内在化,在价格上反映出资源和环境的价值。绿色产品价格应当高于或略高于一般同类产品的价格,使绿色产品显示出其本身的档次和特点,同时也有利于企业取得较好的经济效益,促进绿色事业的长远发展。此外,在选择分销渠道时,应确定好分销渠道的长度和宽度,精心挑选有较高社会信誉、公众形象良好、还要对绿色产品有认识的代理商、批发商、零售商。同时,还可以利用中间商们的销售网络,迅速推广绿色产品,通过采取设立绿色系列连锁销售店、绿色产品专卖店、在大商场设立专卖柜台等形式,扩大绿色产品的影响力,提高销售的覆盖面。销售绿色产品的从业人员,也要有较高的素质,才能起到较好地宣传绿色产品的意义,对推销起到事半功倍的作用。

(一)绿色营销的必要性

人类的工业文明仅仅经历了100多年的历史,就已经让地球付出了沉重的代价,这也是人类应该承受的代价。随着资源短缺、环境的进一步恶化、淡水的枯竭、大气层的破坏、地球变暖等生态及环保问题的加剧,人们开始将生态观念、HSE[健康(Health)、安全(Safety)和环境(Environment)管理体系的简称]的健康、安全、环保观念根深蒂固地扎根于人类的思维理念中,继而形成习惯,也就是现在所公认的"绿色习惯",从而由绿色习惯催生出绿色需求。

马斯洛的需求理论讲述了人类社会需求的层次性。当人们已经不再为基本的需求而奔波的时候,人们开始追求生存质量和生活质量:生存质量的追求表现在更加注重生态环保,生活质量的追求表现在倾向于消费无公害产品、绿色产品。由于这些产品本身所包含的特性和特点,使人们在消费过程中得到品质的满足和品位的提升;新的消费观念讲究满足基本消费的同时,开始考虑基本消费所带来的附加值。事实上,随着人们对生态环保观念的认知和加强,也促使人们改变原有的消费观念,许多人已经自愿拒绝非绿色产品,这些人心甘情愿地站在绿色消费立场上,心甘情愿地为人类社会的可持续发展买单,具有高度的前瞻性。

为了更好地推行绿色消费、培育绿色需求,一些国家特别是发达国家已经制定和颁布了相关法规来规范和推行绿色需求,实现绿色消费。乌拉圭回合的《贸易壁垒协议》中规定:"不得阻碍任何国家采取措施来保护人类、动物或植物的生命健康、保护环境。"这实际上就为国际间进出口的"产品绿化"提供了法制基础。因此，应对绿色消费的需求，企业应当做好产品的营销工作，实现绿色营销。这不仅是企业发展的根本保证，也对社会的可持续发展大大有利。

(二)绿色营销策略的实施

1.绿色营销计划

企业要实施绿色营销战略，这与企业的长期发展规划和战略是分不开的。企业对于绿色营销的实施和开展必须要做好充足的准备，以便为绿色营销提供必要的条件。这些都要求企业在深入地进行目标市场调研的基础之上，将企业产品和品牌进行合理的市场定位，分析其潜在的市场容量和潜在的顾客购买能力，对绿色营销资源进行有效整合，发挥绿色营销独特的作用，扬长避短，实现绿色营销的综合效益最大化。

针对绿色营销的战略意义，要求企业有一个明确的绿色发展计划，以作为绿色营销计划的实施基础。其中应该详细表述产品的绿色发展周期、绿色品牌的实施计划、绿色产品的研发计划、绿色营销的推广计划、绿色营销服务的通道计划、绿色商流物流价值流的计划、绿色营销的管理方案等绿色计划。

另外，企业在实施绿色营销前，应该对企业实行绿色营销的过程管理、人力资源管理、资金流和价值流的管理进行系统计划，确保营销过程中各种资源得到适时的有效整合，推动整个绿色营销进程的实施，为最终实现各种利益体的共赢打下坚实的基础。

2.绿色品牌建设

营销理论的发展给了我们一个共识：营销从采购开始，绿色营销的开端更是要从源头抓起。只有这样，才能保证绿色产品供应链的有效运转，最终实现绿色消费，达到对生态环境保护和有效减少环境污染的目的。

首先，绿色产品的设计成为重中之重。这要求采取绿色营销的企业从材料的选购、产品结构、功能性能、设计理念、制造过程开始就要层层把关，加强生态、环保、节能、资源利用等方面的控制与遴选，以确保绿色消费的实现。除此之外，在产品的包装、运输、储存及使用、废弃物的处理等方面，都要考虑到各种有可能受到影响的绿色因素。

其次，绿色产品讲究综合成果，即绿色产品要能够体现健康、安全、环保，体现对社会的一种责任意识，要将原本属于社会职能的内容考虑到企业的经营管理当中，并认真负责地承担起解决这些社会问题的义务。企业只有对外树立起良好而健康的企业形象，才能够真正实现打造绿色品牌的效果。企业在进行品牌战略时，要切实抓好绿色产品这一载体，赋予绿色品牌更多的内涵，体现出绿色经营管理文化，同时灌输绿色经营管理观念，不断丰富品牌承载量，努力扩展品牌深度，从而实现品牌价值最优化、最大化。绿色品牌策略包括如下内容：一是具有高度责任意识的绿色品牌定位；二是精细而健康的绿色品牌维护；三是科学系统的绿色品牌经营管理；四是长期不懈地进行绿色品牌修正。

第三，绿色产品定位。绿色产品具有较高的附加值，拥有优良的品质，在健康、安全、环保等诸多方面都具有普通产品无法比拟的优势。因此，在其市场定位上应该着眼于较高层次的消费需求。企业应当根据市场环境因素，对不同市场进行不同的产品定位。

研究表明,在欧美发达国家,即使是普通的消费也都倾向于绿色消费,所以绿色产品在那里已经非常普通,其市场定位当然也较为普通;但在发展中国家,尤其是在国内普通民众环保意识还不是很强烈的现状下,绿色产品对于普通消费者来说还是奢侈品,消耗量较小,因此就必须要在一个较高基点上进行市场定位。

在价格策略上,绿色产品由于支付了比较昂贵的环保成本,再加上在产品选材及设计上的独特性和高要求,使其具有普通产品无法比拟的高附加值,因此其价格比一般普通产品高是极其正常的。消费者也很愿意接受这样的一种价格。因此,企业在为绿色产品进行定价时,要充分地将环保成本、研发设计成本、其他诸如绿色包装、绿色材料、绿色渠道、绿色服务等的成本考虑进去,进而制定出对于企业和消费大众来说都是比较合理的市场价格,逐步在消费者心目中灌输一种"污染者付费"、"环境有偿使用"的现代绿色观念。

另外,企业在对绿色产品进行定价时,应该遵循一般产品的定价策略。要根据市场需求、竞争情况、市场潜力、生产能力和成本、仿制的难易程度等因素进行综合考虑,切不可盲目完全采取一纸定价策略,亦不宜完全应用渗透定价策略。只有注重市场信息收集和分析,分析消费者的绿色消费心理,才能制定出合理可行的绿色价格方案。

第四,绿色营销的销售渠道设计。绿色营销渠道是绿色产品从生产者转移到消费者所经过的通道。企业实施绿色营销必须建立稳定的绿色营销渠道,策略上可从以下几个方面努力。(1)启发和引导中间商的绿色意识,建立与中间商恰当的利益关系,不断发现和选择热心的营销伙伴,逐步建立稳定的营销网络。(2)注重营销渠道有关环节的工作。为了真正实施绿色营销,从绿色交通工具的选择、绿色仓库的建立,到绿色装卸、运输、贮存、管理办法的制定与实施,要认真做好绿色营销渠道的一系列基础工作。(3)尽可能建立短渠道、宽渠道,减少渠道资源消耗,降低渠道费用。

　　第五,绿色营销的促销战略。绿色促销是通过绿色促销媒体,传递绿色信息,指导绿色消费,启发引导消费者的绿色需求,最终促成购买行为。绿色促销的主要手段有以下几方面。(1)绿色广告。通过广告对产品的绿色功能定位,引导消费者理解并接受广告诉求。在绿色产品的市场投入期和成长期,通过量大、面广的绿色广告,营造市场营销的绿色氛围,激发消费者的购买欲望。(2)绿色推广。通过绿色营销人员的绿色推销和营业推广,从销售现场到推销实地,直接向消费者宣传、推广产品绿色信息,讲解、示范产品的绿色功能,回答消费者的绿色咨询,宣讲绿色营销的各种环境现状和发展趋势,激励消费者的消费欲望。同时,通过试用、馈赠、竞赛、优惠等策略,引导消费者的消费兴趣,促成购买行为。(3)绿色公关。通过企业的公关人员参与一系列公关活动,诸如发表文章、演讲、影视资料的播放、社交联谊、环保公益活动的参与、赞助等,广泛与社会公众进行接触,增强公众的绿色意识,树立企业的绿色形象,为绿色营销建立广泛的社会基础,促进绿色营销业的发展。

　　企业在生产和销售中的环境管理是企业自主环境管理的关键环节,同时也是企业能够不断发展壮大的根基。因此,重视企业的生产和销售,为企业生产出符合环境标准的绿色产品,并以合适的方式最大限度地进行销售,使广大顾客在既满足自身需要的基础上,又实现全社会对生态环境的保护,这不仅是企业的责任,更是每个国人,甚至是地球人的责任。

第三节　产品生命周期与企业的全过程责任

生命周期评价(LCA)是环境管理和决策的重要工具之一,也是企业实施环境管理体系的基本过程。

作为一个对社会和环境负责任的企业,诺基亚把环境保护作为企业生命的一部分,使环境保护工作融入公司的运营,与各个利益相关方密切合作,并且身体力行。诺基亚环境保护工作的一个重要出发点和落脚点便是基于对整个产品生命周期的考虑,在产品整个生命周期减少对环境的负面影响。具体而言,一个产品从诞生到消亡,经历了研发、原材料采购、生产制造、最终产品、产品使用和最终废弃等多个过程。上述环节协调融合,从而真正形成一个闭环系统,完成一个产品的整个生命周期。

诺基亚在国内的所有生产企业均已通过 ISO14001 环境管理体系认证。环境管理体系运行控制的另一个重点是对相关方的管理。由于产品使用的原材料包括电子元器件、印刷线路板等都是由供应商提供,因而供应商环境行为的好坏会影响到诺基亚公司的环境行为。为此,首信诺基亚建立了供应商评审和管理程序,对供应商提出了详细的环境要求,只有那些建立了环境管理体系的供应商才有可能加入“诺基亚推荐”的供应商名录。在诺基亚的环保理念中,产品生命周期的最后一项重要工作在于对废弃产品进行循环利用及妥善处理,以确保其对环境的影响尽可能小。2002

年6月18日,首信诺基亚的一个别开生面的发布活动拉开了诺基亚在中国的"绿色回收大行动"序幕。诺基亚主动在全中国率先发起手机配件和电池的回收行动。这次回收行动利用诺基亚遍布全中国的授权维修中心网络设置回收箱,到目前为止,在全国100余个大中城市中设置的回收箱,收集到数量可观的废弃手机配件和电池。诺基亚这一在中国建立的回收体系、创立示范模式的做法,赢得了社会各层的好评和尊重。目前,这些已经回收的旧手机配件和旧电池被送到诺基亚在苏州的手机维修中心,统一交给电子废弃物处理商,由他们进行妥善处理。

实际上,诺基亚品牌在中国的美誉度高、手机市场占有率高,与其良好的企业形象密不可分,与其为中国环境保护包括"手机回收行动"所做的贡献密不可分。2003年10月30日,诺基亚等七家著名手机企业联合在人民大会堂发出移动电话环保行动倡议,呼吁手机制造商主动承担起废弃手机及配件的回收责任。诺基亚在环境保护方面的实践,充分印证了"科技以人为本"这一诺基亚不懈追求的理念,这是一个对社会和环境负责任的企业铸造国际著名品牌的真实写照。

从理论上讲,产品生命周期即一种从"摇篮"到"坟墓"的理念,包括原材料的获取、制造、运输使用以及废物管理的一系列过程。这个过程大致上可分为五个阶段:(1)设计阶段,由市场需求调查或技术性的研究产生一个新产品的概念;(2)生产阶段,企业向上游厂商购买物料、组件投入制造活动,生产产品;(3)销售阶段,企业将产品经由运输及营销渠道交由消费者使;(4)使用阶段,产品实现其自身价值的阶段;(5)废弃回收阶段,当产品再也没有利用价值或出现更新、更好的产品之后,消费者将会将产品丢弃变成垃圾,或交由相关单位回收再利用。

从产品研究开发阶段开始,经过产品规划设计、制造、销售、使用和废弃回收等阶段,每一阶段都存在着资源的溢出和消耗,各个阶段的不同活动会对外部环境产生不一样的影响。企业只有深入到产品各阶段界定环境成本,结合生命周期思想对环境成本进行控制,才能发现产品各个阶段成本发生的不合理之处,便于寻求改进方法,以降低企业总成本,增强企业竞争力。现将对企业产品生命周期阶段的环境成本重新界定。

产品的生命周期环境成本是产品生命周期中发生的所有环境成本的集合。从时间角度看,涵盖产品设计与制造、运输销售、使用和维护、最终报废处理全过程;从成本发生源的角度看,由企业环境成本、用户环境成本及社会责任成本组成。企业成本包括产品设计、生产(含原材料成本)和产品在使用过程中制造商要承担的部分环境成本;用户环境成本是产品使用过程中能源资源消耗成本和废弃处理成本之和再减去回收款;社会责任成本是产品生产制造、使用、维护、回收处理过程中由社会承担的成本,主要是环境卫生、污染处理等方面的成本。站在企业的角度,又可以把环境成本分为内部环境成本和外部环境成本,外部环境成本包括用户环境成本和社会责任成本。

传统的成本管理只注重对企业内部环境成本的管理,忽略了用户环境成本和社会责任成本等外部环境成本。随着环境保护法律的健全,企业为社会责任成本付出了巨大的代价。用户既要为产品生产出来和上市所耗费的各种资源和开销付钱,又要为产品的使用、运行、报废所需要的资源和花费钱。因此,企业为增强产品的竞争力,提高用户的满意程度,就必须将用户环境成本也考虑进来。其实,内部环境成本与外部环境成本之间存在着此消彼长的关系,这是企业加强环境成本管理的重心所在。企业可以通过环境成本管理来优化内部环境成本结构,消除外部环境成本的形成机会,提高企业的环境经济效益。

一、产品生命周期的企业环境成本管理措施

产品生命周期的每个阶段都可能发生资源消耗和环境污染物的排放,因此,污染预防和资源控制也应贯穿于产品生命周期的各个阶段。

(一)研发设计阶段

产品生命周期环境成本大部分是由设计阶段所决定,约占80%左右。设计活动是进行环境成本控制的源头,也是制造企业环境成本控制的关键。研发设计阶段在很大程度上决定了产品原材料的选择、制造工艺与过程、使用和服务、回收利用和废弃等生命阶段的环境成本。因此,在产品设计时就要充分估计产品生命周期的各个阶段可能对环境产生的影响,并投入适当的成本将这些环境影响消灭在发生之前。主要措施如下:研究开发环保材料,为环境成本管理创造条件,也可作为创新产品推出,增加收入;开发环保技术和生产工艺,尽量减少产品生产过程中产生的废弃物和污染物,降低资源能源损耗;设计环保产品,减少产品在使用过程中的能源消耗和废弃、污染物的排放;增加对产品废弃物回收再生利用等项目的研究,充分利用废弃物为企业创造利润,减少废弃

物和能源的消耗。

（二）生产制造阶段

这一阶段的环境成本包括生产过程中使用环保材料、改革工艺、设备更新等的追加成本。加强生产过程管理的费用，其目的是尽可能减少对资源、能源的损耗，力求多生产产品而少排出废料。该阶段主要注重三个方面的问题。一是尽量使用环保材料，充分使用能降低资源消耗和能源消耗，各种污染物排放较少，废弃后易处理、分解或降解，且再生利用率高的原材料；按调整后的生产工艺进行设备投资，选用对能源消耗少的设备。二是加强对员工的培训，使其具有强烈的环保意识，以减少生产过程中人为的环境损害。三是产品生命周期过程中排出的废弃物要尽量做到达标排放，也可以集中进行处理，减少各种处理费用，要避免发生不必要的事故损失或罚款成本。

（三）销售阶段

销售阶段的环境成本包括选用环保材料比普通材料多支付的费用和进行环保设计的费用，以达到易回收再利用或者便于消费者反复使用、减少废弃物排放的目的。销售阶段对环境的影响主要来自产品包装对环境的污染，因此企业应对包装采用环保材料和环保设计。首先，选择环保包装材料，采用资源和能量消耗少，对生态环境影响小，可以再生利用或者再生，易于自然分解，不污染环境的材料。其次，进行环保包装方案设计，使包装在满足消费者使用要求的基础上，尽可能节省包装材料，同时，产品售出后该产品包装能易于回收或者能够反复使用。

（四）回收废弃阶段

此阶段的环境成本包括再生循环项目研发费用和设备投资成本及污染废弃物处理支出。企业可以考虑研究再生循环项目，回收旧产品，进行结构改造或者功能完善后，再以新包装推出，这样可减少原材料投入，降低能源消耗，减少废弃物排放。产品最后阶段产生的污染废弃物可与以上各阶段产生的污染废弃物统一考虑，统一规划，集中处理，节省环境成本。

综上，企业在产品生命周期中采用的各种措施需要相应的投资，自然也会加大企业的开支，但是其产生的经济效益不仅会大大促进其产品在市场上的销售业绩，而且防止了环境的继续恶化，甚至是极大地促进了环境的改善。因此，这是一次投入终身受益的绿色工程，对企业在产品生命周期中的各项管理都有重要作用。

二、产品生命周期的企业环境成本管理方法

（一）目标成本法

此方法先根据市场调查制定出目标售价，在企业拟实现的目标利润基础上，依据近几年的成本统计资料，从可控成本项目择优确定参考值，结合本企业提高经济技术指标、挖潜措施方案，最终确定目标成本。然后对目标成本进行三维分解，其分解和责任层次的划分应按照成本习性并遵循可控性原则自上而下进行，并坚持"以人为本"的管理理念，以各职能部门和各生产单位的责权范围为依据，对目标成本进行横向和纵向分解，做到纵向到底、横向到边、责任到人。在产品生命过程中，各负责人应严格按照目标成本进行日常成本管理。

（二）作业成本管理

作业成本计算是建立在作业分析基础上的成本核算与成本管理体系。作业成本法的核算基础是"成本驱动因素"理论，即作业消耗资源、产出消耗作业。因此，应把资源通过资源动因分配到作业，作业通过作业动因分配到产出。作业成本管理对作业链上成本产生的原因和情况进行分析，可以大大降低甚至消除非增值作业成本；企业可以利用作业成本管理提供的资源消耗信息，通过改变产品工艺设计、改善作业流程，重构企业价值链，重新配置资源，使其得到合理利用，从而达到成本降低的目的。鉴于环境费用发生起因的复杂性，将作业成本法和作业成本管理引入环境成本核算和环境管理中具有重要的意义。以作业或活动作为成本动因，作为成本会计基础，有利于更具体地识别环境成本动因，更准确地对环境费用进行分配和归集，更有效地追溯环境成本的来龙去脉并对之实施管理。

（三）目标成本法和作业管理结合的方法

首先，在产品设计阶段通过市场调查和企业内部拟实制造系统，确定切实可行的产品设计方案和目标环境成本。

其次，将产品设计阶段确定的环境目标成本按"横向到边、纵向到底"的原则进行分解，并实施产品生产，进行环境成本日常管理。产品生产结束以后，划分企业产品生命周期的各个阶段，按照作业成本法的思想，对各阶段的环境成本进行计量确认，选择适当的成本动因，对造成这些成本的作业进行分析，找出增值作业和非增值作业。针对非增值作业，采取相应措施予以消灭；针对增值作业产生的成本，通过与目标环境成本的比较（横向和纵向）找出失控原因,进一步进行改善。

三、企业绿色管理的总体实施规划

绿色管理涉及企业管理的各个层次、各个领域、各个方面、各个过程,要求在企业管理中时时处处考虑环保、体现绿色。这一思想可概括为"5R"原则,即:(1)研究(Research),将环保纳入企业的决策要素中,重视研究企业的环境对策;(2)消减(Reduce),采用新技术、新工艺,减少或消除有害废弃物的排放;(3)再开发(Reuse),变传统产品为环保产品,积极采取"绿色标志";(4)循环(Recycle),对废旧产品进行回收处理,循环利用;(5)保护(Rescue),积极参与社区内的环境整洁活动,对员工和公众进行绿色宣传,树立绿色企业形象。

企业实施绿色管理,要达到三个主要目标:一是物质资源利用的最大化,通过集约型的科学管理,使企业所需要的各种物质资源最有效、最充分地得到利用,使单位资源的产出达到最大最优;二是废弃物排放的最小化,通过实行以预防为主的措施和全过程控制的环境管理,使生产经营过程中的各种废弃物最大限度地减少;三是适应市场需求的产品绿色化,根据市场需求,开发对环境、对消费者无污染和安全、优质的产品。三者之间是相互联系、相互制约的,资源利用越充分,环境负荷就越小;产品绿色化,又会促进物质资源的有效利用和环境保护。通过这三个目标的实现,最终使企业发展目标与社会发展目标协调同步,走上企业与社会都能可持续发展的双赢之路,从而实现经济、生态、社会的和谐统一。

现代企业要切实做好绿色环境管理,主要要做好以下四个方面的工作。

第一，树立绿色经营理念，实施绿色管理。企业绿色环境管理涉及到企业生产经营活动的每一个方面，需要企业全体人员的积极参与。因此，企业要运用绿色理念来指导规划和改造产品结构，并切实制定"绿色计划"，实施"绿色工程"，制定"绿色标准"，树立"绿色标兵"，发动全员积极进行一场全方位的"绿色革命"；企业领导要深入研究绿色管理和可持续发展的理论，树立绿色经营理念，确立顺应时代潮流、争做地球卫士的企业精神和企业风格，制定绿色管理战略；工程技术人员要不断学习新的环境技术，不断提高自己的环境知识和技能，从设计与制造方面减少或消除污染，并从污染控制转向绿色生产，提高生产效率；对生产第一线的员工，要培养"绿色消费"、"绿色产品"和珍爱人类生存环境的意识，使"环保、生态、绿色"的理念深入人心。

第二，大力推行清洁生产。早在 1989 年，联合国环境规划署就提出了"清洁生产"的概念，其要点是在生产过程中采取整体性环境保护策略。清洁生产是一个宏观概念，这是相对传统的粗放生产、管理、规划系统而言；同时，它又是一个相对动态的概念，这是相对现有生产工艺和产品而言。可以说，实施清洁生产要观察两个全过程控制：一是产品生命周期全过程控制，即从原材料加工、提炼到产出产品，产品使用，直至报废处置的各个环节都必须采用必要的清洁方案，以实施物质生产、人类消费污染的预防控制；二是生产的全过程控制，即从产品开发、规划、设计、建设到生产管理的全过程，都必须采取必要的清洁方案，以实施防止物质生产过程中污染发生的控制。

第三,实施绿色营销策略。目前我们衡量一个企业的产品竞争力,除了他的价格竞争力和非价格竞争力(即产品的价格、质量、包装、品牌及服务等)以外,还应加上一个环境因素,即环境竞争力。随着环保意识的增强,人们对绿色产品的需求不断增长,绿色消费已成为消费的新潮流,绿色产业蓬勃发展,绿色产品和服务将主导 21 世纪的市场。因此,企业要顺应绿色浪潮,积极实施产品的绿色营销战略。绿色营销的主要内容是搜集绿色信息、开发绿色产品、设计绿色包装、制定绿色价格、建立绿色销售渠道及开展绿色促销等。国家和政府制定的"两科持续发展战略"和企业实施"绿色营销",是为了经济、人类和环境的协调发展的孪生战略措施。实施"绿色营销",企业一方面通过自身的绿色形象在新的国际市场环境中提高产品的环境竞争力,另一方面本身也承担着相应的社会责任,对公众的消费行为存在导向和强化作用,这有利于开拓绿色产品市场。

第四,积极推行 ISO14000 环境管理新体制。国际标准化组织于 1996 年正式颁布了 ISO14000 系列国际环境标准,以规范企业等组织的行为,达到节省资源、减少环境污染、改善环境质量、促进经济持续和健康发展的目的。ISO14000 适用于一切企业的新环境管理体系,它是一张企业进入国际市场的绿卡。只要通过 ISO14000 认证,不但可获得国际市场的绿色通行证,同时也获得了良好的企业形象和信誉。

四、企业绿色环境管理战略的配套制度

(一) 建立环境管理机构,完善环境管理制度

组建企业绿色管理组织,健全企业绿色管理制度与机制。建

立现代企业制度,改革企业传统的管理体制,首先要认真组建好企业绿色管理组织。具体做法是:成立企业绿色管理委员会,实行集体领导,由集体领导决定和解决企业的绿色生产、绿色设计、绿色营销等重大问题;实行企业内部分级管理,利用企业各个职能部门的力量,层层抓好生态环境保护与建设,共同做好企业的绿色管理工作;建立企业各级专职环保职能部门。加强企业绿色管理,还必须实行以绿色管理为目标责任制的绿色管理制度,比如,建立企业生态环境目标责任制,作为考核企业经营管理状况的重要内容;考核企业生态环境目标达到的水平,作为企业上等级、评选先进单位的主要条件,并与企业管理者的经济利益挂钩,以此作为他们任期考核的一项重要内容;在改革企业管理制度过程中,把企业的生态环境责任和生产经营责任有机结合起来,将生态环境保护指标同生产经营指标一同纳入目标责任制和经济合同之中;尽快建立全方位的企业绿色管理运行机制,使企业管理由过去单一管理经济系统转变为对企业生态经济系统进行整体管理;完善企业领导体制,设立企业绿色经理制,培养和造就能适应现代市场经济发展且通晓生态经济管理的企业家。

(二) 引进先进设备,提高公司清洁生产程度

根据清洁生产理念的要求,改进生产过程,从源头削减污染物,企业可以引进国外进口的超纳滤设备;原料卸车、输送系统全部采用密闭管道输送,避免泄漏;企业在主要的生产车间和装置采用 DCS 自控装置;采用先进的环境计量器具软件管理系统,提高企业的环境计量器具的检测精度;实施相应的清洁生产方案等,为企业清洁生产提供条件。

（三）严格控制供应链，保证产品质量和安全

ISO14000 质量管理体系对企业采购进行了全面、详细的控制，从供应商评价标准、方式，到新增供方的选择评定、合格供方的控制、采购产品的选择、采购文件的控制，直到采购实施、采购产品的验证等，均作了明确的规定和控制。通过对原料品质和安全的严格控制，保证了公司产品的质量和安全。

（四）加强环保宣传，建立监督体系

企业不仅要做好环境保护工作，还积极承担更多的社会责任，即把企业各种活动对环境产生影响的信息向外部社会披露；向社会提供企业的废弃物处理思路和经验，提高企业的社会形象；建立社会舆论的监督体系，接受社会各阶层的监督，提高企业的社会责任意识；通过培训、宣传提高等手段，提高全体员工的环保意识和社会责任感，做到人与环境的和谐发展；积极参加各项环保公益活动，关注全社会的环境行为。

企业实施绿色环境管理，除了企业自身从产品设计到产品的回收等各个流程上的制度设计，以及企业为此设立的相应配套制度以外，还需要政府为企业的制度实施创造良好的外部环境，保证企业绿色环境管理战略的顺利可持续实施。具体应做到以下几个方面。

1. 强化政府的环境管理职能

为促进企业实施绿色战略，政府可完善法制环境，制定各项环保法规，强化监督管理工作。如加强环境资源的立法和执法，使外部环境资源费用"内部化"；引进国际环保标准和相关法规，加快制定和完善我国的各种环境标准和规则，使我国的环境管理做到有

法可依、有法必依；推进企业资源、能源的节约，对环境污染严重的企业限制其发展等。

2.改善金融环境，加大资金投入

企业实施绿色战略，引进环保技术和设备，实行环境管理认证，需要资金的投入；企业开发生产绿色产品，增强国际竞争力，也离不开财政金融的支持。财政金融部门应给"绿化"企业以优惠的鼓励政策，如把环保因素作为银行信贷的重要条件，拒绝有污染的产品和项目的信贷支持；大力扶持那些科技含量高、附加值高、低耗、少污染的产业和产品出口；利用资本市场，让实施绿色战略的企业优先上市融资等，促使企业加快绿色战略进程，迎接绿色时代的挑战。

第五章　风险社会与企业环境信息披露责任

社会发展到今天，人类已经认识到企业的生产经营活动是破坏环境的罪魁祸首，企业应当对环境保护承担起不可推卸的责任。迫于政府、投资者、金融机构、消费者等利益相关者的压力，许多企业开始报告其环境活动，对其环境信息进行披露。

20 个世纪 70 年代，自从美国的萨克斯教授第一次提出环境权的概念后，环境制度便相继在各个国家发展起来了。在企业的环境信息披露方面，国外许多国家已经进入了较为深入的发展阶段。他们首先在法律中明确规定了公民的环境知情权，为公民对企业环境信息的获得奠定了基础；在具体的法律规定中，对企业进行环境信息公开时的权利主体以及应该披露的内容方式等都有明确的规定；另外，在这些国家中，与环境信息披露制度相配套的措施也相对比较发达，如环境会计、环境审计和公司内部的治理结构等。

与国外环境信息披露制度进行对比，我国企业环境信息披露制度的缺陷就显而易见了：我国新施行的环境信息公开办法，对企业环境信息公开的内容和方式只是进行了简单的规定，要求企业必须披露的内容没有关于环境收益、环境绩效和环境审计等方面的规定，在披露内容的控制方面没有进一步的细化，只是提到商业秘密的披露要进行限制，但是对哪些商业秘密进行限制即怎样平衡公共利益和企业的私人利益却没有具体的规定；在企业的环境信息披露方式上的规定比较笼统单一，针对上市公司和一般的企业要建立不同的信息披露方式,目前发展的趋势是要建立独立的环境报告和补充的环境报告相结合的信息披露方式,这两种披露方式在上市公司和在一般的企业中的实施方案也是不同的,要具体规定;在企业的环境信息披露模式的基础和实现条件上我国也存在不足,环境会计和环境审计的发展不到位,直接影响到企业披露的环境信息的质量;环境信息的提供者企业本身的内部治理结构不完善,导致虚假的环境信息披露等事故发生。这些相应的配套措施的缺陷,导致我国企业的环境信息披露制度无法顺利的实施。这些问题都必须通过立法完善、价值革新、制度健全等方法进行协调。

第一节　企业环境信息披露及其功能

一、企业环境信息披露制度的产生

传统的环境政策工具将政府与企业明确限定于管制与被管制的角色,试图通过强制力实现环境效益的增长,使企业处于极其被动和不情愿的地位。但有限的监督资源、过低的处罚(罚金)及管制执行上的软约束等各方面的因素,导致传统环境工具严重的"阻吓失灵",无法对企业的环境管理产生足够的刺激。[①] 传统发展模式对生态环境造成的种种危害,使人们越来越深刻地意识到保护环境成为各领域尤其是工业生产领域发展的重要前提。针对企业在追求股东利益最大化的同时,不顾社会公众和生态环境利益,盲

[①]　彭海珍,任荣明. 信息披露对企业环境管理的激励分析[J]. 山西财经大学学报,2003(12).

目开发、生产,导致自然资源的不合理利用、生态环境日益恶化等紧迫问题,发达国家纷纷探讨关于环境保护制度的构建与完善。

一些国家将"信息疗法"(information remedy)看做是强制命令控制工具的补充或替代,通过开展一些与环境信息披露有关的项目,向公众发布企业的相关环境信息,试图间接通过消费者、投资者或社区压力影响企业的环境行为。我国有学者也指出,"环境信息披露是市场经济条件下在环境治理方面继指令性控制手段和经济手段之后的一种新的环境管理方法"。①

环境信息披露通过利益诱导的方式辅助传统环境法制、规范企业环境活动,更能调动企业的积极性并从根本上引导企业进行良性循环发展。比如,我国市场经济发展并未完善,企业之间的发展水平也不一致,政策手段过于强硬则压制企业的发展,过软则无济于事。而通过信息披露能够使金融投资者、社会消费群体、债权人等相关者更为全面地掌握企业信息,促使在各方之间形成具有制约性的互动联系。如企业会根据利益相关者("利益相关者"指获得公司某种形式的利益或承受公司活动—财务、社会或环境活动—产生风险的个人和群体)的选择倾向或者社会价值趋势调整自身经营策略或改变企业形象等。②

环境信息披露制度的实现离不开环境会计的应用,环境会计正是顺应了世界关注环境保护的大潮而生的新兴学科。环境会计

① 曲冬梅.环境信息披露的相关法律问题[J].山东师范大学学报(人文社会科学版),2005(4).

② 姚瑶.基于利益相关者的环境会计信息披露[J].湘潭大学学报(哲学社会科学版),2005(4).

也称绿色会计(Green Accounting),加拿大审计署指出,绿色会计是指为了交易和提供公共福利、为了创造未来风险的财富以及保护资源时,根据资源管理者和资源所有者一致同意的惯例,来核算、计算这些资源耗费的会计。① 1989 年 3 月,在国际会计和报告准则政府间专家工作组第七次会议上,首次对有关环境会计及环境信息披露在全球范围内的进展情况进行了讨论。环境会计分为宏观和微观两个层面:宏观层面与国民经济核算和报告相连,微观层面与企业财务会计或报告相连。其中,企业环境信息披露是微观层面的环境会计。②

国际上对环境会计的研究始于 20 世纪 70 年代早期,以英国《会计学月刊》1971 年比蒙斯撰写的《控制污染的社会成本转换研究》和 1973 年马林的《污染的会计问题》两篇文章为代表。我国对环境会计的研究起步于 20 世纪末期,一批学者先后对国际环境会计发展的前沿理论作了研究和介绍,从而掀起了国内环境会计理论研究的热潮。最早进入实务领域的部分,即把公司各种活动对环境产生影响的信息向外部社会披露,即微观层面的环境信息披露,正是本文讨论的对象之一。

《环境会计和报告》项目已经在有关国家的倡议下立项。加拿大已经特许会计师协会、欧洲会计师联合会等组织开始在财务报告中披露环境信息问题。国外也有不少企业自行披露环境会计信息,并试图通过会计特有的方法,对企业给社会造成的损失以及为改善环境而发生的支出和取得的环境收益进行估量和报告,以协

---

① 孙德海,李雅卓.环境会计的信息披露[J].北方经贸,2006(3).

② 秦敏.创建我国环境会计初探[J].中国农业会计,2005(11).

调企业和环境的关系。国际上对环境会计问题关注的重点主要集中在,建立统一的环境会计准则和促进企业的环境信息披露两个方面。我国关于环境会计的研究,在20世纪90年代起步并经过缓慢发展,到了20世纪末21世纪初开始进入较快的发展阶段。① 环境信息披露制度有利于公众积极参与环境保护,是可持续发展的一项重要内容。该制度在世界各国处于建立和发展过程中。早在20世纪90年代,我国已有个别学者开始从会计学领域介绍环境信息披露制度的有关内容。在法学领域鲜有学者研究该问题,尤其是从知识产权法和环境保护法双重角度探讨在环境信息披露过程中可能涉及的企业商业秘密泄露的救济问题。

二、企业环境信息制度的涵义

所谓环境信息,即"包括环境、生物多样性的状况和对环境发生或可能发生影响的因子(包括行政措施、环境协议、计划项目及用于环境决策的成本———效益和其他基于经济学的分析及假设)在内的一切信息"。② 环境信息披露,就是对环境污染、破坏以及环境保护活动所引起的企业经济活动及其相应管理措施和企业经营活动对环境造成的影响等信息进行报告,包括环境污染、环境破坏以及环境保护对财务状况和经营成果产生的财务影响方面的信息,企业经营活动对环境功能污染及环境破坏产生的非财务信

---

① 薄雪萍. 国内外环境会计研究现状分析[J]. 财会月刊,2004(8).

② 欧洲经济委员会环境政策委员会于1998年6月25日在欧洲环境第四次部长级会议上通过的《奥胡斯公约》对"环境信息"的概念的界定范围最为完整和宽泛。

息两部分。[①] 前者如企业因环境污染而被罚款、赔偿、污染治理投入等;后者如产品生产所造成的"三废"排放等环境污染和环境破坏的现状及未来趋势情况。

环境信息涉及环境风险、环境影响、环境政策、环境目标、环境成本、环境负债和环境绩效等。根据其可核算性,可分为货币信息、非货币(物量)信息和记述性信息。目前,只有属于货币信息的部分能够通过传统的会计方法进行核算和披露,后者暂时无法在会计报告中得到体现。实现综合型的环境核算,即实现货币单位和非货币单位(物量单位)综合的环境核算,是环境会计要实现的最终目标。[②]

三、企业环境信息披露的制度功能

根据我国环境保护法律,国家依照"污染者付费、利用者补偿、开发者保护、破坏者恢复"和"排污收费高于治理成本"原则,促使企业主动增加投入,自觉治理污染。就此而论,企业的环境报告应当披露与上述内容相关的环境信息。从总体上说,企业披露环境信息对于我国的环境保护和经济的可持续发展具有重大的意义。

(一)优化企业内部决策,提高企业综合效益

"信息是决策的依据",企业管理当局只有掌握了充分的信息资料,才能据此做出合理的决策。反思我国传统的会计研究,它一般侧重从人类经济活动的角度,着眼于对自然资源的开发利用来

---

① 王建明.上市公司环境信息披露有关问题探讨[J].江海学刊,2005(6).
② 杜丽梅.环境信息披露的研究[D].长春:吉林大学硕士学位论文,2004.

反映和监督企业资本及其运动。因此,它所提供的信息将直接导致决策者做出提高经济效益的单目标决策,而这不仅会导致环境效益和社会效益的下降,而且会危及经济效益的未来可实现性。为此,将环境问题纳入企业研究的范围,将会促使企业管理当局制定出顾及环境和社会的决策。例如,在考虑绿色产品的定价策略时,由于传统会计所提供的产品成本信息只量化计算人造成本(即物化劳动和活劳动消耗),而对自然资本忽略不计,那么以此产品价格必然导致自然资源的成本无法补偿,资源的无偿占用和环境的破坏会更加严重。而环境会计中的成本概念则是按照广义循环成本观来定义的。广义循环成本观认为,要从整个物质世界的循环过程来看待成本耗费及补偿问题:不仅要考虑人类劳动消耗的补偿,而且要充分考虑自然界各种物质资源的消耗及补偿。1995年,美国环保局将环境成本划分为传统成本、潜在的隐藏成本、或有成本、形象关联成本四类,并予以指导。①

因此,依据环境会计信息来制定产品价格,能满足可持续发展战略下对自然资源消耗的成本补偿要求,在当前环保法规日趋严格以及绿色消费主义观念日益盛行的情况下,这将是一种最优决策。总之,利用环境披露所提供的信息,可以促使企业在关注经济效益的同时关注环境效益和社会效益,从而提高企业的综合效益。

(二)满足外部信息使用者的需要

随着经济的发展,人们对环境信息的需求向多元化转移。

---

① EPA,An Introduction to Environmental Accounting As A Business Management Tool: Key Concepts And Terms[Z]. 1995,9

1994年,美国注册会计师协会在大量的调查研究后,发表了《论改进企业报告》。该报告概括了用户所需信息的类型,环境信息就是其中一种。人们对它的需求主要表现在以下方面。

第一,政府面对社会公众对环境问题关注的压力,需要各类企业提供环境信息,来了解企业对环境的污染和保护,掌握环境保护方面的整体情况,从而制定与环保相关的法律、政策,以改善整个社会的环境质量。

第二,投资者关心投资对象在环境保护方面可能存在的影响财务状况、经营成果及现金流量的因素,如潜在或真实存在但未披露的环境负债。而持有强烈"绿色投资"理念的投资者则更把投资对象能否做到"绿色经营"作为首要因素来考虑。

第三,由于环境问题的日益重要,各种金融机构的基本业务中开始引入环境问题。在投资者出资开办企业后,银行就成为企业日常融资最主要的对象。一方面,出于贷款的安全性考虑,银行需要全面分析企业的财务状况,其中包括由环境问题可能引发的潜在负债和风险。同时由于道德投资观念的引入,现代银行日益把环境问题作为优先考虑的条件。另一方面,保险公司必须根据企业的环境绩效来确定可接受的投保范围和基数,这也需要获取企业的环境信息。

第四,由于消费者素质和修养的提高,他们会关心自身的消费是否会对他人和地球环境造成危害。同时,绿色消费主义的盛行使人们对绿色商品和绿色企业越来越感兴趣。产品或劳务的经销商受最终消费者的影响,也会关心其所经销的商品是否具有绿色标志。企业为了具备良好的环境形象都需要对外披露环境信息。

第五,对于身处企业周围的社会公众(包括其他企业、社会组织和公民)来说,企业的环境行为将直接使他们收益或受害。出于自身利益的考虑,他们也会要求企业披露环境信息,以考核其所采取的环境改善措施。

上述这些利害关系人均处在企业外部,无法确切掌握企业的环境信息,与企业管理当局相比,处于环境信息的劣势地位。企业只有诚实地披露环境信息,才能满足他们的需求。因为"诚实地向公众披露相关信息,有助于利益相关者更好地评价环境管理投入及其在企业的自身利益价值"。

(三)准确评价国民经济发展水平

从可持续发展的角度来看,传统的国民经济核算体系主要存在两个缺陷。(1)国内生产总值(GDP)认为自然资源是自由财富,不去考虑自然资源的逐渐稀缺性,这已经危及到经济发展所需维持的生产力水平;(2)主要由污染导致的环境质量下降,以及随之对人类健康和财富带来的影响,甚至一些用来维持环境质量的费用也被当做国民收入和生产的增加来加以核算,而实际上这些费用只应当作为社会的维持成本,而不能当成社会财富的增加。以这样的国民经济核算体系来评价我国的国民经济发展水平,必然导致环境资源的枯竭和国民经济的虚假繁荣。

多年的统计数据显示,我国增长的 GDP 中,至少有 18% 是依靠资源和生态环境的"透支"获得的。为此就需要进行绿色核算,即综合反映环境生态资产的正负两方面效应,披露环境生态成本,从而将传统的 GDP 调整为绿色 GDP。其中,环境生态成本的信息可以明确为四个方面:(1)维护环境支出;(2)预防污染支出;(3)治理环境支出;(4)人为破坏生态环境造成的损失。损失本身不是人们的直接经济支出,但是损失意味着资源耗减、财富减少。通过量化并披露这些宏观环境信息,将资源环境因素纳入国民经济核算指标体系,可以弥补传统国民经济核算指标体系的缺陷,从而有助于准确地评价国民经济发展水平。

(四)促进对外开放的深化

随着我国成功加入 WTO,我国与其他国家的合作与交流将进一步扩大,这既是一种机遇又是一种挑战。一方面,我国企业要参与国际市场竞争,就必须注重环境保护,以绿色理念重组自己的经营,建立有效的绿色经营系统,发展环境管理,为企业经营决策与环境风险提供信息支持;对外发布环境报告,打破各种绿色壁垒,在激烈的国际市场竞争中生存与发展。另一方面,从吸引外资来看,增加环境信息的披露,能够避免引进污染严重和破坏、掠夺自然资源的生产项目。我国要防止发达国家将不够"绿色"的产业、企业与商品转移或销售到中国来。在过去很长一段时间内,许多发达国家将污染严重的项目转移到发展中国家,并且进行掠夺性的生产,极大地破坏了发展中国家的自然环境,给发展中国家增加了沉重的环境负荷。那么,在这种情况下,开展环境信息披露研究,建立环境信息披露系统,重视生产项目对环境的影响,则可以避免盲目引进,保证对外开放的质量。作为世贸组织成员,我国更应当通过对环境信息的披露,促使企业制定有效的环境保护及与贸易相互支持的经营战略,减少因环境问题而形成的障碍。

第二节　企业环境信息披露制度比较研究

一、主要国家企业环境信息披露立法的基本条款

从立法形式上看,国外有关环境知情权的法律保护主要有三种形式,即宪法、环境保护法律和专门的环境信息公开法。① 俄罗斯采用的是第一种形式。1993 年,《俄罗斯联邦宪法》第四十二条明确规定:"每个人都有享受良好的环境和获得关于环境状况的信息的权利,都有要求因生态破坏导致其健康或财产受到损失而要求赔偿的权利。"运用宪法进行保护,明确了环境知情权作为公民基本权利的地位,为制定法律或者专门的单行法奠定了宪法的依据。第二种方式是在环境保护法中进行规定。1998 年颁布的法国《环境法典》第 110.1 条指出:"根据第 1 项指出的参与原则,人人有权获取有关环境的各种信息,其中主要包括有关可能对环境造成危害的危险物质以及危险行为的信息。"加拿大《环境保护法》第二条中规定:"加拿大政府应当向加拿大人民提供加拿大环境状况的信息。"日本《环境基本法》中也规定,国家"要为适当地提供环境状况及其他有关环境保护的必要情报而努力"。第三种保障公众环境知情权的方式是专门的环境信息公开法。在欧盟的一些成员国当中,如德国、奥地利、英国等以专门的单行法形式对环境信息

---

① Jerey Wates. Access to Environmental Information and Public Participation in

Environmental Decision-making[z]. The Aarhus Convention: An ImPlementation guide.

公开作了规定。专门立法的形式极大地强化了环境知情权的地位,使环境信息公开整个过程有法可循,从而有利于公民环境知情权的真正实现。另外,有学者指出存在以美国、澳大利亚等国为代表的第四种方式,即以基本的信息公开法为基础,结合环境法的具体规定。例如美国既有一般性的信息公开法《信息自由法》、《阳光下的政府法》;又有专门的环境法律《紧急计划和公众知情权法》(EmergeneyPlanningnadcoounity"Right-To-knowAet")。①

二、与环境信息披露相关的环境知情权的立法规定

从法律内容上看,各国有关环境知情权的立法的主要内容是关于环境信息公开的权利主体的规定。所谓环境信息公开权的主体,是指有权请求公共机构公开其所拥有的环境信息的任何人。环境信息公开法律关系权利主体除具有一般法律关系主体的要求与资格外,其最大的特点就是范围广泛,无限性正是权利主体的基本特征。

(一)对申请人的自然属性没有限制

依据各种法律的规定,能够参与法律关系的主体主要是自然人、法人,特殊情况下也包括国家。自然人与法人由于自然属性的不同,因而表现出一定的差异。例如公民的权利能力有一般权利能力和特殊权利能力之分,而法人没有;在行为能力方面,公民行为能力有完全与不完全之分,而法人的行为能力总是有限的;公民

---

① 周汉华.外国政府信息公开制度比较[M].北京:中国法制出版社,2003:480.

的行为能力和权力并不是同时存在,而法人的行为能力和权利能力却是同时产生和同时消灭的。① 基于这些差异,并不是所有的法律关系都能够兼容自然人和法人。就环境信息公开法律关系权利主体而言,它的一个突出的特点就是,不考虑自然人与法人之间属性的不同而共同赋予获取信息的权利,这显示出环境信息公开法律关系主体的广泛性。《捷克环境信息公开法》(1998 年)第 2 条第 3 款指出,申请者是申请信息的自然人或法人(theindividualjurid-iCalorphysiealpersons)。② 欧盟新的《环境信息公开指令》(2003/4/EC)规定,申请者是请求环境信息的任何自然人或法人(naturalor-legalperson)。

当然,将企业法人作为信息公开权利主体,必然涉及到另一个重要问题,即企业是否会通过这种申请获取其他企业或者国家的秘密。这个问题的实质在于公开与保密之间的关系。就这一点,有学者的观点非常恰当,"商业组织通过政府信息公开获得竞争对手的资料,从而产生不正当竞争,影响市场公平竞争现象出现的根本原因,不是由于赋予了经济组织信息申请权,而是在规定例外信息时没有很好的平衡保护商业秘密和信息公开的关系"。③

(二)对申请人的国籍没有限制

所谓国籍,是指一个人属于某一个国家的国民或公民的法律

---

① 张文显. 法理学[M]. 北京:高等教育出版社,1999:116.

② Law. Accessto Information on the Enviro Ⅲ ent[Z]. May 13,1998,No. 123.

③ 张明杰. 开放的政府——政府信息公开法律制度研究[M]. 北京:中国政法大学出版社,2003:125.

资格。国籍在个人与国家之间建立了一种稳定的法律联系,基于这种联系,国家和个人之间存在一系列的权利义务关系。国家基于此联系,对个人进行有关的管辖和保护;个人基于这种联系,对国家享有特定的权利并承担相应的义务。如美国《信息公开法》规定,"任何人"均可以提出信息申请,包括个人(包括外国公民)、合伙、公司、协会、国外与国内的政府机关,"任何人"都可以通过律师或者其他代理人提出信息申请。《欧洲理事会部长委员会关于获得官方文件给成员国的 2002 第 2 号建议》第三条规定:"成员国应保证每个人都有权经申请获得公共机构所拥有的官方文件。这一原则的适用不应有任何理由的歧视。"在环境法领域,《德国环境信息法》(1994 年)第四条指出,"人人都有权从主管部门或其他法人获取环境信息"。《丹麦环境信息公开法》第二条规定,只要符合《政府文件公开法》和《公共管理法》关于资格与免除的规定,任何人都有权获得环境信息。①

(三)对申请信息的目的没有限制

就申请者而言,申请环境信息的目的是多样的,如学术研究、诉讼、商业活动、旅游等。申请目的多样,会导致申请数量的扩张,从而扩大成本,然而,环境信息公开法并没有因此而加以限制。

(四)对与所申请信息是否有利害关系没有限制

《奥地利联邦环境信息法》第四条第一款指出,任何人都有获得公共机构在执行联邦环境保护法律规定的职责时收集到的环境

---

① Act . Access to Information on Relating To the Environment [Z]. April 27,1994,No. 292.

数权利,而无需证明有法律名义或利害关系(legal interest)。①《奥胡斯公约》第四条规定,各缔约方应当确保公共部门,根据其国内立法和公众有关环境信息的申请,向其提供包括有关文件的复印件在内的环境信息,而申请人无需说明任何利害关系……唯一的例外是《德国环境信息法》,它要求"申请必须有充分理由",这与《关于自由获取环境信息的指令》是不一致的。

总之,环境信息公开法律关系的权利主体是非常广泛的,用《奥胡斯公约》来归纳就是,"公众"是指一个或多个自然人或法人,以及按照国家立法或实践,兼指这种自然人或法人的协会、组织或团体。

三、各国环境信息披露制度的基本内容

（一）以公开为原则、不公开为例外

在当代的国际立法中,环境信息的范围是不断扩大的,这在一定程度上影响了环境信息的国内立法。越是新颁布的国内环境信息,其内容规定就越宽泛,这充分体现了人们对环境信息重要性认识的深入。至于环境信息的例外情况,大都限定在以下几个方面:国家安全、国家机密、商业秘密和个人隐私。这些例外情况在范围上越来越窄,在程度要求上越来越高,在公共机构拒绝公开时说明理由的方式和理由的充分性上都受到一定的限制。

（二）注重公众参与制度与环境信息公开相结合

国外环境信息公开的规定还有一个重要特征,就是将公众参

---

① Austrian Federal Act Concerning. Access to Information on the Environment [Z].

与制度与环境信息公开相结合,在参与过程中实现公众对环境信息的掌握。如美国《国家环境政策法》中规定,对不要求做环境影响评价的行动,联邦行政机关要向公众发表一份"无重大影响认定"文件;在决定编制报告书之后,为确定环境影响评价的范围,环保部门要在《联邦公报》上发表一个"意图通告",把编制意图通知给有关各方和公众;在报告书初稿完成后,还必须将它在《联邦公报》上公布。法国《环境法典》也规定,在公众审议、影响评估、公众调查等各个阶段,都必须实行信息公开,保证公众充分获取信息的自由。这都说明,环境信息公开与公众参与制度密不可分,信息公开贯穿于公众参与的全过程。

总而言之,环境知情权在国外已经成为一项重要的法律权利,其法律地位越来越高,公众获取环境信息的限制越来越少,获取信息的内容越来越广泛,对环境知情权的保障也越来越充分,这些都值得我国在立法时加以借鉴。

(三)对企业环境信息披露的内容和方式规定的比较丰富和明确

从环境信息披露的内容来看,不仅要披露环境导致的财务影响,如环境污染可能招致的诉讼,恢复因企业生产经营所导致的土地污染可能发生的债务及支出,与环境相关的或有负债或与环境相关的成本和收益;还要披露企业的环境影响信息,如主要污染物排放指标,企业的环境目标与政策等。不同国家,不同组织,其披露的侧重点不同,没有统一的标准。环境负债、环境成本支出、环境收入收益、环境绩效乃至环境审计,都应是企业所披露的环境信息的题中之意。环境负债和环境成本支出在国外的发展已经比较完善,但环境收入收益、环境绩效和环境审计方面的披露是相对薄弱的,有待加强。

从披露的形式上看,有的企业是在现有的年报或其他报告中增加内容或篇幅披露环境信息,而有的企业也采取另外的一些形式,使环境信息披露成为公司年度财务报告的一个独立部分。但大多数国家和相关组织提倡以环境报告书或可持续发展报告书的形式来进行环境信息的披露,并且在不断的实践中,环境信息的相关性、可验证性和可比较性有很大提高。在环境报告书编制的发展过程中,一些环境管理标准体系中的编制指南起了关键的作用。这些环境报告书的编制指南为这些要求环境业绩与财务业绩共同发展而自愿提供环境信息的公司提供了指导。

(四)政府环境管理部门、会计职业组织在信息披露中的作用明显

在政府部门制定的法律法规中,对环境保护大多有明确的要求,并且对违反环境保护法规的行为还规定了相当严厉的惩罚,因此,企业的违规成本很高,企业面临的环境风险也很大,企业从自身利益出发不得不关心环境保护。国外对企业环境信息的披露大多采用强制性和自愿性相结合的方式,政府管理机构一方面通过法律和行政手段强制企业披露环境信息,另一方面则通过制定政策调动企业自愿披露环境信息。同时,政府的另一个作用是积极与当地会计团体合作,从技术上规范环境信息的披露内容和形式。

四、我国企业环境信息披露的立法规定评价

(一)我国专门性环境立法中的环境信息披露要求

多年来,我国政府在环境保护方面做出了不小的努力,制定了

以《中华人民共和国环境保护法》为核心的一系列法律法规。在已出台的环境法规中,涉及经济手段的可归纳为两类。

第一类是以强迫收取企业排污费或罚款的方式,迫使企业重视环境保护。向污染单位征收排污费的法律依据是《环境保护法》、《水污染防治法》、《大气污染防治法》、《海洋环境保护法》、《固体废弃物污染环境防治法》、《环境噪声污染防治法》。针对排污收费,国务院还颁布了两个专门法规,即《征收排污费暂行办法》、《污染源治理专项基金有偿使用暂行办法》。在这些法律法规中,都对处罚的收费标准、基金提取比例有具体的规定。这些法规主要是通过罚款等财务手段强化企业内部工作,没有对外进行信息披露的要求,其结果是减弱了企业的环境保护压力,影响相关人员的正确决策。

第二类是从减免税的角度来鼓励企业积极治理环境,减少污染,并对企业给予一定的物质奖励。相关的法律法规主要有《企业所得税若干优惠政策的通知》,规定企业利用废水、废气、废渣等废弃物为主要原料进行生产的可在五年内减征或免征所得税;《外商投资企业和外国企业所得税法实施细则》,规定减征、免征在节约能源和防治环境污染方面提供的专有技术所收取的使用费。这些规定从减免税的正面角度鼓励企业防治污染,但这些法规中也缺乏信息披露的明确规定。

（二）其他部门法中与环境信息披露有关的法律规范

有关企业环境信息披露的法规比较少,主要有两类。

第一类是由中国证监会发布的针对上市公司的,主要有三个。一是1997年发布的《关于发布公开发行股票公司信息披露的内容与格式标准第一号＜招股说明书的内容与格式＞的通知》,对招股说明书正文的"行业风险"中涉及环保因素的限制提出要求,其中有两处涉及环保问题:(1)在规定应说明的政策性风险时提到"环保政策的限制或变化等可能引致的风险";(2)在规定"募股资金运用"时,对属于直接投资于固定资产项目的,要求发行人可视实际情况并根据重要性原则披露"投资项目可能存在的环保问题及采取的措施"。二是 1998 年发布的《公开发行证券公司信息披露内容与格式准则第 9 号——首次公开发行股票申请文件》,其中规定污染比较严重的企业应附省级环保部门的确认文件,但对于"污染比较严重的企业"没有明确界定。三是 1999 年发布的《公开发行证券公司信息披露的编报规则第 12 号——公开发行证券的法律意见书和律师工作报告》,其中规定在法律意见书和律师工作报告中要公布发行人是否有环境保护、知识产权等产生的侵权债务,以及发行人的环境保护和产品技术标准和近三年是否因违反法律法规而受到处罚。笔者注意到,对于已上市企业在持续经营过程中的环境信息,证监会并没有相应的法律文件规定。

第二类是国家环保总局于 2003 年发布的《关于企业环境信息公开的公告》,明确了列入名单的企业必须披露环境信息,包括企业环境保护方针、污染物排放总量、企业环境污染治理、环保守法及环境管理等;并鼓励企业披露资源消耗、减少污染物排放并提高资源利用效率的行动和实际效果、对全球气候等方面的潜在环境影响,以及企业环境的关注程度、当年致力于社区环境改善的主要活动、获得的环境保护荣誉,这些信息需要有相应的管理系统才能收集到。2008 年施行的《环境信息公开办法》对企业自愿和必须披露的环境信息进行了更细致的规定,如企业必需公开的环境信息有企业名称、地址、法定代表人;主要污染物的名称、排放方式、排放浓度和总量、超标、超总量情况;企业环保设施的建设和运行情况;环境污染事故应急预案。

　　总的来说,我国没有在宪法和基本法或单行法中规定公民的环境知情权,致使公民环境知情权法律地位的缺位,法律中对企业披露的环境信息的内容和方式的规定还不够全面,这在文章的下面部分进行重点分析;另外,实践中我国政府环境管理部门、审计机构和会计职业组织在企业披露环境信息的过程中发挥的作用有限,这些基础条件与企业环境信息披露制度同步发展,才能保障公民环境知情权的实现。

第三节　我国企业环境信息披露的制度缺陷

一、企业环境信息披露内容的局限

　　2008 年 5 月 1 日起施行的《环境信息公开办法》第十九条,国家鼓励企业自愿公开下列企业环境信息:(1)企业环境保护方针、年度环境保护目标及成效;(2)企业年度资源消耗总量;(3)企业环保投资和环境技术开发情况;(4)企业排放污染物种类、数量、浓度和去向;(5)企业环保设施的建设和运行情况;(6)企业在生产过程中产生的废物的处理、处置情况,废弃产品的回收、综合利用情况;(7)与环保部门签订的改善环境行为的自愿协议;(8)企业履行社会责任的情况;(9)企业自愿公开的其他环境信息。第二十条规定,企业必须进行环境信息披露时应当向社会公开下列信息:(1)

企业名称、地址、法定代表人;(2)主要污染物的名称、排放方式、排放浓度和总量、超标、超总量情况;(3)企业环保设施的建设和运行情况;(4)环境污染事故应急预案。企业不得以保守商业秘密为借口,拒绝公开前款所列的环境信息。2012 年施行的《环境信息公开办法》对企业公开的环境信息进行了比较具体的规定,但不足之处是企业要披露的环境信息不全面,对信息利用者来说,披露的环境信息质量不高。①

环境信息一般分为财务信息和非财务信息。环境信息的披露是为了解除企业的环境受托责任,满足信息使用者的需要,因此,通过环境信息的披露,不同信息使用者都可以从中获得自己需要的信息。如投资者、债权人要了解环境活动对企业盈利能力、偿债能力的影响,评价环境问题可能引发的潜在风险和负债;政府部门可以利用环境信息制定环境政策,加强宏观管理;社会公众利用环境信息可以了解企业经营活动对周边环境的影响,以便做出是否搬迁的决定。企业对外披露的环境信息应该要满足所有信息使用者最基本的需求。笔者认为,披露的环境信息至少要包括三方面的内容:企业环境活动的财务影响、企业经营活动的环境影响以及两者的融合——环境绩效信息。《环境信息公开办法》中规定了企业必须公开的环境信息范围,但环境信息披露的内容不广泛。纵观国外学者的研究可知,环境负债、环境成本支出、环境收入收益、环境绩效乃至环境审计都应是企业所披露的环境信息的题中之意,虽然各国在环境成本、环境负债方面的研究硕果累累,但环境

---

① 环境信息公开办法(试行)[Z].国家环境保护总局令第 35 号.

会计、环境审计内容研究方面却相对薄弱,有待加强。我国在环境收入收益、环境绩效和环境审计方面的披露更是缺乏。

需要注意的是,企业对非财务信息进行披露存在着一定的风险。所谓非财务信息,是指不一定与企业财务状况有关、但与企业生产经营活动密切相关的各种信息。如对企业背景信息的披露,如有关企业有关环境的总体规划和战略目标、主要股东及高层管理者的信息、宏观经济环境、国家政策与法律环境的影响及竞争对手的主要情况等,这些信息中涉及到相关的技术秘密、经营秘密和管理秘密。因为企业的商业秘密与环境信息披露的内容存在着一定的交集,其他的企业可以通过反向工程来获取企业商业上的秘密,如企业的先进管理理念、产品的核心信息和企业的发展方向等,商业间谍也可以浑水摸鱼获取企业的秘密,所以企业在对环境信息进行披露时,面临着一些利益抉择。商业秘密在国际上也是作为一项环境信息披露的免责事由的。我国的《环境信息公开办法》在这方面是偏向于披露环境信息优于保护商业秘密的,但实践中需要一个利益平衡机制。如何来平衡这些利益抉择,需要制度上的指导规范。

二、企业环境信息披露方式的缺陷

企业的环境信息中,只有属于货币信息的部分可以按一定的传统会计方法进行核算、披露,非货币信息和记述性信息无法利用传统会计信息系统进行披露,所以环境信息的披露应建立起其特有的披露形式。目前国内外的环境信息披露形式一般有:(1)货币单位的环境核算书,终极目标是把非货币单位的环境污染负面影响和环境状况的改善分别作为环境成本和环境收益换算为货币单位进行核算;(2)非货币单位的环境核算书,其核心问题就是用物量单位来确认和计量企业对环境造成的负面影响;(3)综合型的环境核算书,即货币单位和物量单位综合的环境核算。

环境信息的披露形式与环境信息的披露方式是相关的。货币单位的环境核算书主要是对环境成本和环境收益等进行计算,可以作为企业财务信息的一部分或附录。非货币单位的环境核算书和综合型的环境核算书主要是对环境绩效信息进行衡量,可以形成独立的环境报告。对于环境信息披露方式的选择与设计,目前国际上普遍使用以下两种方式:一是环境信息与财务信息合并报送,环境信息作为财务报告的一部分或附录;二是环境信息形成单独的环境报告。①

美国环境经济联盟主张企业以独立编制环境报告书的形式披露企业环境信息。欧美的一些国家主张通过环境报告或在年度报告中利用一定篇幅披露环境信息。目前,我国上市企业一般在招股说明书中涉及一些关于环境治理费用的环境信息披露,个别企业也只是在年度报告中的重要事项中对公司环境信息加以披露,有的企业在财务报表注释中披露,有的企业在内部工作会议中记录环境信息,有的企业的环境信息包含在董事长的报告中,还有少数企业编制了单独的环境报告。但这几种披露方式没有一种是占绝对优势的。"内部工作会议记录"和"包含在董事长报告中"的两种报告模式,作为企业内部年度总结的内容,是不利于向外部利益

---

① 李建发,肖华. 我国企业环境报告:现状、需求与未来[J]. 会计研究,2002(4).

相关者披露会计信息;而将环境会计信息包含在现行的年度报告中,只能用于披露以货币计量的影响企业财务状况、经营成果和现金流量的信息,而对一些无法用货币计量的信息无法披露;采用"单独报告"的模式,造成了某些项目在确认、计量上的重复,并不符合成本—效益原则;仅在"会计报表附注"中披露,不能使报表使用者了解企业环境信息的全貌。总之,仅仅采用这五种之中的任何一种,均是不全面的,也是不妥当的。

我国环保局出台的于 2008 年 5 月 1 日施行的环境信息公开办法也只是对企业自愿披露环境信息的方式做出了很简单的规定。环境信息公开办法的第二十二条规定,依照本办法第十九条规定,自愿公开环境信息的企业,可以将其环境信息通过媒体、互联网等方式,或者通过公布企业年度环境报告的形式向社会公开。对于企业来说,笔者认为,我国目前应根据企业的不同性质选择确定不同的披露方式,主要采用主附表相结合的信息披露方式。对存在污染的企业和一些存在国际贸易业务的企业,应当选择编制独立的环境报告书,将强制性披露内容以统一、规范的要求进行披露。这将有利于管理部门的汇总分析,提高环境信息的决策价值,同时也有利于规避发达国家设置的绿色贸易壁垒。对污染程度比较轻的小企业,可以选择编制绿色会计报表,或在报表附注、财务情况说明书中披露相关环境信息。

三、企业环境信息披露的基础和条件的缺乏

(一)企业环境信息披露中环境会计的不足

有关企业环境信息披露的环境会计法规、准则不够完善,现有

的一些法规、准则也存在范围狭窄、内容空泛、可操作性差等问题。在我国已颁布实施的会计规范和准则中,均没有环境会计的具体实施办法和评估标准,这是我国开展环境会计必须迅速解决的一个问题。如企业的内审机构开展环境会计是否应遵守国际标准化组织对环境会计的规定(ISO14000)尚未达成共识。又如,在对环境会计中增加的"环境资产"、"环境负债"、"环境资本"等科目进行计量时,我们应确立一个什么样的标准来客观公正地反映企业的这些资产负债状况,这也是一个难度较大的课题。由于缺乏强制性的准则规范,大多数企业不会主动披露环境会计信息,或者即使披露了一些,也无相关标准去衡量其信息质量,不能取信于社会公众,影响披露效果。

环境会计理论与方法体系的不完善,尤其是缺乏科学的定量方法及切实可行的指标体系,使得需用货币计量、披露的环境资产与负债、环境成本与收益等信息缺乏可操作性的方法。如何突破计量障碍,把货币计量与实物计量统一在环境会计的核算体系中,避免会计计量单位的多元性与披露信息的多元性所造成的信息不可比,是环境信息披露急需解决的问题。

环境会计的难度和广度对会计人员的素质是一个极大的挑战。环境会计人员的素质有待提高,会计人员必须懂得环境方面的知识,如环境经济学、环境法学、环境管理学等;另外,还要具备社会学、统计学、工程学等方面的知识。因此,会计人员需要加强学习,及时总结环境会计的经验。实践中,企业会计人员对于环境信息披露的参与程度也不高。尽管会计人员在涉及传统会计的领域也或多或少地参与了环境信息的披露实务,但目前的环境信息披露较多地采取了"叙述性"形式,往往容易忽略会计人员参与的必要性和专业优势。

(二)环境审计的制度障碍

《环境信息公开办法》第四章最后规定了环境信息公开的监督与责任,所以为了保证企业披露的环境信息质量,必须对其进行外部监督。进行环境审计是实现外部监督的主要方式。美国环境信息披露研究者经研究发现,上市公司的管理层、投资者和银行重视环境披露、环境成绩和经济成绩之间的关系,[①]因为有管制的时候,市场会更关注财务报告中的环境信息披露,这使得公司可以使用环境信息披露作为控制市场反应的工具,减少实际污染成绩的负面影响。[②] 如环境投资的加强,可能使得环境披露与市场利润存在正向变化关系,因此企业披露的环境信息必须要审计,其审计范围包括强制性披露的信息与自愿披露的信息、货币性政策与非货币性政策。重点审计其真实性、正确性与客观性,确保环境信息的真实可行,以满足各利益相关者对环境信息的需要。

我国对环境审计的界定还只是局限在与财务事项有关的事务方面,与西方国家所述的环境审计大相径庭。从西方国家对环境审计和环境审计师的规定可以看出,西方的环境立法比较健全,政

---

① Sulaiman – Al – Tuwaijr, ITheodore, K. E. HughesII. Therelationsamong-environmentaldisclosure, environmental performance, and economic performance: a simultaneous equations approach [J]. Accounting, Organizations and Society, 2004, 29: 447—471.

② Craig Deegan. Environmental disclosure and share price – a discussion about efforts to study this relationship [J]. Accounting Forum, 2004, 28: 87—97.

府部门、企业、社会公众的环境意识较强,参与者较多,因此,开展环境保护工作的外部条件非常有利。我国环境审计存在的问题主要有:(1)进行环境审计的人员素质达不到要求,环境审计人员要具备环境、经济、会计等跨学科的知识,但一般的工作人员都达不到这一要求;(2)注册会计师参与环境审计的程度较低,就我国的现实来看,环境审计工作的开展主要局限于国家审计机关对环保资金的专项审计,注册会计师基本上没有参与到环境审计中来,要想促使环境审计广泛深入到企业领域,就必须充分发挥注册会计师的作用;(3)环境审计的质量过低,这与环境审计的不到位息息相关,为了确保环境审计的质量,国家审计机关还应在环保部门的配合下,加大对社会审计工作结果的复核与监督力度;(4)环境审计的各项活动相互分离,环境审计应与其他专项审计融合,Stanislav Karapetrovic 指出:"一个真正意义上的广义审计必须包含其他的分支,能够考核一个企业活动的全部领域(包括财务、质量、环境等)。"

(三)企业环境信息的提供者本身在公司治理结构上的缺陷

《环境信息公开办法》强制性地规定了一些重污染企业必须要披露环境信息。近年来发生的多起会计欺诈事件,都是由于管理层的舞弊造成的。企业具有市场运作高度透明的特点,因此,作为公司治理的一个重要机制,强制性、持续性环境信息披露是企业的法定义务。公司董事长是信息披露的第一责任人,董事会秘书是信息披露的直接责任人,公司董事、监事会及高管有义务保证环境信息披露的完整性、准确性、及时性和时效性,并对虚假信息、严重误导性陈述和重大遗漏承担连带赔偿责任。企业履行环境信息披露义务不是可多可少、可有可无的,必须严格按照相关法律法则认真作为。

公司治理结构不完善,董事会与公司管理层人员高度重叠,董事会缺乏对管理层的有效监督,甚至纵容管理层的造假行为,最终导致会计造假愈演愈烈,严重降低了会计信息质量。同时,由于造假手法越来越多,行为越来越隐蔽,由此增加了审计人员发现舞弊的难度,对审计信息的质量造成了严重的影响。因此,必须完善公司治理结构,形成有效的制衡。此外,要建立健全公司的内部控制制度。健全有效的内控制度可以有效地减少会计人员实务操作中发生错误的几率,还可以降低由于个别人员舞弊给会计信息造成的不确定性影响。

目前看,一些企业环境信息披露不真实,发布或散布虚假信息,不及时披露应披露的重大信息,严重疏漏信息,特别是财务会计报表造假等,给信息的使用者带来了极大损害。诚信是市场经济的灵魂,更是企业的灵魂。因此,强化诚信观念,依法履行环境信息披露义务,共同维护资本市场和企业形象,是每一个上市公司义不容辞的责任。企业运作发展是一个系统工程的设计和操作,需要潜心研究,不断探索,大胆实践,并与时俱进。尽管目前企业的整体素质有待进一步提升,资本市场也有待进一步完善,但我们可以相信,只要把握大局,规范法人治理,依托融资优势、先进体制和机制优势,企业也一定会获得健康良性的发展。

第四节　我国企业环境信息披露制度的改进

一、企业环境信息披露系统的建立

(一)确定企业环境信息披露的基本内容

企业披露的内容包括财务影响与环境影响,其信息有所不同。财务影响信息主要反映企业能够用货币计量、在财务报表内作为正式项目反映的与环境因素有关的会计信息,属于会计反映的内容;而非财务信息即环境影响信息,主要反映企业不能用货币计量、无法在财务报表内作为正式项目反映,但可以以其他形式披露的与环境因素有关的信息,属于在环境生产、统计领域核算的内容。

在企业披露环境信息时,不仅要披露价值量的会计信息,还要披露实物量或文字的信息,同时,以一种有效的指标体系将两者融合,让信息使用者对环境活动的结果有更全面地了解。新施行的《环境信息公开办法》对企业自愿和必须披露的环境信息进行了更细致的规定。而在企业进行环境信息披露时,还要对企业产品的环境信息如生产过程的环境标准、能源消耗、原材料消耗,产品生产过程是否对环境造成危害及何种危害,产品的环境标准是否是转基因产品或存在潜在危害,包装材料的环境标准等进行披露,这些环境信息可以反映企业生产经营成果对环境的影响。另外,环境负债、成本支出、收入收益,环境绩效乃至环境审计,都应是企业所披露的环境信息的题中之意。

世界各国对环境负债和环境成本支出的研究已经比较成熟,但对环境收入收益、环境绩效和环境审计方面的研究相对薄弱一些,我国更是如此。在以后的企业环境信息披露制度的完善中,要加强对环境收入收益、环境绩效和环境审计方面的信息披露;企业在披露环境信息时,要注重信息的实效性,历史性的环境信息披露出来对信息的使用者发挥不了作用;要遵守一定的规范要求,使披露的环境信息具有一定的透明性和可比性;要拓展环境信息披露的内容,随着信息时代的到来,人们对企业披露的环境信息的要求越来越高,企业在环境信息披露的内容方面不能过窄。

(二)加强环境信息披露的内部控制

2008 年 5 月 1 日起施行的《环境信息公开办法》是现在我国关于环境信息披露的一个比较完备的规定。该办法明确规定了企业应当按照自愿公开与强制性公开相结合的原则,及时准确地披露企业环境信息,而且规定了企业必须披露的环境信息内容和企业自愿披露的信息内容。《环境信息公开办法》第二十条明确规定,"企业不得以保守商业秘密为借口,拒绝公开前款所列的环境信息"。可见在企业的商业秘密与公众的环境知情权出现冲突时,我国法律是倾向于公众的利益的。这种倾向性存在一定的合理性,但是如果仅因为此就认为可以无限制的对有关企业商业秘密的环境信息进行披露是错误的。要建立和健全法律法规、准确地界定环境知情权的客体范围和商业秘密的范围,仅有原则性的规定是不够的。

一般认为,凡涉及到公众环境权益、公众利益,公众在参与环境管理和环境保护过程中所需获得的环境信息都应属于披露内容。但是,由于这些信息中不可避免的会含有第三方信息和国家、商业秘密,将这一部分信息公开对于政府、企业、第三方来说就是不公平的。当相对的利益主体受到的损害比公众从环境信息披露中获得的收益要大的多时,对环境信息的披露就是不公平、不科学的,更不利于环境信息披露制度的发展。

关于环境信息的例外情况,各国在理论和实践中大都限定在以下几个方面:国家机密、生态安全、商业秘密和个人隐私。我国行政复议法等相关法律也将国家秘密、商业秘密和个人隐私作为例外情况,在信息披露的实践中对这些情况也应当不予公开。问题是,如何对于这些法定情况予以界定,以避免对这些法定例外的滥用而影响公民的环境信息获知权。目前对这些例外情况的规定的发展趋势是在范围上越来越窄、在程度要求上越来越高。对于环境信息公开义务的豁免应当限定在合理的范围内,不能因为环境信息仅涉及国家、商业秘密和个人隐私就可以不予公开,应当同时具备以下条件:(1)上述利益会因公开受到影响;(2)该影响应当为确定的、较大的危害,不包括轻微危害和不确定危害,并由该披露主体承担相应举证责任。如果因保护一方的利益而伤害了其他方甚至是社会公众的利益,那么显然与法的精神相悖。

(三)改革上市公司环境信息披露的方式

目前,我国已经形成上市公司信息披露的基本框架,建立了由上市时的信息披露(招股说明书、上市公告)、上市后的定期信息披露(中期报告和年度报告)和临时报告(如重大事项报告)三部分组成的信息披露制度。①最高审计机关亚洲组织环境审计委员会在

① 吴联生.上市公司会计报告研究[M].大连:东北财经大学出版社,2001:125.

2001 年环境审计北京研讨会的《环境审计指南》指出:"环境审计是对被审计单位的环境管理以及有关的经济活动的真实、合法和效益性所进行的监督、评价和鉴证工作。"最高审计机关国际组织1995 年《开罗宣言》提出的环境审计内容框架是:"环境审计定义中应包括财务审计、合规性审计和绩效审计的内容。"本书提出的合法性包括合规性,财务审计包括合法性审计、公允性审计和一贯性审计,只是当中甚少有规范涉及到环境信息披露的要求。建议我国企业在环境信息的披露方式的规定上应分情况而定,对大型的上市公司和一般的企业采取不同的标准,作如下的具体规定。

1. 上市公司的环境信息披露方式

目前,我国上市公司的定期环境报告建议采用独立环境报告模式,即企业对其承担的环境受托责任进行全面报告的形式。企业应该予以重点披露以下几个方面的信息。

其一,企业的环境方针及相关环保措施。企业制定的环境方针和具体环保措施,表现了企业对环境问题的认识程度和解决环境问题的决心,这是企业对环境保护基本态度的体现,应予以重点披露。

其二,环境管理体制。环境管理体制是企业环境方针得以实施的组织保障,外部信息使用者会希望知道企业的环境管理体制健全与否,因为一个环境管理体系健全的企业,它的环保态度应该是积极的,环保措施的执行也是比较有力的,这样的企业才能实现持续的发展,具有投资价值。所以企业环境信息披露时不能忽略相关管理体制的披露。

其三,环境影响和环境业绩。这是环境报告的核心内容,是信息使用者最为关心的内容。环境影响和环境业绩评价,可以采用数量指标,如对"三废"排放量的描述;也可以采取货币指标,如对企业预防环境污染,以环保原料替代原有原料的成本的计量,企业可以采用市场价值法、机会成本法等方法对环境业绩进行计量并在环境报告书中予以披露。在披露中,企业还应注意到对环境资产减值损失和环境或有负债的披露。环境资产与普通资产相比,对能够带来的未来经济效益更具有不确定性,因此环境资产发生减值损失的可能性比普通资产更大,从谨慎的角度更应该关注环境资产价值,提取资产减值准备并予以披露。目前世界各国的立法界大多采用"连带和多种责任"概念,即企业只要在客观上对他人造成了人身、财产或环境权益损失,即使没有主观上的故意性,也须承担赔偿责任。如企业排放污染物的当时可能没有出现环境修复或赔偿要求,在其认为平安无事时却可能被连带地要求承担环境修复或赔偿责任,所以环境或有负债的影响逐渐增加,我们应该注意对环境或有负债的估计和披露。这些都是信息使用者最关心的内容,企业应进行重点披露,并提请信息使用者给予关注。

当企业发生可能对环境资源产生重大影响或性质较恶劣,进而影响企业经济效益而企业外部信息使用者尚未得知的事项时,企业就应对该事项进行临时报告披露。例如,企业的一项购入环保设备投资,这个事项会导致企业环境资产大幅增加,环境保护能力大大提高,环境效益相应增加,这一事项将使信息使用者了解到企业从事环境保护的积极态度,提高对企业环保形象的评价,因此该事项发生时,会对企业造成很大的影响,企业应进行披露。再如,企业因为环保措施实施不到位,遭到了行政罚款,该事项的性质比较恶劣,若不公布,外部信息使用者可能做出错误的决策,经济利益可能会受到严重损害,所以企业也应以临时报告的形式予以披露。

披露的事项包括:公司购置环境资产的决定;公司发生对企业环境保护活动有重大影响的投资行为;公司订立重要合同,而该合同可能对公司的环境资产、环境负债和环境效益产生重要影响;公司发生重大的环境修复或环境赔偿义务;公司发生涉及环境的重大诉讼;其他对企业环境保护活动有重要影响的事项。

对于上市公司的环境信息披露,我国应完善公司法、证券法,制定相应的法律法规,保证其披露的信息的质量。

以上都是以上市公司作为报告主体的构想,但是我国还有众多未上市企业,其中大多数是中小型企业。中小企业的资金有限、技术落后、环保投入不足,一旦发生环境污染,其后果会很严重,所以他们的环境信息披露也十分必要。然而成本上的限制使其不会主动进行环境信息披露,所以当前情况下,对这部分企业采取自愿披露的方式。这些企业的环境信息披露可以采取补充报告模式,即这些企业要在现有财务报告的基础上通过增加会计科目、会计报表和报告内容的方式来报告企业环境信息,如增加"环境资产"、"环境负债"、"环境收入"、"环境成本"、"环境效益"等科目对企业环境交易事项进行计量,并在财务报表的附注部分披露相应环境会计科目的会计政策和明细说明,披露企业的环境方针、环境目标、环境业绩、环境风险预测等信息。利用补充报告可以起到弥补中小企业现行财务报告中环境信息披露不足的作用。

但我们也必须看到,当前在中小企业实行环境会计制度仍有一定难度,要求中小企业进行环境信息披露也就更加困难,所以这些企业在相当长的一段时间内,还要采用如排污申报登记、通过新闻媒体传递获得 ISO14001 环境管理体系认证的信息、在产品包装上披露绿色产品标志或对环境负责的态度等方式进行环境信息的披露。

二、企业环境信息披露配套制度的跟进

(一)制定相应的环境信息披露的会计准则

国家相关部门应该会同会计准则委员会尽快制定相关的环境会计准则,然后依据会计准则所规定的有关环境原则设立会计制度。会计准则或会计制度中应该设立专门的环境资产、环境负债、环境成本费用及环境收益等环境会计科目,明确环境项目的确认、核算与披露原则,规范环境会计信息的披露,使环境会计具有实际可操作性与统一性。同时,将环境会计核算和监督列入《会计法》,以法律的形式确定环境会计的地位和作用,这是将环境会计付诸实施的最强有力的手段。

推行环境会计、对外披露环境会计信息和会计参与环境管理,要求会计人员必须转变观念、更新知识,从而适应新形势的需要。传统会计和信息披露工作对会计人员知识结构的要求是,在基本掌握经济管理知识的基础上,熟练掌握会计和财务技能,并精通生产经营知识。但是面对环境会计问题,会计人员必须更新其传统的知识结构,学习并掌握环境科学和环境经济学的知识,了解企业生产经营业务与环境之间的关系。没有这样的一个知识结构,会计人员是无法适应环境会计的要求的。因此,今后的会计人员的后续教育和培训,应该逐步走出只注重会计技术和会计方法教育的误区,应该逐步加强诸如环境学等学科的教育;与此同时,学校的会计教育更应该把环境和环境保护知识作为素质教育的基本组

成部分来对待。可喜的是,人们正在逐步认识到这一点。例如,美国会计教育改革的许多试点学校中都开设了环境科学方面的课程;在国内,山东有一所高校(山东师范大学)对所有专业的学生都开设了环境与环境保护课程。设想,如果其他高校也能如此,也许再过不久,大学的会计毕业生都能掌握一定的环境科学知识,到那时,对环境会计的研究、对环境会计信息披露工作的开展,都将跨上一个新台阶。

　　加强政府监督是环境会计制度走向完善的重要保证。从事环境信息披露工作的政府部门应该是财政部、中国证监会和国家环保总局。根据我国《会计法》的规定,会计工作是由财政部统一管理的;按照《公司法》和有关证券管理法规,公开发行股票的公司的信息披露工作是由国务院证券委员会及其办事机构证监会管理的。承袭这种体制,企业的环境信息披露也应该继续由这两个部门承担。但是,由于环境信息的特殊性,国家环保总局也应该从中发挥重要的作用。因为环境绩效中的许多内容特别是一些指标的确定,环保部门更具有发言权。

　　就政府监管的内容来说,应该主要包括以下几个方面:(1)确定并公布重污染行业及重污染企业名单,对重污染行业的环境会计信息披露提出重点要求,同时要求上市公司或拟上市公司在向外界公布其企业信息的时候,一并指名该企业是否为重污染行业;(2)明确规定企业应该披露的主要污染物的指标数据,如废水披露指标、废气披露指标、固体废物披露指标应包括的内容等;(3)建立全国性的企业环境报告数据库,通过互联网公布企业的环境信息,加大企业环境会计信息报告的透明度,同时也可以使有关的监督部门、研究机构和研究人员等群体对企业环境会计信息有一个全面、连续、明晰的了解和掌握。

(二)建立环境信息披露的审计监督机制

环境审计是将审计与一个企业、其他组织、国家或地区甚至是某一项目中的有关环境活动结合起来,通过对环境政策、环境活动、生产经营及其他正常本职活动的环境影响、环保机构的经济性、效率性和效果性进行审查和监控,以发现所存在的环境问题和违反环境法规的风险。我国企业的环境审计在审计表达内容和审计意见表达方面应做到如下要求。

按照最高审计机关国际组织对环境审计内容的界定,本文从企业环境财务审计、合规性审计角度,将审计师对企业环境信息披露的评价意见表述为:(1)环境信息的合法性,主要评价和鉴证环境财务报告及其环境管理活动是否符合环境法律、法规、政策、制度和环境控制技术经济标准以及环境会计准则;(2)环境信息的公允性,主要评价和鉴证环境财务报告在所有重大方面,是否公允地反映了环境因素对被审单位财务状况、经营成果和现金流量的影响,尤其是被审单位环境成本和环境负债;(3)环境信息的一致性,主要评价环境会计确认和计量的会计政策使用前后是否一致;(4)环境信息的真实性,主要评价和鉴证环境财务信息是否真实可靠,其环境信息可能带来的环境风险程度。

环境信息的效益性应是环境绩效审计的主要内容,并必须通过管理审计或绩效审计。它主要评价和鉴证环境控制制度是否建立和健全、环境政策的实施能否达到预期的目标、政策实施的费用是否达到最小化。本文认为,该内容不应包括在企业对外披露的环境信息中,审计师无须在对外审计报告中发表意见。

依据我国公司法、企业财务会计报告条例和审计准则有关规定,对外提供的企业环境审计报告的格式应采用标准格式,其发表的审计意见依据不同的审计结果应分别采用无保留的审计意见、保留的审计意见、否定的审计意见和拒绝表示意见四种。不过,由于环境会计、环境审计除涉及会计学和审计学外,还涉及到经济学、生态学、化学、法学、环境科学、资源学,审计组一般是由不同学科专业的技术人员组成,审计的方式大多采用联合审计。这样,审计师负责评估环境法律、法规的遵守情况,而环境专家负责测量和分析有关污染物的数据,但审计报告是共同审计的结果,这就涉及报告中环境评价的审计责任界定问题。李学柔、秦荣生总结了西方环境审计实践中三种通常的做法:(1)由多学科联合审计组长承担全部责任;(2)由各学科专业各自承担自己相应的责任;(3)由审计师承担全部责任。

本文认为,基于环境审计的复杂性、审计师现有知识结构的局限性,以及保持应有的审计职业谨慎和分散审计风险方面的考虑,中国企业环境审计的初期,如审计范围是全面审计,或者审计的范围是环境管理控制系统审计,或者审计项目是环境管理审计、环境绩效审计,且提出的是无保留审计意见,审计师应在审计报告的说明段,另加上各学科审查的内容及其负责人的说明,审计报告应由各学科负责人共同签署和盖章,以明示各学科负责人在审计意见表达中的审计责任。除此之外,环境合规性审计、环境财务审计的审计报告由审计组长签署和盖章就可以,如果有环境专家的参与,审计组长应当对环境专家工作的适当性做出评估,并将其评价结果作为审计证据之一。

三、企业环境信息披露与企业治理的完善

(一)加强企业环境意识

加强企业环境意识,使企业管理层、职工认识到:环境保护措施不是一笔"赔本生意",随着人们生活水平的提高和思想观念的进步,我国很快就会进入"环保—经济效益"的良性循环圈,因此,在生产经营过程中多关注环境保护问题是值得的,也是有长远发展眼光的。企业对环境会计信息披露有一个正确的认识后,才会提高对环境会计信息披露的自觉性。尤其对于企业管理当局而言,只有在他们认识到环境会计信息披露的必要性时,环境会计信息披露才可能真正被执行。

加强会计人员的后续教育,使其能够胜任环境会计信息披露工作。对于企业的财务人员,要加强他们的环境会计专业知识的教育和培训,更新其传统的知识结构,提高其环境会计及环境会计信息披露方面的技能,以适应环境会计信息披露的要求。会计人员整体素质不高一直是我国会计实务界面临的突出问题,在实施新的会计政策或方法时,会计人员专业技能不高往往成为制约因素,因此,加强会计人员后续教育对加快环境会计信息披露至关重要。

当然,我国企业环境信息披露制度的完善还需要提高全民的环保意识,另外,一些观念进步的非盈利组织也可以有环境报告的披露。总之,该制度的完善不是一朝一夕就可以完成的,需要一个阶段,还需要全社会的共同努力。

(二)建立企业内部控制制度

环境信息披露制度表面上是关于监管的问题,实际上是一个关乎公司治理的问题。良好的公司治理水平与完善的信息披露是正相关的。关于内部控制制度的定义,正如任何其他事物的定义一样,有不同的表述。有学者认为,"内部控制是一个公司自身的程序、系统和安全措施,被设计用以便利于及时、准确地处理交易和内、外部财务结果及经营结果的报告"。①美国《SOX 法案》404 条款就规定了内部控制制度,最显著的是"要求 (1)CEO/CFO 证明财务报告的内部控制的设计与完整性以及(2)外部审计师去测试(test)并评价 (opineon)内部控制的设计和效用,包括管理层的证明。"②404 条款对内部控制制度的要求上升到一个全新的阶段,其立法者认为,完善内部控制制度,能够最大化的防止欺诈,提高公司治理水平。

美国的内部控制制度出台后引起了广泛的影响,有其价值所在,但也存在一些不足。如《SOX 法案》赋予 CEO/CFO 的建立并评估内部控制制度的严格责任,影响了 CEO/CFO 对公司正常业务的经营。《SOX 法案》将 CEO/CFO 的注意力吸引到财务控制这方面,必将减少他们管理公司的时间,进而影响到公司的盈利。虽然

①　Joseph A. Guillory：NOTE：The Audit Committee "Financial Expert" Requirement and the Internal Control Attestation：Effective Contributions to Corporate Governance? 94 Ky. L. J. 585，n. 18(2005/2006)

②　Lawrence A. Cunningham：SYMPOSIUM：EVALUATION AND RESPONSE TO RISK BY LAWYERS AND ACCOUNTANTS IN THE U. S. AND E. U.：The Appeal and Limits of Internal Controls to Fight Fraud，Terrorism，Other Ills，29 Iowa J. Corp. L. 267(2004.

预防欺诈很重要,但公司盈利更重要。同时,美国的内部控制制度使企业的成本大大提高,因《SOX 法案》而导致的公众公司成本,包括但不限于:(1)付给审计师的额外费用,如审计师评估公司管理层对内部控制评价的费用;(2)公司高管、董事会因从事内部控制等工作而付出的劳务费用;(3)实施内部控制而额外增加的其他人力资本的费用;(4)聘请审计委员会的财务专家的费用;(5)购买内部控制软件及接受外部专业人员培训的费用;(6)公司将众多的运营资源用于内部控制而导致的机会成本;(7)公司高管将众多的精力用于内部控制而对公司经营不够专注导致的机会成本;(8)公司经营趋于重视财务稳健而导致的带有合理风险性的投资机会的丧失等。以上数额如果太大,必将严重影响公司的盈利,进而逼迫企业退市。

广而言之,环境信息披露也是在内部控制制度的管理范围之内,企业的内部控制制度对我国的环境信息披露制度的完善还是有一些借鉴意义的。美国的内部控制是注重财务的控制,但内部控制制度在设计之初是一种注重全面性、系统性、技术性、流程性、控制性的管理模式,其着眼于资源的整体利用的规划,包括但不限于财务控制,所以我国企业在建立内部控制制度时应注重整体效应。我们需要根据一条主线来设计和测试内部控制制度,以能够得出与经营相关的直接财务信息为目的。同时,该制度也要尽量与企业供应链结合起来,以期反映公司的整体运营情况。企业制定出一套良好的内部控制制度,对企业来说,可以提高企业内部控制水平、塑造全新的企业文化;长远看来,公司将具有更强的盈利能力,也更能保护投资者的利益;对其他公众来说,也有利于他们知情权的实现。

附录：克胜集团企业环境管理规章

第一章　总则

根据中华人民共和国《环境保护法》关于产生环境污染和其他公害的单位,必须把环境保护工作纳入计划,建立环境保护责任制度,采取有效措施,防治"三废"和噪声等环境污染危害规定,为了明确各部门的环境保护责任,加强环境管理的污染防治、促进企业的经济效益、社会效益的协调发展,特制定环境保护管理制度。

1.1　公司成立环境保护工作委员会,并设立环保管理部门和专职环保员,部门成立相应的环境领导小组和环保员,各级环保组织负责日常的环保工作。

1.2　根据国家颁发的"三废"排放标准,制定本车间生产过程中产生的"三废"控制指标,并作为技术操作规程和生产岗位责任制的一项重要内容加以考核。

1.3　各级负责人要把环境保护作为重要的工作来抓,应同时编制计划,布置、检查、总结、评比生产和环保工作。必须严格按照责任状条款和环保工作考核办法逐级对照考核,不断强化各部门的环保责任。

1.4　积极组织全体员工参加公司开展的环保学习和其他环保活动。

1.5　切实开好、管理好现有污染治理装置,一切环保治理岗位必须与生产装置同时运行。记录好运动台帐,保存完整的原始记录,确保设施运动率达100%。

1.6 加强设备管理,杜绝跑、冒、滴、漏现象。车间所属设备完好率95%以上,主要设备完好率达100%,动密封点泄漏在2%以下,静密封点泄漏率在0.3以下,设备润滑实行"五定"、"三级过滤"。

1.7 各生产装置排放的废水,要做到清污分流,尽可能循环使用或回收,减少废水排放量。

1.8 在新工艺、新设备、新产品投产时考虑环保措施,做好环境影响评价工作,在新、改、扩建项目中有关环保和三废治理内容中应贯彻"三同时"。

1.9 如发生污染事故,发生单位须立即报公司环保管理部门,由有关人员组成事故调查小组到现场进行调查核实并报公司主管领导。事故调查小组与事故发生单位在召开事故分析会的基础上,提出事故处理意见及书面报告报公司领导,必要时报上级环保主管部门。

1.10 对发生各类污染事故,如经查出有隐瞒不报,虚报或有意拖延等情况时,除责令补报外,并要逐级追查责任,视其情节严重及影响后果,给予必要的纪律处分。

第二章 污染控制与监测

2.1 治污中心是集团污染控制责任部门,主要负责废气、固体废弃物的集中处理和污染防治工作。

2.2 中心环境监测和测量仪器管理

2.2.1 操作人员必须以正确的方法使用和维护好仪器设备，实行设备专人管理，做到每台仪器设备有人管理；

2.2.2 严格按照仪器设备的使用说明和操作规程进行操作，经常进行仪器设备的巡回检查，认真填写运行记录；

2.2.3 对日常使用的仪器必须定期做好保养校验工作，保证监测和测量仪器设备经常处于完好状态；

2.2.4 监测和测量仪器在运行中如出现失误或故障，应当立即停止使用，待排除故障和校验后重新投入使用；

2.2.5 所有监测和测量仪器设备必须由有资质的人员进行操作，其他人不得随意操作；

2.2.6 监测和测量仪器中的 COD 在线自动监测仪必须由环保部门专业人员进行操作，任何人不得随意乱动；

2.2.7 监测和测量仪器的设备管理人员应对设备维护保养情况进行监督检查，认真总结操作和维修人员的维护保养经验，改进设备管理工作。

2.3 治污中心废气管理

2.3.1 废水蒸馏放水应每班 2 次，4 小时/次，以防水满吸入真空泵，气味较大，影响周围环境；

2.3.2 加强巡回检查，防上废水废渣溢出贮池，防止气味散发造成环境污染；

2.3.3 焚烧废渣应彻底，尽可能减少废渣中有毒、有害物质，否则出炉的废渣气味较大，对大气造成污染；

2.3.4 确保废气达标排放，如有超标现象，及时整改，加以防范。

2.4　治污中心废弃物管理

2.4.1　废包装袋、废桶等包装物必须送到公司指定地点以便统一处理;

2.4.2　分析过程中,产生的废液,统一进行收集,须进行间歇式生化处理,不得擅自乱倒乱放,产生环境污染;

2.4.3　分析过程中,所产生的有毒有害试剂空瓶、玻璃仪器、橡皮胶管、废试纸,按可回收利用、不可回收利用、危险废物分类收集,送往指定的地点存放,统一进行无害化处理;

2.4.4　金属废弃物一并送到公司的指定地点进行处理;

2.4.5　废油、废渣收集存放与指定地点,不得混放,存放容器的口朝上,不得倾斜或横放、倒放,并标识明确。

第三章　废水处理规章制度

3.1　废水分析

3.1.1　水样分析用的标准溶液由专人配制;

3.1.2　配制后的标准溶液经标定准确后方可使用;

3.1.3　水样分析必须按规定顺序进行;

3.1.4　取做水样必须有代表性、准确性;

3.1.5　不准瞒报、虚报分析结果,分析结果要有准确性;

3.1.6　分析结果及时记录,及时上报,保持台帐的整洁;

3.1.7　在分析过程中,当发现 COD 值很高时,应将其稀释一定倍数后再分析;

3.1.8　分析水样使用的器具要轻拿轻放,防止损坏。

3.2　蒸馏废水处理

3.2.1　每次投料必须将定量的废水投入蒸馏釜中进行脱溶;

3.2.2　严格执行废水蒸馏操作规程(中途不准加料);

3.2.3　废渣及时放出(泼渣必须稠);

3.2.4　严格进行巡回检查,发现隐患及时排除。

3.3　生化废水处理

3.3.1　气浮器的使用必须遵循规定的操作规程;

3.3.2　按要求调准 PH 值;

3.3.3　生化废水进液闸阀禁止乱调;

3.3.4　未经处理的废水禁止偷排偷放;

3.3.5　二沉池内污泥及时回流,剩余污泥及时排出;

3.3.6　分析水样要认真严谨,结果要准确,不得虚报瞒报,分析仪器使用要轻拿轻放;

3.3.7　必须认真进行交接班,交接内容(共用工具、生化废水处理情况、蒸馏废水处理情况)详细记录在交接班薄上;

3.3.8　各班人员上班禁止迟到、无故旷工、睡岗串岗,应加强对各车间下水道的环保巡视工作,遇到情况及时汇报或采取有效措施处理。

第四章 固体废弃物处理

4.1　操作前必须按规定穿戴好劳保用品,操作中注意自我防护。

4.2 经常检查并保持脱硫除尘器和循环水泵的正常运行,保持循环水 PH 值在 8～10 之间。

4.3 存放易燃废渣的料车应偏离炉门或明火高温区域,并保持一定的距离。加料应均匀适量,禁止超量添加。加料铲出炉膛门必须浸水,以防火源接触渣车。

4.4 废渣焚烧应分类进行。废水蒸馏残渣、PMC 精馏、CNC 残渣应按一定的比例均匀的加入炉膛。

4.5 控制焚烧炉温度在 900℃左右,及时清理炉膛废渣,保证废渣完全燃烧。及时置换脱硫除尘器循环水,注意调节烟道风量,定期清理烟道,保证烟尘达标排放。

4.6 注意废渣及其他废弃物的规范存放,使用的工具摆放整齐,保持作业场所的整洁,减少污染。

4.7 室内禁止存放易燃易爆物品,易燃液体禁止进入室内,禁止焚烧塑料制品、易燃液体、易爆物品。加料结束及时关闭炉门,出渣车禁止走北门。

4.8 认真做好焚烧记录和交接班工作,交接内容详细记录在交接班簿上。

4.9 各班人员上班不准迟到、不准无故旷工、不准睡岗串岗,应加强对废渣存放点的安全环保巡视工作,加强明火的管理,遇到情况应及时汇报或采取有效措施处理。

第五章　污染物的输运、贮存

5.1 生产运营过程中各类废水、废渣规范收集贮存,按规定废水处理工艺处理。

5.2 严格控制各总门废水、废渣总量,对合成分厂排放的各类废水进行计量控制,并做好记录。合成分厂废水、废渣排放量指标如下：

合成一分厂:生化废水≤38T

PMC 废渣≤0.5T

合成二分厂:生化废水≤10T

蒸馏废水≤2T

合成六分厂:生化废水≤45T

PMC 废渣≤0.4T

CNC 废渣≤1T

5.3 各部门如因生产需临时增加废水、废渣排放量,必须满足下列条件：

(1)污水处理厂废水处理能力富裕;

(2)获得生产运营总监批准;

(3)事先与污水处理厂取得联系,以便做好相应的准备工作。

5.4 废水、废渣运至污水处理厂的过程中必须保证安全、环保无泄漏,用来铺设各合成分厂废水输送管的下水道必须与污水处理厂的事故应急池连通,保证发生泄漏后的废水直接进入应急池,避免环境污染事故的发生。

5.5 贮存废水池及废渣池必须加盖加挡板,减少有害气体外泄,保证员工的身心健康。

5.6 夏季高温时,应对 CNC 废渣池进行必要的降温,防止废渣发生自燃现象,造成火灾。

5.7　公司污染物控制实行轮班作业制。三班人员在班期间,对各分厂下水道进行巡回检查,发现不正常现象立即向上级报告。

5.8　检修期间,检修场地应尽量远离废水贮存池及废渣池,如果必须要在其附近动火时,应采取防范措施,使废水池及废渣池与动火区完全隔绝。

附则

1.本规章未规定之内容,遵照国家相关法律法规执行;

2.本规章自发布之日生效。规章之解释权属于江苏克胜集团股份有限公司。

参考文献

［1］ ［德］哈贝马斯.公共领域的结构转型［M］.曹卫东,等译.上海:学林出版社,1999.

［2］ ［英］麦肯齐.生态学［M］.孙濡永,等译.北京:科学出版社,2000.

［3］ ［美］博登海默.法理学法律哲学与法律方法［M］.邓正来译.北京:中国政法大学出版社,1999.

［4］ ［美］约翰·罗尔斯.正义论［M］.何怀宏,等译.北京:中国社会科学出版社,1988.

［5］ ［美］约翰·罗尔斯.作为公平的正义——正义新论［M］.姚大志译.北京:生活·读书·新知三联书店,2002.

［6］ ［美］罗斯科庞德.普通法的精神［M］.唐前宏,廖湘文,高雪原译.北京:法律出版社,2001.

［7］ ［美］罗杰·W·芬德利,丹尼尔·A·法伯.环境法概要［M］.杨广俊,等译.北京:中国社会出版社,2001.

［8］ 蓝文艺.环境行政管理学［M］.北京:中国环境科学出版社,2004.

［9］ 曲格平.中国的环境管理［M］.北京:中国环境科学出版社,1989.

［10］ 刘永良.中国环境保护事业［M］.北京:中国环境科学出版社,1988.

［11］ 扬明.环境问题与环境意识［M］.北京:华夏出版

社.2002.

　[12]　夏光.中日环境政策比较研究[M].北京:中国环境科学出版社.2000.

　[13]　[美]史蒂文·凯尔曼.制定公共政策[M].商正译.北京:商务印书馆,1990.

　[14]　[日]大木雅夫.比较法[M].范愉译.北京:法律出版社,1999.

　[15]　[美]波特内.环境保护的公共政策[M].李艳芳,等译.北京:生活·读书新知三联书店,1993.

　[16]　[日]大须贺明.生存权论[M].林浩译.北京:法律出版社,2001.

　[17]　世界卫生组织欧洲地区办公室.危险废物的管理[M].严珊琴,等译.北京:中国环境科学出版社,1994.

　[18]　[德]Ulrich Steger,Ralph Meima.环境管理的战略思维:让企业在生态探索时代持续发展[M].鲁炜,崔丽琴译,合肥：中国科学技术大学出版社,2006.

　[19]　金瑞林,汪劲.中国环境与自然资源立法若干问题研究[M].北京:北京大学出版社,1999.

　[20]　金鉴明,王礼墙,薛达元.自然保护概论[M].北京:中国环境科学出版社,1991.

　[21]　世界环境与发展委员会.我们共同的未来[M].王之佳,等译.长春:吉林人民出版社,1997.

　[22]　罗吉.可持续发展与中国环境法的进[M].北京:法律出版社,2002.

［23］ 陈泉生,张梓太.宪法与行政法的生态化［M］.北京:法律出版社,2001.

［24］ 陈明义,李启家.固体废弃物的法律控制［M］.西安:陕西人民出版社,1991.

［25］ 蔡守秋.欧盟环境政策法律研究［M］.武汉:武汉大学出版社,2002.

［26］ 董炯.国家、公民与行政法［M］.北京:北京大学出版社,2001.

［27］ 戴星翼.走向绿色的发展［M］.上海:复旦大学出版社,1998.

［28］ 国家环境保护总局政策法规司.中国环境保护法规全书［M］.北京:学苑出版社,1999.

［29］ 何增科.公民社会与第三部门［M］.北京:社会科学文献出版社,2000.

［30］ 胡宝林,湛中乐.环境行政法［M］.北京:中国人事出版社,1993.

［31］ 姜明安.行政法与行政诉讼法［M］.北京:北京大学出版社,高等教育出版社,1999.

［32］ 江伟钮,陈方林.资源环境法研究及应用［M］.北京:中国政法大学出版社,2000.

［33］ 吕忠梅.环境法新视野［M］.北京:中国政法大学出版社,2000.

［34］ 罗豪才.行政法学［M］.北京:北京大学出版社,1996.

［35］ 马骧聪.国际环境法导论［M］.北京:科学文献出版

社,1994.

[36] [台]邱聪智.公害法原理[M].台湾:三民书局,1994.

[37] 任美愕,包浩生.中国自然区域及开发整治[M].北京:科学出版社,1992.

[38] 任海,彭少麟.恢复生态学导论[M].北京:科学出版社,2001.

[39] 王伟光.利益论[M].北京:人民出版社,2001.

[40] 肖国兴,肖乾刚.自然资源法[M].北京:法律出版社,1999.

[41] [台]叶俊荣.环境政策与法律[M].台北:月旦出版社社股份有限公司,1993.

[42] 俞可平.权利政治与公益政治[M].北京:社会科学文献出版社,2000.

[43] 俞可平.治理与善治[M].北京:社会科学文献出版社,2000.

[44] 余凌云.行政契约论[M].北京:中国人民大学出版社,2000.

[45] 杨建顺.日本行政法通论[M].北京:中国法制出版社,1998.

[46] 张文显.法学基本范畴研究[M].北京:中国政法大学出版社,1993.

[47] 张玉堂.利益论[M].武汉:武汉大学出版社,2001.

[48] 赵章元.中国近岸海域环境分区分级管理战略[M].北京:中国环境科学出版社.

［49］ 曹刚. 法的道德批判［M］. 南昌：江西人民出版社. 2001.

［50］ 蔡守秋. 调整论——对主流法理学的反思和补充［M］. 北京：高等教育出版社. 2003.

［51］ ［美］哈特. 法律的概念［M］. 张文显，等译. 北京：中国大百科全书出版社. 1996.

［52］ 蒋顺才，等. 上市公司信息披露［M］. 北京：清华大学出版社. 2004.

［53］ 刘旺洪. 法律意识论［M］. 北京：法律出版社. 2001.

［54］ 李爱年. 环境法的伦理审视［M］. 北京：科学出版社. 2006.

［55］ 李道军. 法的应然与实然［M］. 济南：山东人民出版社. 2001.

［56］ 李静江. 企业环境会计和环境报告书［M］. 北京：清华大学出版社. 2003.

［57］ 刘连煜. 公司治理与公司社会责任［M］. 北京：中国政法大学出版社. 2001.

［58］ 刘俊海. 公司的社会责任［M］. 北京：法律出版社. 1999.

［59］ 吕鹤云. 商业秘密法论［M］. 长沙：湖南人民出版社. 2000.

［60］ 刘杰. 知情权与信息公开法［M］. 北京：清华大学出版社. 2005.

［61］ 齐斌. 证券市场信息披露法律监管［M］. 北京：法律出

版社.2000.

　　[62]　王立.中国环境法的新视角[M].北京:中国检察出版社.2003.

　　[63]　王宇.证券法律制度研究[M].沈阳:东北大学出版社.2003.

　　[64]　王华等.环境信息公开:理念与实践[M].北京:中国环境科学出版社.2002.

　　[65]　卓泽渊.法的价值论[M].北京:法律出版社.1999.

　　[66]　吴成丰.企业伦理[M].北京:中国政法大学出版社.2004.

　　[67]　张维迎.信息、信任与法律[M].北京:生活·读书·新知三联书店.2003.

　　[68]　赵国青.外国环境法选编[M].中新环境管理咨询有限公司编译.北京:中国政法大学出版社.2000.

　　[69]　吕忠梅.超越与保守:可持续发展视野下的环境法创新[M].北京:法律出版社,2003.

　　[70]　张明杰,莫纪宏.行政法的新理念[M].北京:中国人民公安大学出版社,1997.

　　[71]　张明杰.开放的政府——政府信息公开法律制度研究[M].北京:中国政法大学出版社,2003.

　　[72]　周汉华.外国政府信息公开制度比较[M].北京:法律出版社,2003.

　　[73]　刘星.服务型政府:理论反思与制度创新[M].北京:中国政法大学出版社,2007.

［74］ 李步云.信息公开制度研究［M］.长沙:湖南大学出版社,2002.

［75］ 杨解君.行政契约与政府信息公开［M］.南京:东南大学出版社,2002.

［76］ 陈慈阳.合作原则之具体化——环境受托组织法制化之研究［M］.台北:元照出版公司,2006.

［77］ ［美］阿瑟·威廉姆斯,理查德·M·德汉斯.风险管理与保险［M］.陈伟译.北京:中国商业出版社,1990.

［78］ 王金南.环境经济学:理论·方法·政策［M］.北京:清华大学出版社,1994.

［79］ 王利明.侵权行为法归责原则研究［M］.北京:中国政法大学出版社,2003.

［80］ 于越峰.中国环境年鉴2003(第二季度)［M］.北京:中国环境年鉴社,2003.

［81］ 王光远.受托管理责任与管理审计［M］.北京:中国时代经济出版社,2004.

［82］ 国务院.中国21世纪议程［M］.北京:中国环境科学出版社,1994.

［83］ 马中,［美］杜丹德.总量控制与排污权交易［M］.北京:中国环境科学出版社,1999.

［84］ 王锡锌.公众参与和中国新公共运动的兴起［M］.北京:中国法制出版社,2008.

［85］ 唐云梯.环境管理概论［M］.北京:中国环境科学出版社,2001.

[86] [美]埃莉诺·奥斯特罗姆.公共事物的治理之道[M].余逊达,陈旭东译.上海:上海三联书店,2000.

[87] 张帆.环境与自然资源经济学[M].上海:上海人民出版社,1998.

[88] 戴星翼.走向绿色的发展[M].上海:复旦大学出版,1998.

[89] 袁峰.制度变迁与稳定[M].上海:复旦大学出版社,1999.

[90] [日]青木昌彦.比较制度分析[M].周露安译.上海:上海远东出版社,2001.

[91] 朱庚申.环境管理学[M].北京:中国环境科学出版社,2002.

[92] 赵大传,陶颖,杨厚玲.工业环境学[M].北京:中国环境科学出版社,2004.

[93] 国家发展计划委员会地区经济发展司."十五"生态建设和环境保护重点专项规划背景资料[M].北京:中国计划出版社,2002.

二、论文

[1] 李冬.日本企业环境管理的发展[J].现代日本经济,2001(4).

[2] 郭薇.强化中小企业环境管理水平——访德国技术合作公司 PREMA 项目主任安凯思[J].中国环境报,2007,4,3(8).

[4] 李泉宝.浅论低碳经济时代中国企业的环境管理转型

[J].海峡科学,2010(6).

[5]龚蕾.日本环境会计信息披露及其借鉴[J].中国注册会计师,2005(1).

[6]卢海波.企业环境管理综合性的界定与经济性分析[J].经营管理者,2011(1).

[7]韩利琳,张力.环境信息披露制度研究[J].安全与环境工程,2006(3).

[8]贺晓.《京都议定书》的生效与我国环境会计的发展[J].能源技术与管理,2005(3).

[9]焦若静.美国的环境会计[J].世界环境,2001(2).

[10]李莉.浅论企业环境管理[J].中国环境管理,2005(3).

[11]焦若静.美国、日本两国企业对环境信息的披露[J].世界环境,2001(3).

[12]匡绪辉.构建和谐社会中的企业社会责任[J].江汉论坛,2006(12):21.

[13]刘明辉,樊子君.日本环境会计研究[J].会计研究,2002(3).

[14]刘波.论中国环境标志法律制度的建立和完善[J].法学论坛,2005(4):105—108.

[15]卢代富.国外企业社会责任界说述评[J].现代法学,2001(6):143.

[16]肖序,舒小宁,周志方.日本企业环境管理会计评价指标研究——以东芝集团为例[J].财会学习,2010(8).

[17]彭海珍,任荣明.信息披露对企业环境管理的激励分析

[J].山西财经大学学报,2003(12).

[18] 秦敏.创建我国环境会计初探[J].中国农业会计,2005 (11):14.

[19] 曲冬梅.环境信息披露的相关法律问题[J].山东师范大学学报(人文社会科学版),2005,50(4):34.

[20] 孙德海、李雅卓.环境会计的信息披露[J].北方经贸,2006(3):63.

[21] 林华宝.浅析中小企业的环境管理[J].中小企业管理与科技,2010(9).

[22] 王雄元.上市公司信息披露与商业秘密保护[J].财会月刊(会计),2006(4):57.

[23] 王建明.上市公司环境信息披露有关问题探讨[J].江海学刊,2005(6):209—212.

[24 魏素艳.西方国家环境信息披露:实践、特点与启示[J].财会通讯,2005(7):41.

[25] 刘晓伟.我国企业环境管理中存在问题的分析及对策[J].企业经济,2006(3).

[26] 许晓红.商业秘密的认定及侵权责任[J].商场现代化,2006(1).

[272] 肖序、姜林林.韩国环境会计的发展历程及其实践[J].财会通讯(综合版),2006(1):87.

[28] 于沛.披露环境信息尽企业社会责任[J].绿色中国,2006(11):58.

[29] 姚瑶.基于利益相关者的环境会计信息披露[J].湘潭大

学学报(哲学社会科学版),2005(5):36.

　　[30]叶晓丹.论循环经济下的企业环境责任[A].水污染防治立法和循环经济立法研究——2005年中国环境资源法研讨会(年会)论文篇[C].江西赣州,2005:8/8.868.

　　[31]张紫宜,孙笑征.环境知情权概论[A].2004年中国环境资源法学研讨会(年会)论文集[C].重庆,2004:1307.

　　[32]郑成思.WTO与知识产权法研究[J].中国法学,2000(3):32.

　　[33]张邦铺.论商业秘密的认定及其法律保护[J].商场现代化,2006(7):227.

　　[34]李宇雄.新形势下企业环境管理的发展[J].科技广场,2010(6).

　　[35]赵正群.得知权理念及其在我国的初步实践[J].中国法学,2001(3).

　　[36]周汉华.美国政府信息公开制度[J].环球法律评论,2002(3).

　　[37]朱芒.开放型政府的法律理念和实践——日本信息公开制[J].环球法律评论,2002(3).

　　[38]马燕,焦跃辉.论环境知情权[J].当代法学,2003(9).

　　[39]曲冬梅.环境信息披露中的矛盾与选择[J].法学杂志,2005(6).

　　[40]种明钊,曹阳.如何运用制度克服信息失灵——信息失灵的制度克服研究评介[J].现代法学,2006(1).

　　[41]钟卫红,翁汉光.奥胡斯公约中的环境知情权及其启

示——兼论我国公民环境知情权的立法与实践[J].太平洋学报,2006(8).

[42]张晓君.个体生态环境权论[J].法学家,2007(5).

[43]朱谦.环境知情权的缺失与补救[J].法学,2005(6).

[44]朱谦.突发性环境污染事件中的环境信息公开问题研究[J].法律与科学,2007(3).

[45]丁珏.浅议公民的知情权[J].法制与社会,2007(9):191.

[46]肖晓春,段丽.中国环境信息公开制度的现状及其完善[J],社科纵横,2007(7).

[47]杨倩.我国城市水资源管理的法律思考[D].2003年中国环境资源法学研讨会(年会),2003.

[48]邵春霞.公民知情权:和谐社会的合法性基础[J].政治与法律,2007(3).

[49]白英防,刘琨.关于企业受托责任与环境会计关系辨析[J].湖北经济学院学报(人文社会科学版),2006(2).

[50]张力.环境信息披露必须制度化[J].环境法制建设,2006(5).

[51]李震山.论人民要求政府公开资讯之权利与落实[J].月旦法学杂志,2007(62).

[52]陈爱娥.政府资讯公开法治的宪法基础[J].月旦法学杂志,2007(62).

[53][美]斯蒂格利茨著.自由、知情权和公共话语—透明化在公共生活中的作用[J].宋华琳译.环球法律评论,2002(秋季号).

[54]王干,鄢斌.论环境责任保险[J].华中科技大学学报(社

会科学版),2001(3).

[55]周坷,刘红林.论我国环境侵权责任保险制度的构建[J].中国政法大学学报(政法论坛),2003(5).

[56]夏琳.论责任保险制度对侵权行为法的挑战[J].当代法学,2003(5).

[57]王寒.责任保险制度初探[J].当代法学,2002(6).

[58]张梓太、张乾红.我国环境侵权责任保险制度之构建[J].法学研究,2006(3).

[59]陈聪富.环境污染责任之违法性判断[J].中国法学,2006(5).

[60]熊英,别涛,王彬.中国环境污染保险制度的构想[J].现代法学,2007(1).

[61]王玫黎.我国船舶油污损害赔偿案件的法律适用——以国内法和国际法的关系为中心[J].现代法学,2007(4).

[62]王明远.美国妨害法在环境侵权救济中的运用与发展[J].政法论坛,2003(5).

[63]王克稳.论我国环境管制制度的革新[J].政治与法律,2006(6).

[64]罗丽.环境侵权民事责任功能的初探[J].法学评论,2004(3).

[65]王雅婷.对开发环境责任保险的思考[J].经济论坛.2004(12).

[66]陈会平.环境责任保险所涉法律关系分析[J].保险研究,2004(6).

[67]陈绛英.论责任保险施救费用的赔偿[J].保险研究,2003(2).

[68]金瑞林.环境侵权与民事救济[J].中国环境科学,1997,17(3).

[69]陈立琴.论环境污染责任保险制度[J].浙江林学院学报,2003(3).

[70]刘耀棋.我国开展污染责任保险的现状与展望[J].中国环境管理,1996(6).

[71]朱谦.论环境权的法律属性[J].中国法学,2001(3).

[72]王明远.略论环境损害责任保险制度[N].中国环境报,2001-02-24.

[73]李挚萍.略论政府在环境保护中的主导地位[J].法学评论,1999(3).

[74]初北平.海上强制责任保险研究[J].中国海商法年刊,2004(00).

[75]王明远.德国《环境责任法》的基本内容和特色介评[J].重庆环境科学,2000(4):24.

[76]向飞.美国的环境责任保险[N].金融时报,2001-11-22,010.

[77]吕成道,杨沈勇,徐静.论我国责任保险市场的开发[J].保险研究,2000(7).

[78]耿建新,房巧玲.环境信息披露和环境审计的国际比较[J].环境保护,2003(3).

[79]叶传星.论设定法律责任的一般原则[J].法律科学(西北

政法学院学报），1999（2）.

［80］［德］约翰·陶皮茨.联邦德国"环境责任法"的制定［J］.汪学文译.德国研究,1994（4）.

［81］王明远.略论环境损害责任保险制度［N］.中国环境报,2001－02－24.

［82］李启家.环保市场化、产业化与环境法律制度创新［D］.2001年环境资源法学国际研讨会论文集,2001.

［83］张晔.我国责任保险的策略研究［D］.天津:天津财经大学,2004.

［84］左晓宇.环境责任保险制度研究［D］.北京:中国政法大学,2004.

［85］谢德仁.企业绿色经营系统与环境会计［J］.会计研究,2002（1）.

［86］李建发,肖华.我国企业环境报告:现状、需求与未来［J］.会计研究,2002（4）.

［87］熊艳喜.行政委托关系相关问题研究［J］.湖北警官学院学报,2004（1）.

［88］耿建新,刘长翠,焦若静.企业环境保护内部控制制度研究［J］.环境保护,2004（6）.

［89］龙淼.关于改革企业财务报告的思考［J］.商业经济,2005（6）.

［90］龚蕾.日本环境会计信息披露及其借鉴［J］.中国注册会计师,2005（1）.

［91］陈清.试论构建企业绿色经营系统［J］.经济论坛,2006

(5).

[92] 张振华.中国企业环境报告的现状及比较差异[J].世界环境,2006(3).

[93] 汤亚莉,邓丽.基于环境价值链的环境绩效审计方法[J].科技进步与对策,2006(11).

[94] 朱谦.企业环境信息强制公开的法律问题[J].法治论丛,2007(4).

[95] 丁伟.基于循环经济框架的环境财务报告研究[J].现代管理科学,2007(2).

[96] 刘丽敏,杨淑娥,袁振兴.国际环境绩效评价标准综述[J].统计与决策,2007(8).

[97] 白英防.浅谈受托责任与环境会计产生的内在联系[J].广西财经学院学报,2007(6).

[98] 瞿曲.受托责任学说:不断丰富的思想宝藏[J].会计之友,2008(2).

[99] 高德宏,曲歌今.浅论美国的水资源管理体制[J].水利科技与经济,2006(7).

[100] 沈大军,等.流域管理机构:国际比较分析及对我国的建议[J].自然资源学报,2004(1).

[101] 张岳.流域管理与行政区域管理相结合的新体制势在必行[J].中国水利,2002(8):23—24.

[102] 王建瑞,周夕彬.环境资源配置中的市场失灵[J].石家庄经济学院学报,2000(5).

[103] 赵昊.落实责任追究之探讨[J].胜利油田党校学报,

2004（3）.

[104]姜正奎,梁治平.责任追究如何落实[J].中国监察,2004
（7）.

[105]宁晓玲,朱水成.建立决策失误责任追究制:实现决策科
学[J].内蒙古社会科学,2004（4）.

[106]宁晓玲.政府决策失误责任追究初探[J].行政论坛,
2004（6）.

[107]孙培燕.公共决策失误的责任追究[J].社会科学家,
2005（S1）.

[108]唐丽萍.论我国行政决策的法律责任追究[J].探索与争
鸣,2006（9）.

[109]黄钰.新加坡环境管理的经济手段[J].亚太经济,2001
（6）.

[110]王灿发.论我国环境管理体制立法存在的问题及其完善
途径[J].政法论坛,2003（4）.

[111]武从斌.减少部门条块分割,形成协助制度——试论我
国环境管理体制的改善[J].行政与法,2003（4）.

[112]李亚军.从美国环境管理看中国环境管理体制的创新
[J].兰州学刊,2004（2）.

[113]何长顺,钟学才.市场经济要求依法强化环境管理[J].
四川环境,1999（1）.

[114]肖江文,赵勇,罗云峰,岳超源.我国环境管理研究概况
[J].科技进步与对策,2002（11）.

[115]赵宇峰.试析环境管理与政府行政[J].社会科学家,

1999（2）.

[116]吴忠培.论经济市场化中的环境管理[J].山地农业生物学报,2000（1）.

[117]许继红,龚燕.浅论政府对公共环境的管理[J].山西教育学院学报,2000（2）.

[118]廖红,朱坦.生态经济效率环境管理发展的关系探讨[J].上海环境科学,2002（7）.

[119]廖红.循环经济理论:对可持续发展的环境管理的新思考[J].中国发展,2002（2）.

[120]陈伟.从环境污染投诉看如何强化环境管理[J].中国环境管理,2003（1）.

[121]李亚军.从美国环境管理看中国环境管理体制的创新[J].兰州学刊,2004（2）.

[122]崔金星,余红成.我国环境管理模式法律问题探讨[J].云南环境科学,2004（1）.

[123]王婷婷.强化政府环境管理职能、实现环境与经济的协调发展[J].科技情报开发与经济,2004（12）.

[124]赵敬炜.资源环境管理与社会经济可持续发展[J].科技情报开发与经济,2006（21）.

[125]刘晓莉.关于公众参与环境管理依据的探讨[J].黑河学刊,2003（1）.

[126]唐士梅.论公众参与环境管理和环境保护的形式[J].汉中师范学院学报,2002（2）.

[127]宋言奇,罗兴奇.非政府组织参与环境管理研究[J].江

南社会学院学报,2006（2）.

[128]刘成玉.对创新我国环境管理手段的若干思考[J].生态经济,2006（6）.

[129]王海燕,施放.浙江强化环境管理的对策思路[J].商业时代,2006（14）.

[130]孙娟,徐本良,袁宝成,田婷婷.环境影响评价制度现存不足与完善[J].环境保护科学,2004（2）.

[131]刘薛.中美环境影响评价制度比较研究[D].重庆:重庆大学硕士学位论文,2007.

[132]葛明.我国环境影响评价中存在的问题及对策[J].污染防治技术,2001（4）.

[133]张小军.论环境参与权[J].环境科学与管理,2006（7）.

[134]刘磊,周大杰.公众参与环境影响评价的模式与方法探讨[J].上海环境科学,2009（5）.

[135]柴西龙,孔令辉,海热提,涂尔逊.建设项目环境影响评价公众参与模式研究[J].中国人口·资源与环境,2005（6）.

[136]刘磊,张辉,段飞舟,喻元秀,刘小丽.完善我国环境影响评价制度的对策建议[J].环境与可持续发展,2009（6）.

[137]李迅.论环境法公众参与制度[D].北京:中国地质大学硕士学位论文,2008.

[138]李晓巍.我国环境影响评价中公众参与有效性问题研究[D].长春:吉林大学硕士学位论文,2007.

[139]李艳芳.美国的环境影响评价公众参与制度[J].环境

保护, 2001 (10).

[140]徐淼. 生活垃圾焚烧发电[J]. 节能与环保, 2007 (5).

[141]张金成, 姚强, 吕子安. 垃圾焚烧二次污染物的形成与控制技术[J]. 环境保护, 2001 (5).

[142]陈善平, 刘峰, 孙向军. 城市生活垃圾焚烧发电市场现状[J]. 环境卫生工程, 2009 (1).

[143]黄生琪, 周菊华. 谈城市生活垃圾焚烧发电技术现状及发展[J]. 应用能源技术, 2007 (3).

[144]魏杰. 国内外垃圾发电状况[J]. 电力环境保护, 1998 (3).

[145]许诗康. 城市生活垃圾焚烧发电厂选址优化研究[D]. 重庆:重庆大学硕士学位论文, 2007.

[146]杜朝波, 李春曦, 高建强, 黄焕辉. 垃圾发电技术的现状及发展前景[J]. 锅炉制造, 2003 (4).

[147]曹东欣. 浅谈垃圾发电[J]. 科学教育, 2009 (4).

[ ]148陈爱民. 垃圾分类在日本[J]. 21世纪, 2007 (7).

[149]张靖. "自愿协议式环境管理"对我国企业环境管理的启示[J]. 消费导刊, 2009(8).

[150]李家俊, 宋维祥. 对企业环境管理的思考[J], 现代商业, 2009(20).

[151]苏立华, 黄宪亭, 亓洪江. 关于土小企业环境管理的问题与对策[J]能源与环境, 2007(2).

[152]范阳东, 梅林海. 环境政策综合化与企业环境管理自组织机制的培育[J]. 生态经济, 2010(1).

［153］金拓.基于"驱动力—绩效"模型的中小企业环境管理研究［D］.上海：上海交通大学硕士学位论文,2010.

［154］刘军,张立显.基于循环经济理论的企业环境管理体系研究［J］.技术与创新管理,2008(8).

［155］赵榕.加强企业环境管理是企业发展的必由之路［J］.中国市场,2007(3).

［156］张颖洁.地方工业企业环境管理问题探讨［J］.江苏技术师范学院学报,2006(1).

［157］张秀敏.企业环境管理的协同研究［J］.亚太经济,2008(2).

［158］鲁旭.企业环境管理动力机制的再造［J］.全国商情(理论研究),2010(13).

［159］臧志彭,解学梅,解学芳.企业环境管理绩效的国外研究综述［J］.中国人口·资源与环境,2009(2).

［160］郑季良.企业环境管理系统与可持续发展［J］.昆明理工大学学报(社会科学版),2004(4).

［161］唐佳丽,林高平,刘颖昊,黄志甲.生命周期评价在企业环境管理中的应用［J］.环境科学与管理,2008(3).

［162］彭海珍,任荣明.信息披露对企业环境管理的激励分析［J］.山西财经大学学报,2003(8).

［163］贺晴雨.以环境保护为导向重构企业管理体系——日本企业环境管理的启示［J］.决策探索,2007(7).

［164］刘帮成,王雄,姜太平.中国企业环境管理现状与分析［J］.经济管理,2011(10).

[165]刘银凤.中小企业实施 ERP 项目的问题与对策探析[J].知识经济,2010(13).

[166]张超.中小型企业环境管理机构亟待加强[J].污染防治技术,2005(6).

[167]耿宇,任景哲,陈瑞,杨勇,孙蕊.EOCM(绿色成本管理)理论及其在浙江省的实践[J].城市环境与城市生态,2005(6).

[168]孙旻,刘修军.基于 ERM 的企业环境管理体系的构建思路[J].消费导刊,2009(10).

[169]张彦涛.清洁生产审核是提高企业环境管理的有效手段[J].环境科学与管理,2010(9).

[170]范阳东,李瑞.企业环境管理自组织机制的驱动因素及动力模型研究[J].工业技术经济,2010(11).

[171]李鸣.生态文明背景下我国企业环境管理机制的定位与创新[J].企业经济,2009(9).

[172]彭斯震.论中小企业环境管理的手段与策略[J].中国环境管理,2001(4).

[173]王立彦,冯子敏.国家企业环境信息披露与管理启示[J].经济研究参考,2001(29).

[174]董战峰,於方,彭菲,曹东.企业环境信息公开进展与展望——基于江苏省和上海市的实践分析[J].环境保护,2010(4).

[175]周洁,王建民.中美重污染行业上市公司环境信息披露的比较[J].环境保护,2005(9).

[176]李何.污染物质排放转移登记制度与环境影响评价制度的比较[J].环境保护科学,2002(8).

[177]李汝熊,王建基.国外的污染物排放与转移登记制度[J].现代化工,2002(5).

[178]李政禹.国外有毒化学品安全与控制对策动向[J].化工进展,1991(6).

[179]孙振清,张晓群.日本企业减少环境负担的举措和启示[J].中国人口·资源与环境,2004(5).

[180]姚似锦.风险控制与源头控制:英国化学品战略及其借鉴意义[J].环境保护,2003(4).

[181]方发龙,吴光,孙勇方.建立实施ISO14001环境管理体系与中小企业可持续发展[J].环境技术,2003(6).

[182]樊根耀.环境认证制度与企业环境行为的自律[J].中国环境管理,2002(6).

[183]张伟年.ISO14001:企业开拓国际市场的绿色通行证[J].中国标准化,2001(1).

[184]李岩.我国企业实施ISO14001标准的条件分析[J].中国标准化,2001(10).

[185]陈柳钦.ISO14001环境管理体系与企业竞争[J].节能与环保,2002(5).

[186]刘秋明.基于公共受托责任理论的政府绩效审计研究[D].厦门:厦门大学博士学位论文,2006.

[187]刘卫宁.ISO14001环境管理体系的维护与持续改进[J].山东环境,2000(1).

[188]刘杰.ISO14001环境管理体系标准的特点和作用[J].西北煤炭,2004(4).

[189] 李玉丽. 环境因素与环境管理体系[J]. 品牌与标准化, 2009(8).

[190] 郑亚南. 自愿性环境管理理论与实践研究[D]. 武汉:武汉理工大学博士学位论文,2004.

[191] 李丽贤,李桂贤. 浅谈推行环境管理体系 ISO14001 的认证[J]. 能源环境保护,2002(5).

[192] 张月义. 影响我国企业推行 ISO14000 标准的原因及对策研究[D]. 西安:西安科技学院硕士学位论文,2002.

[193] 瞿曲. 基于受托责任理论的内部审计若干问题研究[D]. 厦门:厦门大学博士学位论文,2006.

三、法律法规类

[1]《中华人民共和国宪法》颁布于 1982 年 4 月 5 日,经过 1993 年宪法修正案,1999 年宪法修正案,2000 年宪法修正案三次修改。

[2]《中华人民共和国立法法》颁布于 2000 年 3 月 15 日,自 2000 年 7 月 1 日起施行。

[3]《中华人民共和国地方各级人民代表大会和地方各级人民政府组织法》1979 年 7 月 1 日第五届全国人民代表大会第二次会议通过,经 1982 年、1986 年、1995 年三次修正。

[4]《中华人民共和国刑法》颁布于 1979 年 7 月 1 日,1997 年 3 月 14 日第八届全国人民代表大会第五次会议修订,1999 年 12 月 25 日刑法修正案修正和 2001 年 8 月 31 日刑法修正案修正。

[5]《中华人民共和国民法通则》,自 1987 年 1 月 1 日起施行。

〔6〕《中华人民共和国环境保护法》颁布于 1989 年 12 月 26 日,自公布之日起施行。

〔7〕《中华人民共和国环境影响评价法》由中华人民共和国第九届全国人民代表大会常务委员会第三十次会议于 2002 年 10 月 28 日通过,自 2003 年 9 月 1 日起施行。

〔8〕《中华人民共和国水污染防治法实施细则》,2000 年国务院根据《中华人民共和国水污染防治法》制定。

〔9〕《中华人民共和国大气污染防治法实施细则》,1991 年 5 月国务院批准,1991 年 5 月国家环保总局令 5 号发布,自 1991 年 7 月 1 日起施行。

〔10〕《危险化学品安全管理条例》,2002 年 1 月国务院第 52 次常务会议通过,自 2002 年 3 月 15 日起施行。

四、外文类

〔1〕Palmisano,J.. Air Permit T Paradigms for Greenhou Allowances won't work and credi DiscussionDraft(Person Europe Lid). London,1996.

〔2〕ThomasHKlier. Emissionstrad – ing – lessonsfrom experience 〔M〕. Chi – cago fed letter novemver,1998.

〔3〕Krupnick, W. Oates, and E. Vander Verg. On the design of a market for air pollution permits〔J〕. Journal of Environmental Econmics and Management,1983(10),233—247.

〔4〕Atkinson,S. and T Tietenberg. The empirical properties of two classes of designs for transferabledischarge market〔J〕. Journal of Environmental Economics and Management,1982:9.

[5] Dicher, Bankruptcy & Insolvency. Considerations in Structured Finance Transactions[J]. Structured Mortgage and Receivable Financing,1987.

[6] Grant Glimore. Security Interests in Personal Property[M]. Boston:Little & company, 1965.

[7] Gorton Gary & Nicholas Souleles. Special Purpose Vehicles And Securitization [M]. Mimeo,2004:5—20.

[8] Henry Campbell Black. Black's Law Dictionary[M]. West Publishing Co. ,1979.

[9] John Henderson ed. Asset Securitization, Current Techniques and Emerging Market Application [J]. Euromoney Books,1997.

[10] Joseph C. Shenker & Anthony J. Colletta. Asset Securitization, Evolution, Current Issues and New Frontiers[J]. Texas Law Review,Vol. 69,May 1991.

[11] J. Rosenthal and J.. Ocampo [J]. Securitization of Credits, 1988.

[12] Johnny P. Chen. Non – performing Loan Securitization in the People's Republic of China [D]. California: Department of. Economics. Stanford University,2004.

[13] Philip R. Wood. Title Finance Derivatives,Securitization,Set – off and Netting[J]. Sweet & Maxwell,1993.

[14] Piet van Gennip. Loan extension in China: a rational affair

[J]. De Neder landsche Bank Working papers,2005(4).

[15] Renata Mansini & Ulrich Pferschy. Securitization of Financial Assets: Approximation in Theory and Practice[A]. ComputationalOptimizationand Applications[C]. Springer,2004.

[16] Standard & Poor's. China Banking Outlook 2003—2004 [A]. Non – performing report Asian2003[C]. Ernst & Young,2003.

[17] Shenker & Colletta. Asset Securitization: Evolution, current Issues and New Fronties,69Tex. Rev. 1369,1991:1374—1375.

[18] Tamar. Frankel, Securitization. Asset – Backed Securities. Vol little, Structured Financing, financing, Financial Assets Pools, and Brown and company. 1991.

[19] The Committee on bankruptcy and Corporate Reorganization of The Association of the Bar of the City of the New York[J]. Structured Financing Techniques,50 Bus. 1995,Law. 527,542.

[20]Javier González – Benito, Oscar González – Benito. An Analysis of the Relationship between Environmental Motivations and ISO14001 Certification, C93/wk8, 2005, V16 No2, P133.

[21] Susan Graff. ISO14000: Should Your Company Develop an Environmental Management System?. Idustrial Management,1997(6).

[22] ANSI/ISO14000 Series, Environmental Management System and En-vironmental Auditing,1996(4).

[23] ZhangLei,PhD student,An Innovative Environmental Management Practice:The potential and difficulties of ISO14001 in Chinese small towns[A].

[24] Elizabeth Pin ckard. Comment: ISO14000 [J]. Colorado Journal of Inter – national Environmental Law and Policy, Summer,1997.

[25] SusanSummersRaines. Government and firm-level responses to the globalization of environmental management:the case of ISO14001 [A]. New Management Trends in New Century—Proceedings of the 4th International Conference on Management[C].2001.

[26] Paulette L Stenzel. Can the ISO 14000 series environmental mana – gement standards provide a viable alternative to government regulation? [J]. American Business Law Journal,Winter 2000:237.

[27] Roger Blanpain. Supplement 20 of International Encyclope-dia of law – Environmental Law[M]. The Hague,The Netherlands:Klu-wer Law Inter – national,1998.

[28] John A. Boudreaux. What Matters Are Exempt from Disclo-sure Under Freedom of Information Act [5 U. S. C. A. § 552(b)(1)] [Z]. Specifically Authorized Under Criteria Established by an Executive Order to be Kept Secret in the Interest of National Defense or Foreign Policy,2001.

[29] James T. O'Reilly. Federal Information Disclosure[J]. Third Edition. Database updated June 2007.

[30] George B. Wyeth. The changing Role of Environmental Agen-cies[J]. William and Mary Environmental law and Policy Review, Fall,2006.

[31] Katherine chekouras. Maintaining Public access to environ-

mental information through EPCRA's non – preemption clause [J]. Boston College Environmental Affairs Law Review, 2007, 34B. C. Envtl. Aff. L. Rev. 107.

[32] Peter H. Sand. The Right to know: Environmental Information Disclosure by Government and Industry [A]. Thomas C. Beierle: Environmental Information Disclosure: Three cases of policy and politics [C]. March 2003.

[33] Anonymous. We would like to comment: Judge's decision on public input to BOH upholds open government [M]. McClatchy. Washington: Apr 28, 2008.

[34] Carol. L. Press, Albert. G. Bixler, Environmental insurance can address liability problems, Adhesives & Sealants Industry, Jul 2002.

[35] Claus – peter Martens. Environmental liability of parent companies [J]. European Environmental law review, May 2003.

[36] Heather N Stevenson. Environmental Impact Assessment Laws In the Nineties: Can the United States and Mexico Learn From Each Other? . U Rich. L. Rev, 1999, 32 (1).

[37] David M Dzidzornu. Environmental Impact Assessment ProcedureThroughthe Conventions [J]. European Environmental Law Review. 2001.

[38] Nancy PerkinsSpyke. Public Participation In Environmental Decision making At The New Millennium: Structuring New Spheres Of Public Influ – ence [J]. Boston College Environmental Affairs Law Re-

view. 1999.

[39] Kuan Yew Wong. Critical success factors for implementing knowledge management in small and medium enterprises[J]. Industrial Management & Data Systems, Vol. 105 No. 3, 2005:261—279.

[40] D. Perez – Sanchez, J. R. Barton & D. Bower. Implementing environmental management in SMEs[J]. Corporate Social Responsibility and Environmental Management,2003, 10, 67—77.

[41] Stanislav Karapetrovic. On the concept of a universal audit of quality and environmental management systems [J]. Corporate Social Responsibility and Environmental Management,2992: 9.

[42] Anne Marie de Jonge, Limited LCAs of pharmaceutical products: Merits and limitations of an environmental management tool[J]. Corporate Social Responsibility and Environmental Management,2003 (10), 78—90.

[43] Jaime Rivera – Camino. What motivates european firms to adopt environmental management systems? [J]. Eco – Management and Auditing,2001(8),134—143.

[44] Thomas Marambanyika & Timothy Mutekwa. Effectiveness of ISO14001 environmental management systems in enhancing corporate environmental sustainability at unilever south east Africa in Harare, Zimbabwe[J]. Journal of Sustainable Development in Africa, Volume 11, No. 1, 2009:280—297.

[45] Takuya Takahashi & Masao Nakamura. Bureaucratization of Environmental Management and Corporate Greening. An Empirical A-

nalysis of Large Manufacturing Firms in Japan[J]. Corporate Social Responsibility and Environmental Management,2005(12), 210—219.

[46] Wallace E. Oates, Paul R. Portney, Albert M. McGartland. The Net Benefits of Incentive – Based Regulation: A Case Study of Environmental Standard Setting[J]. The American Economic Review, Vol. 79, No. 5 , 1989.

[47] United States. Environmental Protection Agency. Superfund: Building on the Past[J]. Looking to the Future120 – Day Study, 2004.

[48] Dr. Gerry Bates and Zada Lip man. Recent Trends in Environmental Law in Australia: Proposals for Integrated Environmental Management.

[49] Resources Management Law Association of New Zealand [Z]. September1997, Queens town, New Zealand.

[50] Manuel Pedro Rodríguez Bolívar. Evaluating Corporate Environmental Reporting on the Internet: The Utility and Resource Industries in Spain, from Business Society 2009.

[51] Tom Tietenberg. Disclosure Strategies for Pollution Control, from Environmental and Resource Economics 11 (3—4): 587—602, 1998.

[52] Michael A. Gollin : Using Intellectual Property to Improve Environmental Protection[J]. Harvard Journal of Law &Technology, Volume 4,1991 Spring Issue.

[53] Peter H. Sand. The Right to Know: Environmental Informa-

tion Disclosure by Government and Industry.

[54] Rebecca Fiechtl. Know When to Hold'en: Minimizing Disclosure of Corporate Environmental Information[z]. Levis & Clark Law School Environmental Law, Fall 2001.

[55] C Larrinaga, F Carrasco, C Correa, F Llena[J]. "Accountability and accounting regulation: the case of the Spanish environmental disclosure standard", in European Accounting Review, 2002.

[56] Kyoko Fukukawa, William E. Shafer & Grace Meina Lee. Values and Attitudes Toward Social and Environmental Accountability: a Study of MBA Students[J]. Journal of Business Ethics, 2007(71).

[57] [日]吉田文和. 環境情報公開制度——日本における PRTRの導入過程[J]. 国民経済雑誌, 1999.

[58] [日]山地秀俊. 最近の日本における? 情報公開? 制度化の動向とその問題点—特に環境情報公開との関連で—[J]. 国民経済雑誌, 1997, 175(3).

[59] [日]大蔵幸男. 化学業界のPRTRへの取り組みと日本の制度導入上の課題[J]. 産業と環境, 1998.

[60] [日]中野勤. 環境保護と企業情報にかんする覚え書[J]. 経済経営研究年報, 第33号.

[61]化学物質審査規制法における排出量推計とスクリーニング評価[J]. NITE CMC レター, 2011.